建筑结构CAD（PKPM软件）应用与结构设计

高立堂　李晓东　主编

U0295044

中国建筑工业出版社

图书在版编目（CIP）数据

建筑结构CAD（PKPM软件）应用与结构设计/高立堂，
李晓东主编. —北京：中国建筑工业出版社，2020.8（2024.9重印）
ISBN 978-7-112-25213-8

Ⅰ.①建… Ⅱ.①高…②李… Ⅲ.①建筑结构-计算机辅
助设计-AutoCAD软件 Ⅳ.①TU311.41

中国版本图书馆CIP数据核字（2020）第095190号

本教材按照应用型人才培养的特点，从结构设计应用的实际出发，以案例方式，全面地介绍了建筑结构CAD设计的基本知识、操作系统基础、设计规范应用等。本书不仅是一般结构软件的快速入门指导，而且通过框架、剪力墙结构体系的范例，一方面使学生在掌握软件操作的同时，加深对规范条文的理解和参数的合理选取；另一方面，通过对范例的学习，有助于学生在较短时间内掌握常用的框架、剪力墙结构体系的总体布置和设计原则。本书内容共7章，包括：PKPM软件介绍、PMCAD建立模型、SATWE结构计算、JCCAD基础设计、混凝土结构施工图设计、剪力墙结构设计、框架结构设计。

本书可作为土木工程专业大专院校学生的课程教材，也可作为建筑结构设计人员的参考书。

责任编辑：王华月　范业庶
责任校对：赵　菲

建筑结构CAD（PKPM软件）应用与结构设计

高立堂　李晓东　主编

*

中国建筑工业出版社出版、发行（北京海淀三里河路9号）

各地新华书店、建筑书店经销

北京科地亚盟排版公司制版

建工社（河北）印刷有限公司印刷

*

开本：787×1092毫米　1/16　印张：17¾　字数：441千字
2020年8月第一版　　2024年9月第六次印刷
定价：49.00元
ISBN 978-7-112-25213-8
（35938）

前　言

本书按照应用型人才培养的特点，从结构设计应用的实际出发，以任务驱动、案例教学为主要学习方式，全面地介绍了建筑结构 CAD 设计的基本知识、操作系统基础、设计规范应用等，具有概念清晰、系统全面、精讲多练、实用性强和突出技能培训等特点。本书除了有其他教材常规介绍 PKPM 软件的基本操作之外，更强调的是通过完整的经典工程范例并结合规范条文和学生专业课程的知识，从【模型建立、参数选取】等方面深入浅出地阐述工程从建模开始到施工图绘制的全过程。强调学生要熟练运用 PKPM 软件，同时也必须加强结构基本原理、概念设计和规范知识的学习和理解，让学生能将所学专业知识融汇起来用于工程实际，得到更好的教学和学习效果。通过本教材的学习，让学生能深切体会到【专业知识是基础，软件是必要手段，创新是最终目标】。

本书主要包括 PKPM 软件介绍、PMCAD 建立模型、SATWE 结构计算、JCCAD 基础设计、混凝土结构施工图设计、剪力墙结构设计、框架结构设计等内容。

本书由高立堂、李晓东担任主编，杨厚明、刘玮玮、吴霞、尹晓文、王光云担任参编。高立堂、李晓东负责全书的统稿、资料收集和审校。全书具体分工如下：王光云撰写第 1 章，刘玮玮撰写第 2 章，杨厚明撰写第 3 章，吴霞撰写第 4 章，尹晓文撰写第 5 章，高立堂、李晓东撰写第 6、7 章。

本书可作为土木工程专业大专院校学生的课程教材，也可作为建筑结构设计人员的参考用书。

本书作者在编写过程中参考了大量专业文献，汲取了行业专家的经验，并借鉴了相关网站或论坛上相关网友的应用心得体会。在此一并表示感谢！

由于编者水平有限，本书难免存在不足之处，恳请广大读者批评指正。

目　　录

第1章 PKPM 软件介绍

随着经济的高速发展，我国多、高层建筑发展迅速，设计思想也在不断更新。结构形式的多样化和复杂化，设计周期的缩短，对结构分析与设计的效率和质量都提出了很高的要求，如何高效、准确地对这些复杂结构体系进行内力分析与设计，已成为我国多、高层建筑研究领域急需解决的重要课题之一。结构计算软件的出现和推广，是解决这一矛盾的有效途径。现在计算机辅助设计已经成为建筑结构设计领域工作的主流。

PKPM 软件是由中国建筑科学研究院研发的集建筑、结构、设备、工程量统计、概预算及节能设计等于一体的大型建筑工程综合 CAD 系统。PKPM 软件具备几乎覆盖所有结构类型的设计能力，有先进的结构分析软件包，容纳了国内最流行的各种计算方法。全部结构计算模块均按 2010 系列设计规范编制，全面反映了新规范对荷载效应组合、设计表达式、抗震设计新概念的各项要求。PKPM 软件是结构工程师设计中必不可少的工具，学习掌握 PKPM 软件也是基本的从业要求之一。

1.1 PKPM 研发历史与特点

PKPM 目前版本 PKPM2010V4.3，与版本 PKPM2010V3.X 相比，程序界面发生了较大改变，部分功能得到较大提升。由于在教学中所用软件版本可能不同，在本书中我们讲解结构设计方法时，将主要依托 PKPM2010V4.3 版本。

（1）PKPM 系列软件的历史

早在 20 世纪 80 年代，以陈岱林教授为领军人的中国建筑科学研究院建筑结构研究所，就开始研制了国内最早的混凝土框架设计软件 PK（最早的 PK 运行在一款叫 PC1500 的袖珍电脑上，设计人员从 PC1500 按键上输入框架设计数据，PC1500 有一个能打印类似现在机打发票一样的内置打印机，软件计算结果通过打印机打印出来，设计人员根据计算结果绘制框架施工图），之后又不断推出结构平面设计 CAD 软件 PMCAD 等其他模块，PKPM 软件名称也由此诞生。随着三维结构分析软件 TAT（采用薄壁柱模型模拟剪力墙，现已不用）、基础工程计算机辅助设计软件 JCCAD 等的研发成功，PKPM 逐渐发展为一个集成化建筑结构 CAD 软件。20 世纪 90 年代末期，PKPM 又有结构空间有限元分析设计软件 SATWE、钢结构计算机辅助设计软件 STS、复杂空间结构分析与设计软件 PM-SAP，以及其他软件模块陆续推出，使得 PKPM 软件逐渐成为建筑结构 CAD 的领军软件。

（2）PKPM 软件的功能特点

PKPM 为中国建筑科学研究院建研科技股份公司研发的，用于建筑结构计算机辅助设计的大型建筑工程综合 CAD 系统。用 PKPM 能进行几乎所有不同类型不同形式的建筑结构设计，通过 PKPM，用户可以完成建筑结构建模、分析设计与施工图绘制的全过程。

PKPM 软件是目前国内建筑结构设计中使用历史最长、设计建筑结构最多、拥有用户最多的建筑结构 CAD 软件。

1.2 PKPM 软件的多版本安装

根据用户类型的不同，PKPM 分为单机版和网络版两种，单机版是通过单机软件锁验明用户合法性并仅授权用户在本机上运行的 PKPM 版本；网络版是通过 PKPM 服务器上的网络锁验明用户合法性，并可以在局域网内其他安装了 PKPM 客户端软件的计算机上运行的 PKPM 版本。

由于单机版和网络版的软件解锁原理不同，故单机版和网络版有不同的安装方式。下面简要介绍 PKPM 单机版的安装与运行。

（1）PKPM 单机版的安装

安装 PKPM 时，需运行 PKPM 光盘的安装向导程序。运行安装向导程序之后，依据安装向导提示可以很方便地安装好软件部分。软件安装完毕之后，再在计算机上插入软件锁，待系统安装软件锁驱动后，安装相应软件即可。

PKPM 软件安装过程中，安装向导会自动向系统注册表添加 PKPM 主键标记，并向系统驱动文件夹添加 USB 锁驱动程序。如果某台计算机从来没有安装过 PKPM 软件，不能采用从其他计算机上复制 PKPM 程序文件的方式取得软件使用权。

（2）PKPM 单机版的更新

当在已经安装了同一 PKPM 版本的计算机上重新安装 PKPM 时，需先通过 PKPM 的安装向导程序，删除早先安装的版本，再重新安装 PKPM。

如果没能正确卸载原来安装的 PKPM 版本，导致新的 PKPM 不能正常运行，则可以在 PKPM 安装目录下找到【… \ CFG \ REGPKPM. exe】或【… \ CFG \ REGPKPM V4.3.exe】，把原有 CFG 路径清空，再选择不同的安装目录安装 PKPM。不同版本的 PK-PM，千万不能安装在同一个目录下。多版本安装完成后，PKPM 还会在桌面生成一个【多版本 PKPM】快捷方式，单击此快捷方式，可以选择运行 PKPMV4.3 或其他版本的PKPM。

目前 V4.3 版本支持多版本安装，亦即如果一台计算机安装了 V3.X 版，可以再选择不同的安装目录（CFG 也要安装到不同目录）安装 V4.3 版。如绝大多数软件一样，多版本安装通常需要先安装低版本，再安装高版本。

（3）运行 PKPM 软件

安装好不同的 PKPM 版本，只需要单击不同版本的桌面快捷图标，即可运行需要的版本。由于 PKPM 在设计一个建筑结构过程中会生成大量数据文件，所以不能通过双击数据文件的方式来打开运行 PKPM 软件。

PKPM 支持多线程运行，即在同一台计算机上可以同时运行同一版本，利用此功能我们可以进行不同结构方案间的对比分析和参照。初学者尤其要注意，不要同时运行几个 PKPM 来打开同一个工程，这样会因为系统对打开工程文件进行保护，导致所做工作不能正确保存而致使工程文件损坏。

1.3　PKPM 的启动与操作界面

1.3.1　PKPM2010 V4.3 的软件组成关系

本书根据目前最新的 PKPM 多层及高层结构集成设计系统 V4.3 版进行编写，主要介绍软件的结构部分。用鼠标双击桌面上的 PKPM 快捷图标，启动 PKPM 主界面，如图 1.3-1 所示。界面上部由【结构】【砌体】【钢结构】【鉴定加固】【预应力】【工具 & 工业】【用户手册】【改进说明】等板块组成，在【结构】板块下，界面左侧有【SATWE 核心的集成设计】【PMSAP 核心的集成设计】【Spas＋PMSAP 的集成设计】【PK 二维设计】以及【数据转换】【TCAD】【拼图和工具】模块组成。单击任一模块，例如【SATWE 核心的集成设计】，界面右上角的专业模块列表中会显示出不同的子模块，包括【结构建模】【SATWE 分析设计】【SATWE 结果查看】【基础设计】【楼板设计】【弹塑性时程分析】【混凝土结构施工图】【楼梯设计】等。

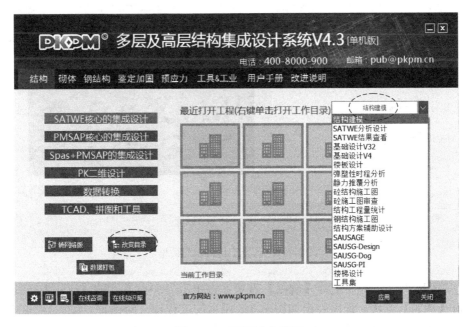

图 1.3-1　PKPM 主界面

1.3.2　创建工程文件及工程名

在进行具体设计工作之前，首先要选择工作目录，不同的工程应有不同的工作目录。由于在设计过程中，软件会生成大量的数据文件，为了避免同一工作目录设计多个工程，引起设计数据混淆并导致设计出现问题，在开始一个新工程设计之前，都应创建新的工作目录。

PKPM 软件安装完成后，可用以下方法启动 PKPM，启动后显示软件操作界面，如

图1.3-1所示。

（1）在桌面上双击PKPM快捷图标，即可启动PKPM。

（2）在桌面上右击PKPM快捷图标，在弹出的快捷菜单中选择【打开】启动PKPM。

1）首先在D盘新建文件夹【D：\PKPMWORK\例题】。

2）在屏幕左上角的专业分页上选择【结构】菜单主页。

3）点取菜单左侧的【SATWE核心的集成设计】模块，使其变绿，在界面右上角的专业模块列表中选择【结构建模】，如图1.3-1所示。

注意事项：程序缺省目录为【C：\PKPMWORK】，当我们要进行某项工程的设计时，最好不要用缺省目录，而是新建一个该项工程专用的工作目录，所有生成的模型文件，包括用户交互输入的模型数据、定义的各类参数和软件运行后得到的结果文件，都自动保存在这个新建的工作目录中，方便用户查询使用。不同的工程，应在不同的工作目录下运行。

4）在主界面中部单击一空灰色方块，程序弹出如图1.3-2所示的选择工作目录对话框，选择刚建立的文件夹，单击【确定】，回到主界面。

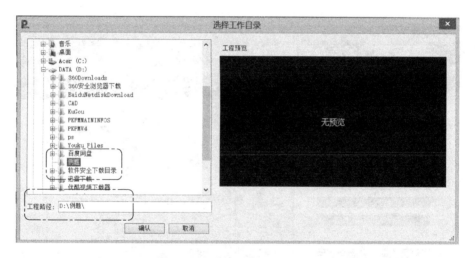

图1.3-2　选择工作目录对话框

5）点取PKPM主界面中部【例题】方块，再单击界面右下方的【应用】按钮，或者直接双击【例题】方块，程序弹出如图1.3-3所示的工程输入对话框，输入新建工程名称0827或其他自定义名称，单击【确定】，进入建模主界面，如图1.3-4所示。

图1.3-3　工程名输入对话框

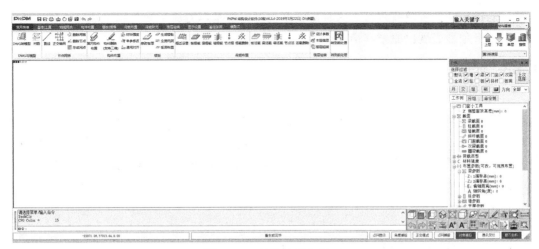

图 1.3-4　结构建模主界面

1.4　结构设计前准备知识

在做结构设计之前，首先要具备相关知识，现在将应掌握的主要知识储备介绍如下。

1.4.1　建筑图

结构设计，就是对建筑物的结构构造进行设计，首先当然要有建筑施工图，还要能看懂建筑施工图，了解建筑师的设计意图及建筑各部分的功能及做法。建筑物是一个复杂的物体，所涉及的面也很广，所以在看建筑图的同时，作为一名结构工程师，需要和建筑、水电、暖通空调、勘察等专业进行咨询和了解各专业的各项指标。在看懂建筑图后，心里应该对整个结构的选型及基本框架有了一个大致的思路。

1.4.2　建模

当结构师对整个建筑有了一定了解后，可以考虑建模。建模就是利用软件，把心中对建筑物的构思在计算机上再现出来，然后再利用软件的计算功能进行调整，使之符合现行规范及满足各方面的需要，建模步骤（以框架结构为例）如下：

（1）建立轴网，根据建筑平面图提供的柱网数据，输开间数据及进深数据即可。

（2）定义柱截面及布置柱子，柱子截面大小的确定需要一定的经验。柱子布置也需要结构师对整个建筑的受力合理性有一定的结构理念，柱子布置的合理性对整个建筑的安全与否及造价的高低起决定性作用。

（3）梁的截面选取及主次梁的布置。梁截面选取相对容易确定一点，根据《建筑抗震设计规范》GB 50011—2010 第 6.3.1 条规定：梁的截面尺寸应满足框架的基本抗震构造措施，宜符合各项要求。

（4）梁布置完后，基本上板也被划分出来了，悬挑板之类的现在还没有绘制，需以后再加上。

（5）输入基本的参数，输入原则是【严格按规范执行】。

（6）当整个三维线框构架完成，就需要加入荷载及设置各种参数，如板厚、板的受力方式、悬挑板的位置及荷载等。这时候模型也可以讲基本完成了，可以生成三维线框看看效果，很形象地表现出原来在结构师脑中那个虚构的框架。

1.4.3　计算

计算过程就是软件对结构师所建模型进行导荷及配筋的过程，在计算的时候我们需要根据实际情况调整软件的各种参数，以符合实际情况及安全保证。如果先前所建模型不满足要求，就可以通过计算出的各种图形看出。结构师可以通过计算出的受力图、内力图、弯矩图等对结果进行分析，找出模型中的不足并加以调整，反复至验算结果满足要求为止。到这时模型才完全的确定。

1.4.4　绘图

根据电算结果生成施工图，导出到 CAD 中修改。

当然，软件导出的图纸是不能够指导施工的，需要结构师根据现行制图标准进行修改。结构师在绘图时还需要针对电算的配筋及截面大小进一步确定，适当加强薄弱环节，使施工图更符合实际情况，毕竟模型不能完全与实际相符。最后还需要根据现行各种规范对施工图的每一个细节进行核对，宗旨就是完全符合规范，结构设计本就是一个规范化的事情。

结构施工图包括设计总说明、基础平面布置及基础大样图（如果是桩基础就还有桩位图）、柱网布置及柱配筋图、梁配筋图、板配筋图等。

1.5　结构设计总流程

要使用 PKPM 软件的前提：一是已经安装好 PKPM 软件，二是有相应的软件加密锁，具备这两个条件后才可以开始使用 PKPM 软件。

由于 PKPM 软件中，分成了多个专业模块，且每个模块下又包含多个版块。结合 PKPM 软件的应用特点，图 1.5-1 所示为结构设计时各模块使用的常规流程。

现在概略讲解一下 PKPM 结构设计的大致菜单使用流程。

（1）执行【结构建模】菜单，单击应用，再单击【轴线网点】根据建筑平、立、剖面图输入轴线，进行【正交轴网】或【平行直线】命令等。

（2）选择【构件布置】定义梁、柱等构件截面尺寸并进行布置。

（3）选择【楼板/楼梯】菜单包括【生成楼板】【修改板厚】【板洞布置】【楼梯布置】等功能。

（4）选择【荷载布置】菜单下相应命令，定义或修改恒、活荷载。

（5）选择【楼层组装】菜单下命令，根据建筑方案，将各结构标准层和荷载标准层进行组装，形成结构整体模型。

（6）执行【SATWE 分析设计】菜单单击应用，进入第一项【平面荷载校核】，主要功能是检查交互输入和自动导算的荷载是否准确，不会对荷载结果进行修改或重写，也有荷载归档的功能。

（7）选择【设计模型前处理】，其主要功能就是在 PMCAD 生成的上述数据文件的基础上，补充结构分析所需的部分参数等，最后将上述信息自动转换成结构有限元分析及设计所需的数据格式。

（8）选择【分析模型及计算】，其中包括【生成数据】【数检结果】【错误定位】三项子菜单。新建工程必须在执行【生成数据】或【生成数据＋全部计算】后才能生成分析模型数据，继而才允许对分析模型进行查看和修改。

（9）选择【次梁计算】，该应用只有在【结构建模】中定义并布置过次梁，应用该菜单，如果【结构建模】时将所有楼层的梁均按主梁布置，则该菜单可以跳过不执行。

（10）选择【计算结果】，分别有【分析结果】【设计结果】【文本结果】。

（11）执行【基础设计 V4】，主菜单主要包括【地质模型】【基础模型】【分析设计】【施工图】。

（12）执行【砼结构施工图】主菜单—【板施工图】。

（13）执行【砼结构施工图】主菜单—【梁施工图】。

（14）执行【砼结构施工图】主菜单—【柱施工图】。

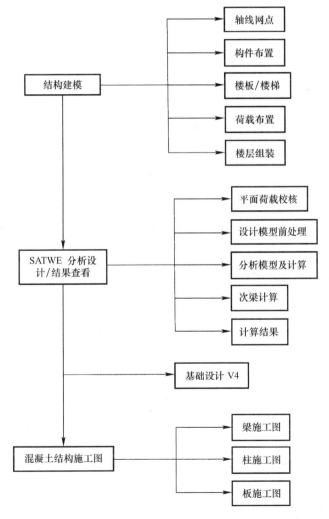

图 1.5-1　常规流程图

第 2 章　PMCAD 建立模型

PMCAD 软件采用人机交互方式，逐层地布置各层平面和各层楼面，再输入层高建立起一套描述建筑物整体结构的数据。PMCAD 具有较强的荷载统计和传导计算功能，除计算结构自重外，还自动完成从楼板到次梁，从次梁到主梁，从主梁到承重柱墙，再从上部结构传到基础的全部计算，加上局部的外加荷载，PMCAD 可方便地建立整栋建筑的荷载数据。

由于建立了整栋建筑的数据结构，PMCAD 成为 PKPM 系列结构设计各软件的核心，它为各分析设计模块提供必要的数据接口。

2.1　PMCAD 基本功能

1. 智能交互建立全楼结构模型

采用智能交互方式在屏幕上逐层布置柱、梁、墙、洞口、楼板等结构构件，快速搭起全楼结构构架，输入过程伴有中文菜单及提示，便于反复修改。

2. 自动导算荷载建立恒荷载、活荷载库

1）对于给出的楼面恒荷载、活荷载，程序自动进行楼板到次梁、次梁到框架梁或承重墙的分析计算，所有次梁传到主梁的支座反力、各梁到梁、各梁到节点、各梁到柱传递的力均通过平面交叉梁系计算求得。

2）计算次梁、主梁及承重墙的自重。

3）采用人机交互输入或修改各房间楼面荷载、次梁荷载、主梁荷载、墙间荷载、节点荷载及柱间荷载，便于复制、拷贝、反复修改等功能。

3. 为各种计算模型提供计算所需数据文件

1）可指定任一个轴线形成 PK 模块平面杆系计算所需的框架计算数据文件，包括结构立面、恒载、活载、风载的数据。

2）可指定任一层平面的任一由次梁或主梁组成的多组连梁，形成 PK 模块按连续梁计算所需的数据文件。

3）为空间有限元壳元计算程序 SATWE 提供数据，SATWE 用壳元模型精确计算剪力墙，程序对墙自动划分壳单元并写出 SATWE 数据文件。

4）为特殊多、高层建筑结构分析与设计程序（广义协调墙元模型）PMSAP 提供计算数据。

4. 为上部结构各绘图 CAD 模块提供结构构件的精确尺寸

如梁、柱施工图的截面、跨度、挑梁、次梁、轴线号、偏心等，剪力墙的平面与立面模板尺寸，楼板厚度，楼梯间布置等。

5. 为基础设计 CAD 模块提供布置数据与恒荷载、活荷载

不仅为基础设计 CAD 模块提供底层结构布置与轴线网格布置，还提供上部结构传下

的恒荷载、活荷载。

2.2 PMCAD 的适用范围

结构平面形式任意，平面网格可正交，也可斜交成复杂体型平面，并可处理弧墙、弧梁、圆柱、各类偏心、转角等。

1. 层数   ≤190；
2. 标准层   ≤190；
3. 正交网格时，横向网格、纵向网格   ≤170；

    斜交网格时，网格线条数   ≤30000；

    命名的轴线总条数   ≤5000。
4. 节点总数   ≤15000。
5. 标准柱截面   ≤800；

    标准梁截面   ≤800；

    标准墙体洞口   ≤512；

    标准楼板洞口   ≤80；

    标准墙截面   ≤200；

    标准斜杆截面   ≤200；

    标准荷载定义   ≤9000。
6. 每层柱根数   ≤3000；

    每层梁根数（不包括次梁）   ≤20000；

    每层圈梁根数   ≤20000；

    每层墙数   ≤2500；

    每层房间总数   ≤10000；

    每层次梁总根数   ≤6000；

    每个房间周围最多可以容纳的梁墙数   ≤150；

    每节点周围不重叠的梁墙根数   ≤15；

    每层房间次梁布置种类数   ≤40；

    每层房间预制板布置种类数   ≤40；

    每层房间楼板开洞种类数   ≤40；

    每个房间楼板开洞数   ≤7；

    每个房间次梁布置数   ≤16；

    每层层内斜杆布置数   ≤10000；

    全楼空间斜杆布置数   ≤30000。
7. 两节点之间最多安置一个洞口，需安置两个时，应在两洞口间增设一网格线与节点。
8. 次梁布置时不需要网格线，次梁和主梁、墙相交处也不产生节点。次梁布置的优点是可避免过多的无柱连接点，避免这些点将主梁分隔过细，或造成梁根数和节点个数过多而超界，或造成每层房间数量超过容量限制而程序无法运行。

9. 这里输入的墙应是结构承重墙或抗侧力墙，框架填充墙不应当作墙输入，它的重量可作为外加荷载输入，否则不能形成框架荷载。

10. 平面布置时，应避免大房间内套小房间的布置，可在大小房间之间用虚梁（虚梁为截面 100 * 100 的主梁）连接，将大房间切割。

2.3 PMCAD 基本工作方式说明

1. PKPM 主界面

双击桌面 PKPM 快捷图标，启动 PKPM 主界面，如图 2.3-1 所示。在对话框右上角的专业模块列表中选择"结构建模"选项，单击主界面左侧的【SATWE 核心的集成设计】（普通标准层建模）按钮，或者【PMSAP 核心的集成设计】（普通标准层＋空间层建模）。

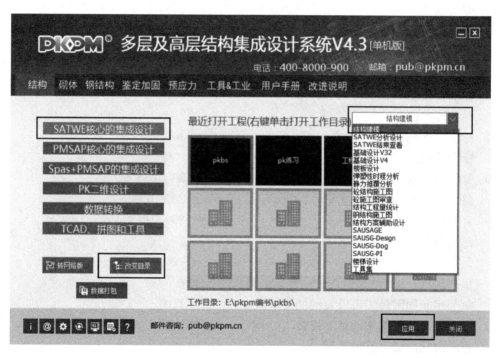

图 2.3-1 PKPM 主界面

2. 工作子目录

对于任一项工程，应建立该项工程专用的工作子目录，子目录名称任意，但不能超 256 个英文字符或 128 中文字符，也不能使用特殊字符。为了设置当前工作目录，请按菜单上的【改变目录】，此时屏幕上出现如下对话框，如图 2.3-2 所示，选择预先在电脑硬盘中新建的文件夹，本例中新建名称为"PK 练习"的文件夹，随后单击【应用】，出现对话框（图 2.3-3），定义模型名称，启动建模程序 PMCAD。

3. 工程数据及其保存

一个工程的数据结构，包括交互输入的模型数据、定义的各类参数和软件运算后得到的结果，都以文件方式保存在工程目录下。

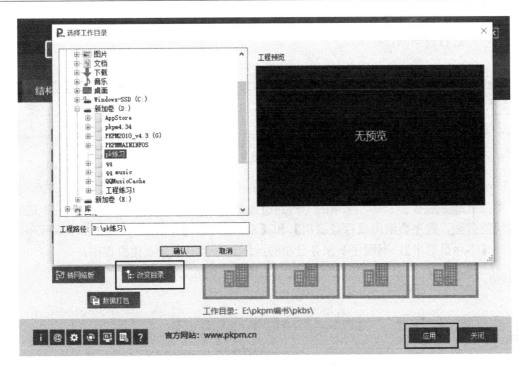

图 2.3-2　改变目录界面

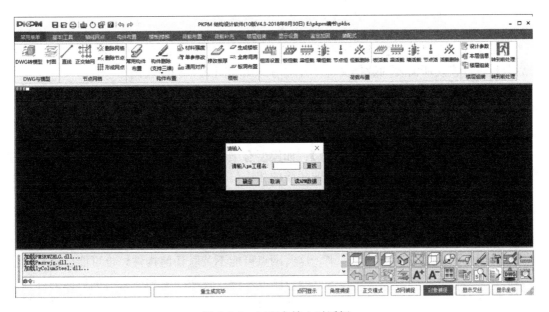

图 2.3-3　工程名输入对话框

对于已有的工程数据，把各类文件拷出再拷入另一机器的工作子目录，就可在另一机器上恢复原有工程的数据结构。

1）模型的保存

随时保存文件可防止因程序的意外中断而丢失已输入的数据。可以从图 2.3-4 的 5 处位置来进行模型的保存，其中，有 2 个地方可以单击【保存】按钮，直接进行模型的保存工作；另外 3 处则会给出【是否保存】的提示，在进行结构计算分析模块切换或程序退出的过程中，进行模型的保存工作。

图 2.3-4　模型保存命令

2）退出建模程序

单击上部"基本｜工具"菜单的"转到前处理"命令后，或直接在下拉列表中选择分析模块的名称，程序会给出【存盘退出】和【不存盘退出】的选项，如图 2.3-5 所示，如果选择【不存盘退出】，则程序不保存已作的操作并直接退出交互建模程序。

图 2.3-5　退出前是否保存选择界面

如果选择【存盘退出】，则程序保存已作的操作，同时，程序对模型整理归并，生成与后分析设计模块所需要的数据文件，并接着给出如图 2.3-6 的提示。

如果建模工作没有完成，只是临时存盘退出程序，则这几个选项可不必执行，因为其执行需要耗费一定时间，可以只单击"仅存模型"按钮退出建模程序。

如建模已经完成，准备进行设计计算，则应执行这几个功能选项。各选项含义如下：

（1）【生成梁托柱、墙托柱的节点】：如模型有梁托上层柱或斜柱，墙托上层柱或斜柱的情况，则应执行这个选项，当托梁或托墙的相应位置上没有设置节点时，程序自动增加节点，以保证结构设计计算的正确进行。

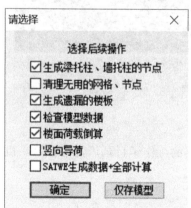

图 2.3-6　存盘退出命令对话框

（2）【清除无用的网格、节点】：模型平面上的某些网格节点可能是由某些辅助线生成，或由其他层拷贝而来，这些网点可能不关联任何构件，也可能会把整根的梁或墙打断成几截，打断的梁和墙会增加后面的计算负担，不能保持完整梁墙的设计概念，有时还会带来设计误差，因此应选择此项把它们自动清理掉。执行此项后再进入模型时，原有各层无用的网格、节点都将被自动清理删除。此项程序默认不打钩。

（3）【生成遗漏的楼板】：如果某些层没有执行"生成楼板"菜单，或某层修改了梁墙的布置，对新生成的房间没有再用"生成楼板"去生成，则应在此选择执行此项。程序会自动将各层及各层各房间遗漏的楼板自动生成。遗漏楼板的厚度取自各层信息中定义的楼板厚度。

（4）【检查模型数据】：勾选此项后程序会对整楼模型可能存在的不合理之处进行检查和提示，可以选择返回建模核对提示内容、修改模型，也可以直接继续退出程序。目前该项检查包含的内容有：

① 墙洞超出墙高。

② 两节点间网格数量超过 1 段。

③ 柱、墙下方无构件支撑并且没有设置成支座（柱、墙悬空）。

④ 梁系没有竖向杆件支撑从而悬空（飘梁）。

⑤ 广义楼层组装时，因为底标高输入有误等原因造成该层悬空。

⑥ ±0.000 以上楼层输入了人防荷载。

⑦ 无效的构件截面参数。

（5）【楼面荷载倒算】：程序做楼面上恒载、活载的导算。完成楼板自重计算，并对各层各房间做从楼板到房间周围梁墙的导算，如有次梁则先做次梁导算。生成作用于梁墙的恒、活荷载。

（6）【竖向导荷】：完成从上到下顺序各楼层恒、活荷载的导算，生成作用在底层基础上的荷载。

（7）【SATWE 生成数据＋全部计算】：建模程序退出时，会自动调用此功能（此项程序默认不打勾）。

另外，确定退出此对话框时，无论是否勾选任何选项，程序都会进行模型各层网点、杆件的几何关系分析，分析结果保存在工程文件 layadjdata.pm 中，为后续的结构设计菜单作必要的数据准备。同时对整体模型进行检查，找出模型中可能存在的缺陷，进行提示。

取消退出此对话框时，只进行存盘操作，而不执行任何数据处理和模型几何关系分析，适用于建模未完成时临时退出等情况。

3）建模程序产生的文件

建模程序在存盘退出后主要产生下列文件，见表 2.3-1。

建模程序存盘退出后产生的文件 表 2.3-1

［工程名］.jws	模型文件，包括建模中输入的所有内容、楼面恒荷载、活荷载导算到梁墙上的结果，后续各模块部分存盘数据等
［工程名］.bws	建模过程中的临时文件，内容与［工程名］.jws 一样，当发生异常情况导致 jws 文件丢失时，可将其更名为.jws 使用
［工程名］.1ws～［程名］.9ws	9 个备份文件，存盘过程中循环覆盖，当发生异常情况导致 jws 文件损坏时，可按时间排序，将最新一个更名为.jws 使用
axisrect.axr	"正交轴网"功能中设置的轴网信息，可以重复利用
layadjdata.pm	建模存盘退出时生成的文件，记录模型中网点、杆件关系的预处理结果，供后续的程序使用
pm3j_2jc.pm	荷载竖向导算至基础的结果
pm3j_gjwei.txt	构件自重文件，主要构件梁、柱、墙分层自重及全楼总重
PmCmdHisory.log	建模程序自打开至退出过程，执行过的所有命令的名称、运行时间的日志文件
［工程名］ZHLG.PM	记录了组合楼盖布置的位置信息、荷载值
dchlay.pm	记录了吊车布置的位置信息、荷载值

4. PMCAD 常用快捷键

以下是 PKPM 常用的功能热键，用于快速查询输入。

键盘左键＝键盘【Enter】，用于确认、输入等。

键盘右键＝键盘【Esc】，用于否定、放弃、返回菜单等。

键盘【Tab】，用于功能转换，或在绘图时为选取参考点。

以下提及【Enter】、【Esc】和【Tab】时也即表示鼠标的左键、右键和【Tab】键而不再单独说明。

鼠标中滚轮往上滚动：连续放大图形

鼠标中滚轮往下滚动：连续缩小图形

鼠标中滚轮按住滚轮平移：拖动平移显示的图形

【Ctrl】＋按住滚轮平移：三维线框显示时变换空间透视的方位角度

【F1】＝帮助热键，提供必要的帮助信息

【F2】＝坐标显示开关，交替控制光标的坐标值是否显示

【Ctrl】＋【F2】＝点网显示开关，交替控制点网是否在屏幕背景上显示

【F3】＝点网捕捉开关，交替控制点网捕捉方式是否打开

【Ctrl】＋【F3】＝节点捕捉开关，交替控制节点捕捉方式是否打开

【F4】＝角度捕捉开关，交替控制角度捕捉方式是否打开

【Ctrl】＋【F4】＝十字准线显示开关，可以打开或关闭十字准线

【F5】＝重新显示当前图、刷新修改结果

【Ctrl】＋【F5】＝恢复上次显示

【F6】＝充满显示

【Ctrl】＋【F6】＝显示全图

【F7】＝放大一倍显示

【F8】＝缩小一倍显示

【Ctrl】＋【w】＝提示选窗口放大图形

【F9】＝设置捕捉值

【Ctrl】＋【←】＝左移显示的图形

【Ctrl】＋【→】＝右移显示的图形

【Ctrl】＋【↑】＝上移显示的图形

【Ctrl】＋【↓】＝下移显示的图形

如【Scroll Lock】打开，以上的四项【Ctrl】键可取消

【←】＝使光标左移一步

【→】＝使光标右移一步

【↑】＝使光标上移一步

【↓】＝使光标下移一步

【Page Up】＝增加键盘移动光标时的步长

【Page Down】＝减少键盘移动光标时的步长

【U】＝在绘图时，后退一步操作

【S】＝在绘图时，选择节点捕捉方式

【Ctrl】＋【A】＝当重显过程较慢时，中断重显过程

【Ctrl】＋【P】＝打印或绘出当前屏幕上的图形

【Ctrl】＋【～】＝具有多视窗时，顺序切换视窗

【Ctrl】＋【E】＝具有多视窗时，将当前视窗充满

【Ctrl】＋【T】＝具有多视窗时，将各视窗重排

以上这些热键不仅在人机交互建模菜单起作用，在其他图形状态下也起作用。

5. 工作树、命令树和分组

新版增加的工作树，提供了一种全新的方式，可做到以前版本不能做到的选择、编辑交互。树表提供了 PM 中已定义的各种截面、荷载、属性，反过来可作为选择过滤条件，同时也可由树表内容看出当前模型的整体情况，如图 2.3-7 所示。

工作树的交互对象都是针对先选中的构件。

双击树表中任一种条件，可直接选中当前层中满足该条件的构件供编辑使用，而且还可以多种条件同时作用，比如取交集、并集。

拖动一个条件到工作区，可以完成对已选择构件的布置。

6. 建模过程概述

PMCAD 建模是逐层录入模型，再将所有楼层组装成工程整体的过程。其输入的大致步骤如下：

1）平面布置：首先输入轴线，轴线可用直线、圆弧、正交网格等在屏幕上画出，程序自动在轴线相交处生成白色节点，两节点之间的轴线称为网格线。

2）构件布置：用【构件布置】菜单定义构件的截面尺寸、输入各层平面的各种建筑构件，在两节点之间的网格线上布置的梁、墙等构件为一个构件；柱必须布置在节点上。若一根轴线被其上的 4 个节点划分为三段，三段上都布满了墙，则程序就生成了三个墙构件。

3）荷载布置：通过【荷载布置】输入作用于楼面的均布恒载和活载，梁间、墙间、柱间和节点的恒载和活载。

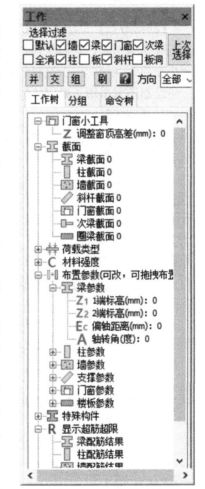

图 2.3-7　工作树面板

4）楼层组装：依次录入各标准层的平面布置，最后使用【楼层组装】命令组装成全楼模型。

接下来的章节将对这些建模所涉及的功能进行详细的介绍。

2.4　轴线输入与网格生成

绘制轴网是整个交互输入程序最为重要的一环。【轴线网点】菜单如图 2.4-1 所示，包括【网格节点】【轴网】【网点编辑】【图素编辑】四部分。

图 2.4-1　轴线网点菜单

2.4.1　网格节点

【网格节点】包括【直线】【折线】【平行直线】【矩形】【节点】【圆弧】【圆环】【三点】等基本图素，它们配合各种捕捉工具、热键和其他一级菜单中的各项工具，构成了一个小型绘图系统，用于绘制各种形式的轴线，如图 2.4-2 所示菜单。

绘制图素采用了通用的操作方式，比如画图、编辑的操作和 AutoCAD 完全相同。

1)【直线】

用于绘制零散的直轴线。可以使用任何方式和工具进行绘制。

【实例 2-1】

利用【直线】命令绘制一条轴线。

① 点取菜单【直线】，在【输入第一点】的提示下，用鼠标在屏幕任一点处单击即输入第一点。

② 然后在提示栏出现的【输入下一点】提示下，输入 0，4500，即在屏幕上绘制了一条垂直直线，如图 2.4-3 所示。

图 2.4-2　网格节点菜单　　　　　　　　图 2.4-3　两点直线

③ 按两次【Esc】键结束操作。

2)【折线】

适用于绘制连续首尾相接的直轴线和弧轴线，按【Esc】可以结束一条折线，输入另一条折线或切换为切向圆弧。

【实例 2-2】

如图 2.4-4 所示绘制折现 ABCD，A 点绝对坐标为（0，0），AB 段逆时针旋转 30°方向，长 6000。BC 段 0°方向，长 6000，CD 段顺时针旋转 90°方向，长 6000。

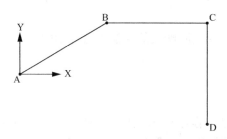

图 2.4-4　折线绘制

①　点取菜单【折线】，A 点由绝对坐标（0，0）确定，在【输入第一点】的提示下在提示区输入！0，0【Enter】。

②　B 点采用相对极坐标输入，该点位于 A 点 30°方向，距离 A 点 6000，输入相对极坐标 6000＜30【Enter】，即完成第二点输入。

③　C 点采用相对坐标输入，输入 6000【Enter】（Y 向相对坐标 0°可省略输入）。

④　D 点采用相对坐标输入，该点位于 C 点逆时针 90°方向，距离 C 点 6000，键入 6000＜－90【Enter】。

⑤　按两次【Esc】键结束操作。

3）【平行直线】

适用于绘制一组平行的直轴线。首先绘制第一条轴线，以第一条轴线为基准输入复制的间距和次数，间距值的正负决定了复制的方向。以"上、右为正"，可以分别按不同的间距连续复制，提示区自动累计复制的总间距。

【实例 2-3】

利用【平行直线】命令绘制轴线。

①　点取菜单【平行直线】，在【输入第一点】的提示下，用鼠标在屏幕任一点处单击即输入第一点。

②　然后【输入下一点】提示下，输入 0，15000，屏幕上出现一条红色轴线。

③　在【复制间距，（次数）累计距离】提示下，输入 5000，6，然后按【Enter】键。屏幕上出现 7 条间距为 5000 的平行直线，显示如图 2.4-5 所示。

④　按两次【Esc】键结束操作。

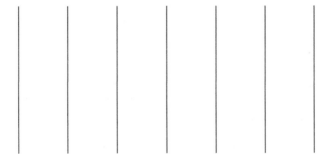

图 2.4-5　竖向平行直线绘制

4）【矩形】

适用于绘制一个与 x、y 轴平行的，闭合矩形轴线，它只需要两个对角的坐标，因此它比用【折线】绘制的同样轴线更快速。

【实例 2-4】

利用【矩形】命令绘制边长为 4000×8000 的矩形。

①　点取菜单【矩形】，在【输入第一点】的提示下，用鼠标在屏幕任一点处单击即输入第一点。

②　然后【输入下一点】提示下，输入 8000，4000，屏幕上出现 4000×8000 矩形，显示如图 2.4-6 所示。

③　按两次【Esc】键结束操作。

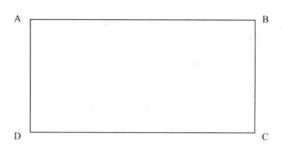

图 2.4-6　矩形绘制

5）【节点】

用于直接绘制白色节点，供以节点定位的构件使用，绘制是单个进行的，如果需要成批输入可以使用图编辑菜单进行复制。

【实例 2-5】

接图 2.4-6，利用【节点】命令添加节点 E、F，并连为直线，如图 2.4-7 所示。

① 点取菜单【节点】，在【设捕捉参数】中，点取【中点】。

② 鼠标移至 AB 段，单击 AB 段中点；然后移至 CD 段，单击 CD 段中点。

③ 点取菜单【直线】，连接新生成的两个节点 E、F。

④ 按两次【Esc】键结束操作。

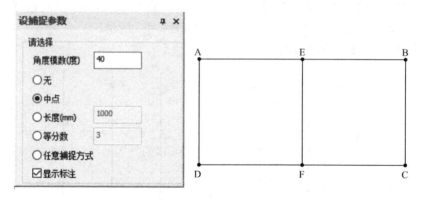

图 2.4-7　增加节点后网格

6）【圆环】

适用于绘制一组闭合同心圆环轴线。

在确定圆心和半径或直径的两个端点或圆上的三个点后可以绘制第一个圆。

输入复制间距和次数可绘制同心圆，复制间距值的正负决定了复制方向，以"半径增加方向为正"，可以分别按不同间距连续复制，提示区自动累计半径增减的总和。

7）【圆弧】

适用于绘制一组同心圆弧轴线。

按圆心起始角、终止角的次序绘出第一条弧轴线，绘制过程中还可以使用热键直接输入数值或改变顺逆时针方向。

输入复制间距的次数，复制间距值的正负表示复制方向，以"半径增加方向为正"，可以分别按不同间距连续复制，提示区自动累计半径增减总和。

2.4.2 轴网

【轴网】命令包括【正交轴网】【圆弧轴网】【轴线命名】【删除轴线】【轴线隐现】，如图 2.4-8 所示，该命令可不通过屏幕画图方式，而是参数定义方式形成平面正交轴线或圆弧轴网，同时可以完成轴网的命名及删除。

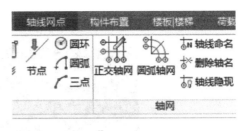

图 2.4-8 轴网菜单

1）正交轴网

【正交轴网】是通过定义开间和进深形成正交网格，移动光标可将形成的轴网布置在平面上任意位置。布置时可输入轴线的倾斜角度，也可以直接捕捉现有的网点使新建轴网与之相连。

单击【正交轴网】打开【直线轴网输入对话框】。预览窗口可动态显示输入的轴网，并可标注尺寸。鼠标的滚轮可以对预览窗口中的轴网进行实时比例放缩，按下鼠标中键还可以平移预览图形，如图 2.4-9 所示。

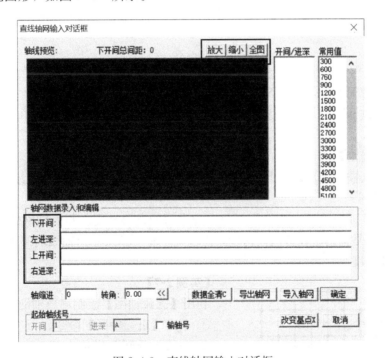

图 2.4-9 直线轴网输入对话框

左边的列表框：显示当前开间或进深的数据，当为连续多跨时以"，"分隔，等跨时支持使用乘号"＊"重复上一个相同的数据，乘号后输入重复次数，如图 2.4-10 所示。

本书以第 7 章中的幼儿园结构为例，进行 PMCAD 模型的建立，具体图纸参见第 7 章 7.3 节。

【实例 2-6】

利用【正交轴网】绘制幼儿园结构轴线。

① 单击【正交轴网】命令。

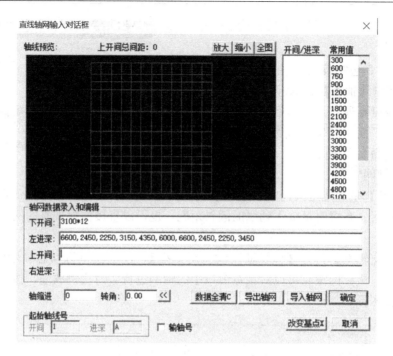

图 2.4-10　直线轴网输入对话框

② 在【下开间】栏依次填入 3100 * 12。

③ 在【左进深】栏依次填入 6600，2450，2250，3150，4350，6000，6600，2350，2350，3150。

④ 单击【确定】按钮。

⑤ 在【输入插入点】提示下，单击屏幕，完成图 2.4-11 正交轴网的绘制。

2）圆弧轴网

【圆弧轴网】是一个环向为开间，径向为进深的扇形轴网。圆弧轴网的开间是指轴线展开角度，进深是指沿半径方向的跨度，点取确定时再输入径向轴线端部延伸长度和环向轴线端部延伸角度。

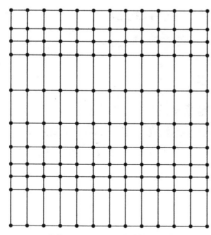

图 2.4-11　正交轴网绘制

【实例 2-7】

利用【圆弧轴网】绘制扇形轴网。

① 单击【正交轴网】命令。

② 在【下开间】栏依次填入 4500 * 2，3000 * 2，4500

③ 在【左进深】栏依次填入 2500，2000，4500

④ 单击【确定】按钮。

⑤ 在【输入插入点】提示下，单击屏幕，完成图 2.4-12 正交轴网的绘制。

⑥ 单击【圆弧轴网】命令，勾选【圆弧开间角】，在【跨数 * 跨度】栏选择跨数为 2，跨度为 30，然后单击【添加】，如图 2.4-13 所示。

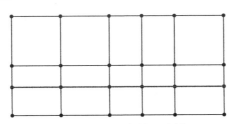

图 2.4-12　正交轴网绘制

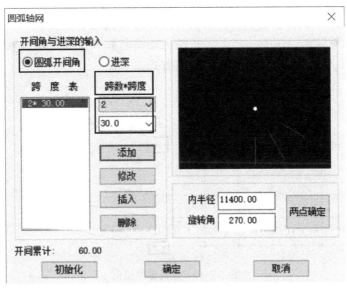

图 2.4-13　圆弧轴网对话框

⑦ 勾选【进深】命令，在【跨数 * 跨度】栏，依次选择跨数为 1，跨度为 4500，单击【添加】；跨度为 1，跨度为 2000，单击【添加】；跨数为 1，跨度为 2500，单击【添加】。如图 2.4-14 所示，单击【两点确定】按钮，选取图 2.4-16 中标记两点。

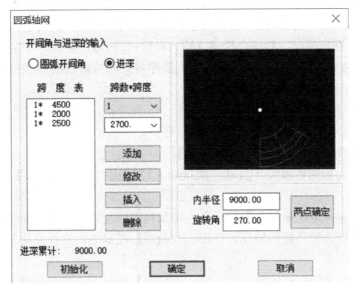

图 2.4-14　圆弧轴网设置

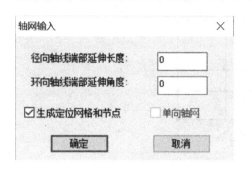

图 2.4-15　轴网输入对话框

⑧ 单击【确定】按钮，出现图 2.4-15 图框。

⑨ 单击【确定】按钮，在【请输入插入点】提示下，按【Tab】键改为基于交心作为插入点，单击正交轴网右上点，完成插入。

⑩ 按两次【Esc】键结束操作，如图 2.4-16 所示。

3）轴线命名

用于为轴线起名称，PMCAD 中提供了【逐根输入轴线名】和【成批输入轴线名】两种轴线命名方式。

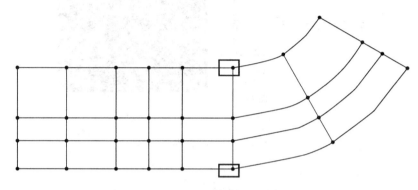

图 2.4-16　圆弧轴网绘制

①【逐根输入轴线名】。逐一单击每根网格，为其所在的轴线命名。

②【成批输入轴线名】。对于平行的直轴线可以按【Tab】键切换到"成批输入轴线"方式。单击【轴线命名】，程序会提示【请用光标选择轴线（[Tab] 成批输入）】，按【Tab】键进行成批输入，程序会提示【移光标点取起始轴线】，选中起始轴线，程序会随即提示【移光标点取终止轴线】，选中终止轴线，程序会提示【移光标去掉不标的轴线（[Esc] 没有）】，选择完毕，程序会提示【输入起始轴线名】，输入一个字母或数字后，程序即自动顺序地为轴线编号。对于数字编号，程序将只取与输入的数字相同的位数。轴线命名完成后，应该用 F5 键刷新屏幕。

【实例 2-8】

接实例 2-5，为图 2.4-11 所示轴网进行命名。

① 选择【轴线网点】|【轴网】|【轴线命名】。

② 在【请用光标选择轴线（[Tab] 成批输入）】提示下，按【Tab】键，转换到成批命名轴线方式。

③ 在【移光标点取起始轴线】提示下，用鼠标点取左边第一条竖向轴线。

④ 在【移光标去掉不标的轴线，（[Esc] 没有）】提示下，选择左边第 2/4/6/8/10/12 条竖向轴线。

⑤ 在【移光标去掉不标的轴线，（[Esc] 没有）】提示下，按 Esc 键。

⑥ 在【输入起始轴线名】提示下，输入 1，按【Enter】键确认。并按【Esc】键结束

本次轴线命名。

　　⑦ 在【移光标点取起始轴线】提示下，按【Tab】键，转换到成批命名轴线方式，用鼠标点取下边第一条水平轴线。

　　⑧ 在【移光标去掉不标的轴线，（[Esc] 没有）】提示下，选择下边第 3/5/9 条水平轴线。

　　⑨ 在【移光标去掉不标的轴线，（[Esc] 没有）】提示下，按【Esc】键。

　　⑩ 在【输入起始轴线名】提示下，输入 A，按【Enter】键确认。连续按两次【Esc】键结束轴线命名，如图 2.4-17 所示。

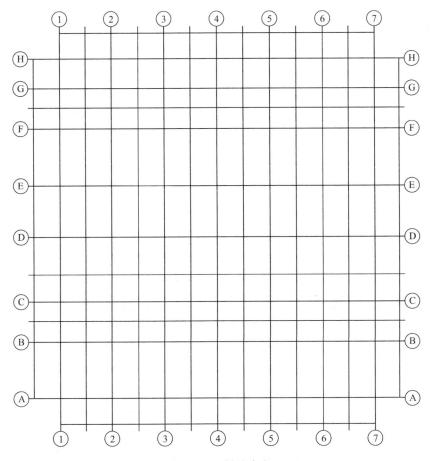

图 2.4-17　轴线命名

　　4)【删除轴线】：删除轴线的命名。操作过程如下：

　　① 选择【删除轴线】；

　　② 在【用光标选择轴线】提示下选择轴线；

　　③ 在【轴线选中，确认是否删除此轴线？（Y[Ent] /A[Tab] /N[Esc]）】提示下，输入相应字母确认，即可将该轴线名删除，需注意的是【删除轴线】并不是将该轴线从图中删除而仅是删除轴线命名。

　　④ 继续提示轴线名删除，按【Esc】退出。

　　5)【轴线隐现】：轴线隐现是控制轴线显示的开关。

2.4.3 网点编辑

【网点编辑】部分子菜单如图 2.4-18 所示：

图 2.4-18 网点编辑部分子菜单

（1）【删除网格】

在形成网点图后可对网格进行删除。注意：网格上布置的构件也会同时被删除。

（2）【删除节点】

在形成网点图后可对节点进行删除，删除节点过程中若节点已被布置的墙线挡住，可使用【F9】键中的【填充开关】项使墙线变为非填充状态。节点的删除将导致与之联系的网格也被删除。

【实例 2-9】

利用【删除节点】命令，接上图 2.4-17 绘制图 2.4-20 网格。

① 选择【网点编辑】|【删除节点】。

② 在【用光标选择目标】提示下，选择图 2.4-19 图框中节点。

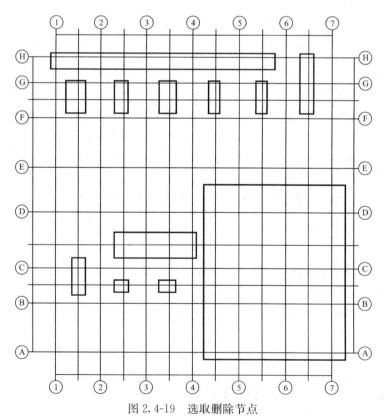

图 2.4-19 选取删除节点

③ 按【Esc】键，形成图 2.4-20 所示网格。

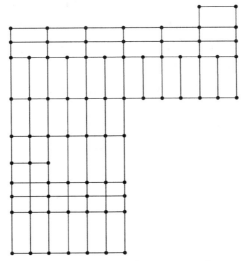

图 2.4-20　删除多余节点后的网格

（3）【形成网点】

可将输入的几何线条转变成楼层布置需用的白色节点和红色网格线，并显示轴线与网点的总数。这项功能在输入轴线后自动执行，一般不必专门点此菜单。

（4）【网点清理】

本菜单将清除本层平面上没有用到的网格和节点。程序会把平面上的无用网点，如作辅助线用的网格、从别的层拷贝来的网格等得到清理，以避免无用网格对程序运行产生的负面影响。

（5）【上节点高】

上节点高即是本层在层高处相对于楼层高的高差，程序隐含为每一节点高位于层高处，即其上节点高为 0。改变上节点高，也就改变了该节点处的柱高和与之相连的墙、梁的坡度，如图 2.4-21 所示。用该菜单可更方便地处理像坡屋顶这样楼面高度有变化的情况。

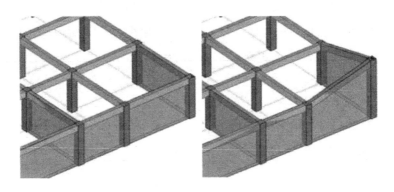

图 2.4-21　节点高度改变效果图

（6）【网点平移】

可以不改变构件的布置情况，而对轴线、节点、间距进行调整。对于与圆弧有关的节点应使所有与该圆弧有关的节点一起移动，否则圆弧的新位置无法确定。

（7）【节点下传】

上下楼层之间的节点和轴网的对齐，是PMCAD中上下楼层构件之间对齐和正确连接的基础，大部分情况下如果上下层构件的定位节点、轴线不对齐，则在后续的其他程序中往往会视为没有正确连接，从而无法正确处理。因此针对上层构件的定位节点在下层没有对齐节点的情况，软件提供了节点下传功能，可根据上层节点的位置在下层生成一个对齐节点，并打断下层的梁、墙构件，使上下层构件可以正确连接。【节点下传】菜单如图2.4-22所示。

（8）【节点对齐】

将上面各标准层的各节点与第一层的相近节点对齐，归并的距离就是"（10）"中定义的节点距离，用于纠正上面各层节点网格输入不准的情况。

（9）【数据显示】

该命令菜单如图2.4-23所示，用于显示构件类型及参数，可根据需要选择性的选取显示内容，显示效果如图2.4-24。

图2.4-22　节点下传菜单　　　　图2.4-23　截面显示菜单

图2.4-24　截面尺寸显示效果

（10）【归并距离】

是为了改善由于计算机精度有限产生意外网格的菜单。如果有些工程规模很大或带有半径很大的圆弧轴线，【形成网点】菜单会由于计算误差、网点位置不准而引起网点混乱，常见的现象是本来应该归并在一起的节点却分开成两个或多个节点，造成房间不能封闭。此时应执行本菜单。程序要求输入一个归并间距，这样，凡是间距小于该数值的节点都被归并为同一个节点。程序初始值的节点归并间距设定为 50mm。

2.4.4　图素编辑

图素的复制、删除等编辑功能在【轴线网点】菜单中，如图 2.4-25 所示，可用于编辑轴线、网格、节点和各种构件。

图 2.4-25　图素编辑菜单

【图素移动】和【图素复制】需先输入一基点和方向，然后提示【平移距离】或【复制间距和次数】，如果放弃提示则按输入的基点和方向"平移"或"复制一次"。

【图素旋转】和【旋转复制】需先输入一基点和角度，若放弃输入角度值，需从基点画出两条直线，用其夹角作为旋转角度。

【图素镜像】和【镜像复制】需先输入一条基准线，镜像便以该直线为对称轴进行。

【实例 2-10】

利用【图素复制】命令，按图 2.4-20 编辑网点。

① 选择【图素编辑】|【复制】。

② 在【请选择图素】提示下，选择节点 1 和 2 之间的网格。

③ 在【请输入基点】提示下，选择节点 1。在【请输入第二点】提示下，输入 2600。

④ 选择【图素编辑】|【复制】。

⑤ 在【请选择图素】提示下，选择节点 1 和节点 2 之间的网格。

⑥ 在【请输入基点】提示下，选择节点 1。在【请输入第二点】提示下，输入 4000。

⑦ 选择【图素编辑】|【复制】。

⑧ 在【请选择图素】提示下，选择节点 1 和节点 3 之间的网格。

⑨ 在【请输入基点】提示下，选择节点 1。在【请输入第二点】提示下，鼠标向右移动（鼠标移动方向代表复制方向），输入 1750。

⑩ 选择【网点编辑】|【形成网点】；并利用命令【网点编辑】|【删除节点】，删除节点 1 和节点 2 之间的新增节点以及节点 3 和节点 4 直接的新增节点，生成图 2.4-26。

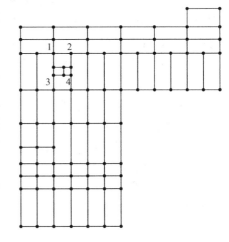

图 2.4-26　网点编辑后的网格

27

2.5 构件布置与楼层定义

【构件布置】菜单如图 2.5-1 所示，包括【构件】【编辑】【材料强度】【偏心对齐】【层间编辑】【工具】等部分。在菜单中单击主梁、柱、墙、门窗等构件的布置按钮，屏幕左侧将弹出构件布置统一入口面板，可以完成对截面的增加、删除、修改、复制、清理等管理、显示工作，下面分别介绍各个模块。

图 2.5-1 构件布置菜单

2.5.1 构件

【构件】菜单分为【主梁】【柱】【墙】【门窗】【层内斜杆】【次梁】【层间梁】等，如图 2.5-2 所示。

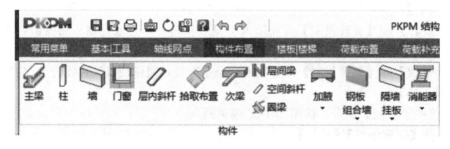

图 2.5-2 构件菜单

这些构件在布置前必须要定义它的截面尺寸、材料、形状类型等信息。程序对"构件"菜单组中的构件的定义和布置的管理都采用如图 2.5-3 所示的对话框。对话框上面是【增加】【删除】【修改】【复制】【清理】【显示】【布置】、【拾取】的按钮。此对话框截面列表还有排序的功能，可以将定义完的截面列表按输入顺序、形状、参数、材料各列这些特征排序，排序时单击一下相应的列表头就可以了。

【增加】：定义一个新的截面类型。单击增加按钮，将弹出构件截面类型选择定义对话框，选择在对话框中输入构件的相关参数。

【删除】：删除已经定义过的构件截面定义，已经布置于各层的这种构件也将自动删除。

【修改】：修改已经定义过的构件截面形状类型、截面尺寸及材料，对于已经布置于各层的这种构件的尺寸也会自动改变，此时弹出的类型选择界面中原类型图标会自动加亮以表示当前正在修改的类型。

【清理】：自动将定义了但在整个工程中未使用的截面类型清除掉，这样便于在布置或修改截面时快速地找到需要的截面。同时由于容量的原因，也能减少在工程较大时截面类型不够的问题。

【显示】：用于查看指定的构件定义类型在当前标准层上的布置状况。

【布置】：在对话框中选取某一种截面后，在点取【布置】按钮将它布置到楼层上。选取某一种截面后双击鼠标左键也可以进入布置状态。

【拾取】：直接从图形上选取构件，然后将其布置到新的平面位置。拾取的构件不仅包括它的截面类型信息，还包括它的偏心、转角、标高等布置参数信息。

说明：列表中，浅绿色背景的行表示当前标准层有构件使用该截面。

下面分别以相应实例说明各构件定义的基本方法，特别之处将进行说明。

1）【柱布置】

（1）柱截面尺寸的估算

在结构设计时，框架梁、柱截面尺寸应根据承载力、刚度及延性等要求确定。初步设计时，通常由经验或估算来选定截面尺寸，然后进行承载力、变形等验算，校核所选尺寸是否合适。柱截面尺寸可直接凭经验确定，也可先根据其所受轴力按轴压比（$\mu = N/f_c A$）估算，此处 N 为柱轴向压力设计值，可近似按 $N = 1.25 N_k$ 计算，N_k 为柱轴向压力标准值，可按柱承载面积每层 $15 \sim 18 \text{kN/m}^2$（经验值）考虑。本例中，以中柱为例，如图 2.5-4 所示，一根柱子的承载面积（近似按阴影部分计算）为 $(6.6 + 2.45 + 2.25)/2$ $(3.1 + 3.1) = 35.03 \text{m}^2$，假设楼层为 4 层，$N = 1.25 \times 15 \times 35.03 \times 4 = 2627 \text{kN}$，抗震等级为三级，混凝土强度等级取 C30，由《建筑抗震设计规范》GB 50011—2011 表 6.3.6 查得柱轴压比限值为 0.85，则柱截面面积 $A \geqslant N/(\mu f_c) = 2627 \times 10^3/(0.85 \times 14.3) = 216125 \text{mm}^2$，柱子截面形式采用正方形，则柱子截面尺寸 $B = H = \sqrt{A} = 465 \text{mm}$，初选 $B =$

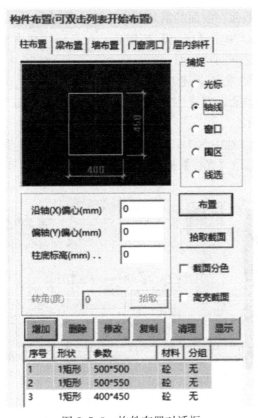

图 2.5-3 构件布置对话框

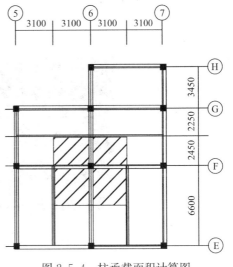

图 2.5-4 柱承载面积计算图

$H=500$mm。需要说明的是，这里只是估算，初选的柱截面尺寸并不一定满足要求，当后续程序（如SATWE）验算出柱承载力等条件不满足要求时，需修改柱截面，再重新验算，直至满足要求为止，有时可能需要反复修改多次才能获得比较合适的结果。另外，按照规范规定，框架柱的截面宽度和高度均不宜小于400mm，圆柱截面直径不宜小于450mm，柱截面高宽比不宜大于3。为避免柱产生剪切破坏，柱净高与截面长边之比宜大于4，或柱的剪跨比宜大于2等，这些要求必须在选取柱截面尺寸时加以考虑。

（2）柱布置实例

【实例2-11】

接图2.4-26，定义400mm×400mm和500mm×500mm的矩形截面柱，并布置框架柱。

①选择【构件】|【柱】，屏幕上弹出图【构件布置】菜单，选取【柱布置】，如图2.5-5所示。

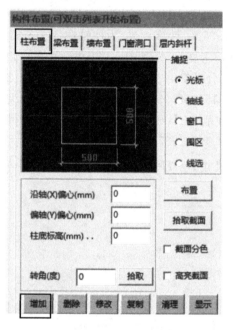

图2.5-5 柱布置对话框

② 单击【增加】按钮，屏幕上弹出图2.5-6所示【截面参数】对话框，修改矩形截面宽度和高度。

③ 截面类型默认显示的为1号，即矩形截面。如果要修改截面类型，单击【截面类型】侧按钮，屏幕弹出图2.5-7所示【截面类型】对话框，用光标点取要选择的截面类型。

④ 不同的截面类型，需要输入不同的参数。本例为矩形截面，按图2.5-6定义柱截面，如果输入的数据与前面已经定义的完全相同，则程序提示该截面在前面的第几类中已经输入。

⑤ 单击【确定】按钮后，在右侧柱列表显示已定义好的柱截面。

⑥ 重复上述步骤，再定义500mm×500mm的柱截面，完成柱定义后如图2.5-8构件布置对话框所示。

⑦ 选中500×500柱截面，单击【布置】，捕捉方式选取【光标】捕捉，选取图2.5-9中所示节点。

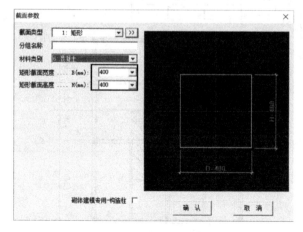

图2.5-6 截面参数对话框

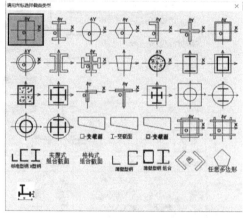

图2.5-7 截面类型对话框

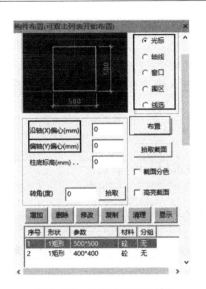

图 2.5-8　构件布置对话框

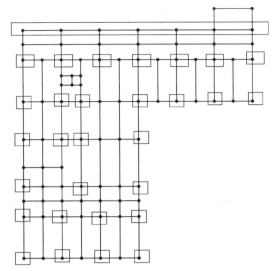

图 2.5-9　500mm×500mm 柱截面布置位置

⑧ 同上，选取 400×400 柱截面，捕捉方式选取【光标】捕捉，选取图 2.5-10 所示节点，完成柱网的布置，如图 2.5-11 所示。

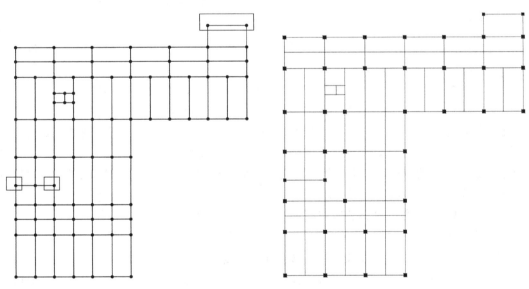

图 2.5-10　400mm×400mm 柱截面布置位置　　　　图 2.5-11　柱网布置图

提示：

① 在柱布置时，应遵循如下原则：

a. 柱布置在节点上，每个节点上只能布置一根柱。

b. 柱相对于节点可以有偏心和转角，柱宽边方向与 x 轴的夹角称为转角，柱截面形心沿柱宽方向的偏心称为【沿轴偏心】，向右为正，向左为负；柱截面形心沿柱高方向的偏心称为【偏轴偏心】，以向上（柱高方向）为正，向下为负。【轴转角】即柱截面形心旋转的角度，逆时针为正，顺时针为负。

c. 如果柱子布置采用沿轴线布置方式时，柱的方向（柱宽方向）自动取轴线方向（即柱宽方向与轴线方向一致）。

② 捕捉的五种方式

a.【光标方式】

在选择了标准构件，并输入了偏心值后程序首先进入该方式，直接点选网格或节点，在按【Enter】后即被插入该构件，若该处已有构件，将被当前值替换，可随时用【F5】键刷新屏幕，观察布置结果。

b.【轴线方式】

此时，被捕捉靶套住的轴线上的所有节点或网格将被插入该构件。

c.【窗口方式】

此时用光标在图中截取一窗口，窗口内的所有网格或节点上将被插入该构件。

d.【围栏方式】

用光标点取多个点围成一个任意形状的围栏，将围栏内所有节点与网格上插入构件。

e.【线选方式】

当切换到该方式时，需拉一条线段，与该线段相交的网点或构件即被选中，随即进行后续的布置操作。另外，按【Tab】键，也可使程序在这五种方式间依次转换。

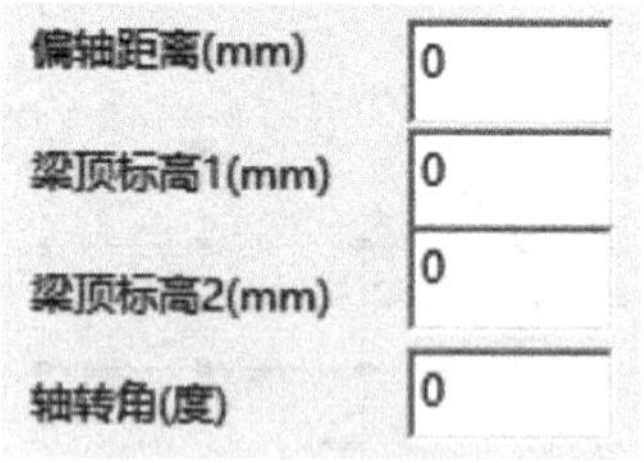

图 2.5-12　主梁布置参数

2)【主梁布置】

同柱布置，与柱不同的是梁布置在网格上，一个网格上通过调整梁端的标高可布置多道梁，但两根梁之间不能有重合的部分。梁最多可以定义 800 类截面。主梁布置的参数如图 2.5-12 所示。

【偏心距离】：可以输入偏心的绝对值，布置梁时，光标偏向网格的哪一边，梁也偏向哪一边。

【梁顶标高】：梁两端相对于本层顶的高差。如果该节点有上节点高的调整，则是相对于的调整后节点的高差。如果梁所在的网格是竖直的，【梁顶标高 1】指下面的节点，【梁顶标高 2】指上面的节点，如果梁所在的网格不是竖直的，【梁顶标高 1】指网格左面的节点，【梁顶标高 2】指网格右面的节点。

【轴转角】：此参数控制布置时梁截面绕截面中心的转角。

（1）梁截面尺寸的估算

这里简要说明一下梁截面尺寸的初步选取。框架结构中框架梁的跨度一般为 5~8m，截面高度 h 可按 $h=(1/15\sim1/10)l$ 确定，其中 l 为梁的计算跨度。为了防止梁发生剪切脆性破坏，h 不宜大于 1/4 梁净跨。框架梁截面宽度可取 $b=(1/3\sim1/2)h$，且不宜小于 200mm。为了保证梁的侧向稳定性，梁截面的高宽比 (h/b) 不宜大于 4。次梁跨度一般为 4~6m，梁高为跨度的 1/18~1/12。

与柱截面尺寸的选取一样，这里只是初步选取梁的截面尺寸，当后续计算中如果显示梁配筋超筋、变形过大时，需要返回这里更改梁的截面尺寸重新计算，直至验算通过。

（2）梁布置实例

【实例 2-12】

接图 2.5-11，定义 300mm×680mm、200mm×500mm、200mm×400mm、300mm×500mm 的矩形截面梁，并布置框架梁，如图 2.5-13 所示。

① 选择【构件】|【主梁】，屏幕上弹出图【构件布置】菜单，选取【梁布置】，如图 2.5-14 所示。

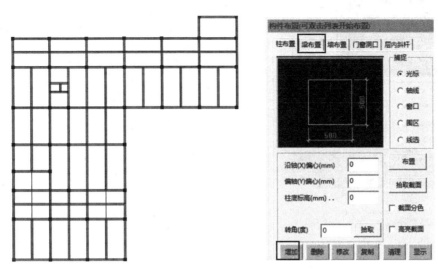

图 2.5-13　框架梁布置图　　　　　　图 2.5-14　梁布置对话框

② 单击【增加】按钮，屏幕上弹出图 2.5-15 所示【截面参数】对话框，修改矩形截面宽度和高度。

③ 截面类型默认显示的为 1 号，即矩形截面。如果要修改截面类型，单击【截面类型】侧按钮，屏幕弹出图 2.5-16 所示【截面类型】对话框，用光标点取要选择的截面类型。

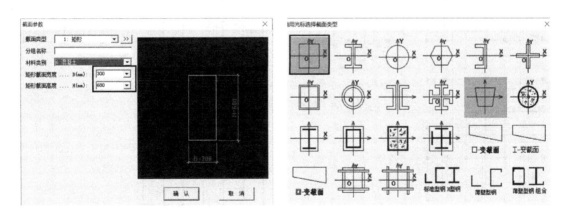

图 2.5-15　截面参数对话框　　　　　　图 2.5-16　截面类型对话框

④ 不同的截面类型，需要输入不同的参数。本例为矩形截面，按图 2.5-15 定义梁截面。

⑤ 单击【确认】按钮后。

⑥ 重复上述步骤，再定义 $200mm \times 500mm$、$200mm \times 400mm$、$300mm \times 500mm$ 的梁截面，完成梁定义，如图 2.5-17 构件布置对话框所示。

⑦ 选中 300×680 梁截面，单击【布置】，按图 2.5-18 布置。

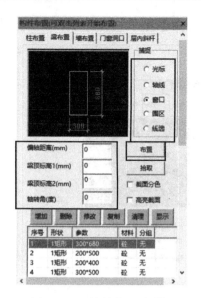

图 2.5-17　构件布置对话框

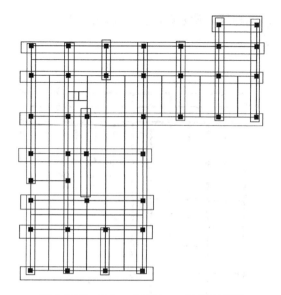

图 2.5-18　300mm×680mm 梁截面布置

⑧ 同上，选取 200×500 梁截面，捕捉方式选取【窗口】捕捉，按图 2.5-19 布置。

⑨ 同上，选取 200×400 梁截面，捕捉方式选取【窗口】捕捉，按图 2.5-20 布置。

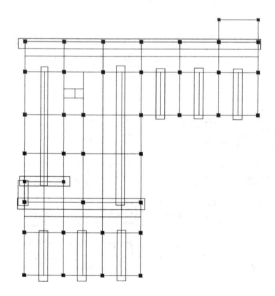

图 2.5-19　200mm×500mm 梁截面布置

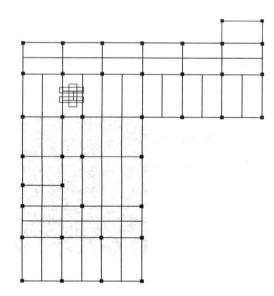

图 2.5-20　200mm×400mm 梁截面布置

⑩ 同上，选取 300×500 梁截面，捕捉方式选取【窗口】捕捉，按图 2.5-21 布置，完成梁的布置。

3）【次梁布置】

次梁与主梁采用同一套截面定义的数据，如果对主梁的截面进行定义、修改，次梁也会随之修改。

次梁布置时是选取首、尾两端相交的主梁或墙构件，连续次梁的首、尾两端可以跨越若干跨一次布置，不需要在次梁下布置网格线，次梁的顶面标高和与它相连的主梁或墙构件的标高相同。

注意：布置的次梁应满足以下三个条件：

① 使其与房间的某边平行或垂直。

② 非二级以上次梁。

③ 次梁之间有相交关系时，必须相互垂直。

对不满足这些条件的次梁，虽然可以正常建模，但后续模块的处理可能产生问题。

4）【墙布置】

墙需要定义厚度和材料（混凝土或烧结砖、蒸压砖、空心砌块四种）。布置方式同主梁布置。墙最多可以定义 200 类截面。

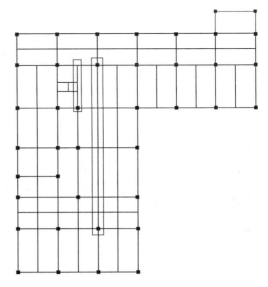

图 2.5-21　300mm×500mm 梁截面布置

墙布置时可以指定墙底标高和墙两端的顶标高【墙顶标高 1】【墙顶标高 2】。墙顶标高是指墙顶两端相对于所在楼层顶部节点的高度，如果该节点有上节点高的调整，则是相对于的调整后节点的高度。通过修改墙顶标高，可以建立山墙、错层墙等形式的模型。如图 2.5-22 所示。

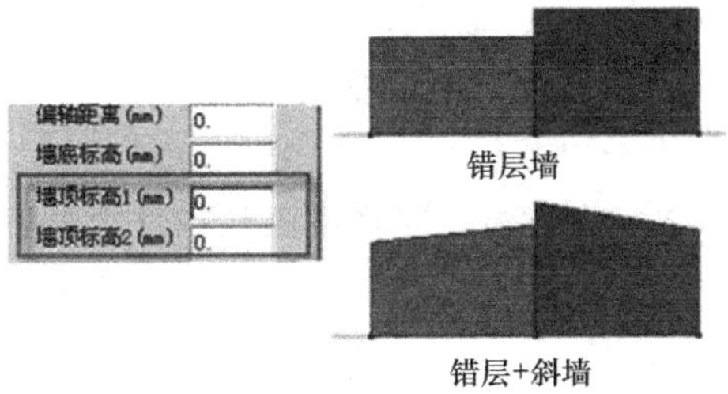

对于山墙等墙顶倾斜的情况，混凝土结构计算程序和砌体结构程序都可以处理。需要特别指出的是，若需使用 SATWE 进行模型分析，则非顶部结构的剪力墙允许错层（即相邻两片墙顶标高可以不一致），但不允许墙顶倾斜。

注意：框架结构中的填充墙，以荷载的形式体现，不需要执行"墙布置"命令。

图 2.5-22　错层墙模型

5）【洞口布置】

洞口布置在网格上，该网格上还应布置墙。一段网格上只能布置一个洞口。布置洞口时，可以在洞口布置参数对话框中输入定位信息。定位方式有左端定位方式、中点定位方式、右端定位方式和随意定位方式，如果定位距离大于 0，则为左端定位，若键入 0，则该洞口在该网格线上居中布置，若键入一个小于 0 的负数（如−D，单位：mm），程序将该洞口布置在距该网格右端为 D 的位置上。如需洞口紧贴左或右节点布置，可输入 1 或−1。如第一个数输入一个大于 0 小于 1 的小数，则洞口左端位置可由光标直接点取确定。

2.5.2　编辑

对已布置好的构件可以进行【构件删除】【单参修改】【截面替换】等操作，菜单位置如图 2.5-23 所示。

图 2.5-23　编辑菜单对话框

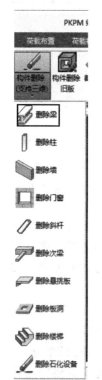

图 2.5-24　构件删除对话框

1)【构件删除】

构件删除功能现在统一放置到【构件删除】菜单项调出 2.5-24 对话框中。当在对话框中选中某类构件时（可一次选择多类构件），直接选取所需删除的构件，即可完成删除操作。菜单在【构件布置】【构件修改】和右下的快捷菜单栏均可找到，右下的快捷菜单栏中的位置如图 2.5-25 所示。

【实例 2-13】

接上例，删除 300×500 的矩形截面梁。

① 选择【构件删除】|【删除梁】

② 屏幕提示如图 2.5-25 所示。

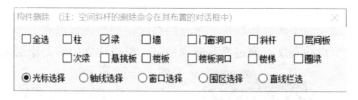

图 2.5-25　构件删除下的快捷菜单栏

③ 在光标选择下，单击图中 300×500 的梁，即将该梁从构件类型中删除。

④ 按【Esc】键结束命令。

2)【单参修改】

使用【单参修改】命令，可以批量进行构件的参数修改，其位置如图 2.5-26 所示。

图 2.5-27 是成批修改"梁"的例子。

图 2.5-26　单参修改菜单

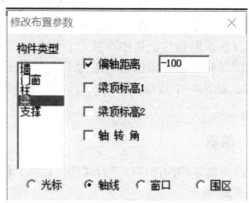

图 2.5-27　构件布置参数菜单

【实例 2-14】

接上例，将 A 轴线梁外边与柱外边对齐。

① 选择【单参修改】|【梁】。

② 屏幕提示如图 2.5-27 构件布置参数菜单所示，选取【偏轴距离】，输入－100，选取【轴线】选择方式。

③ 选择 A 轴，完成梁外边与柱外边的对齐，如图 2.5-28 所示。

④ 按【Esc】键结束命令。

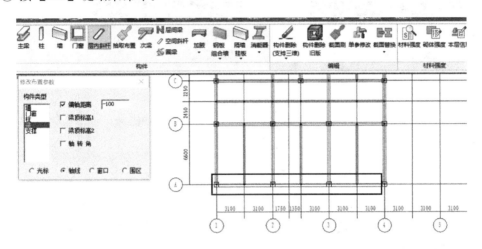

图 2.5-28　梁边与柱边对齐图

3)【截面替换】

截面替换就是把平面上某一类型截面的构件用另一类型截面替换。选择完某类构件截面替换后，依次选择被替换截面和替换截面即可，模型中对应的构件也会随之更新。

在【截面替换】菜单中，如图 2.5-29 所示，包含了柱、梁、墙、门窗洞口、层内斜杆的替换命令，同时提供了查看替换操作过程日志的功能。

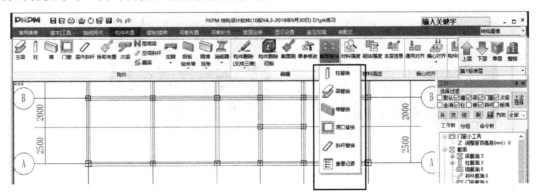

图 2.5-29　截面替换菜单

本层已使用截面列表变色及当前选择项自动加亮显示：

【实例 2-15】

将图中 350×350 的柱子全部替换为 400×400 的柱子。

① 单击【柱替换】命令后，程序将弹出【构件截面替换】对话框，如图 2.5-30 所示。

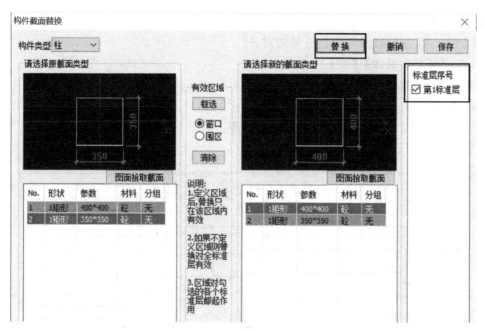

图 2.5-30　构件截面替换对话框

② 在左侧的列表中选择原截面类型 350×350，在右侧列表中选择新截面类型 400×400。

③ 在右侧【标准层序号】中，勾选【第一标准层】，然后单击【替换】按钮。

④ 按【Esc】键结束命令。

注意：1. 如果对截面替换操作进行了误操作，想恢复原来结果，可以单击【撤销】按钮，出现【提示】命令框，选择【是】，如图 2.5-31 所示，程序将恢复【构件截面替换】对话框前模型的样子。

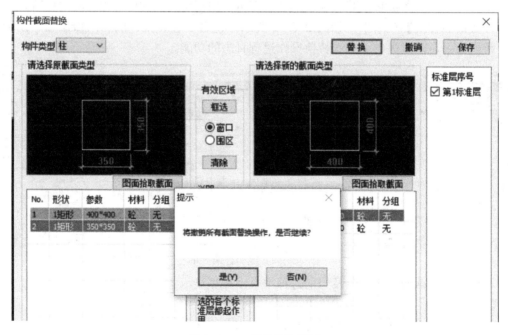

图 2.5-31　截面替换撤销

2. 截面替换完成后，单击【保存并退出】按钮，程序将自动打开【截面替换记录】日志文件，记录了截面替换操作的时间，原截面及新截面的形状、参数、材料、分组等信息，并给出了各标准层及全楼进行该次替换操作的构件个数，如图 2.5-32 所示。

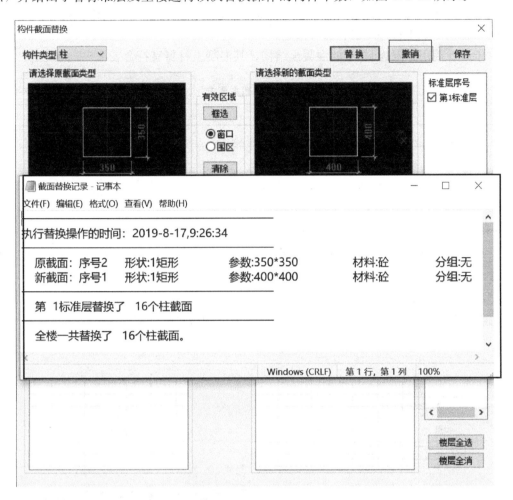

图 2.5-32　截面替换记录

2.5.3　材料强度

本菜单包括【材料强度】【砌体强度】【本层信息】三个命令，如图 2.5-33 所示。

图 2.5-33　材料强度菜单

1）【材料强度】

材料强度初设值可在【本层信息】内设置，而对于与初设值强度等级不同的构件，则可用本菜单提供的【材料强度】命令进行赋值。

菜单位置及对话框如图 2.5-33 所示。该命令目前支持的内容包括修改【墙】【梁】【柱】【斜杆】【楼板】【悬挑板】【圈梁】的混凝土强度等级和修改【柱】【梁】【斜杆】的钢号。注意，如果构件定义中指定了材料是混凝土，则无法指定这个构件的钢号，反之亦然。对于型钢混凝土构件，二者都可指定。

对于设计使用年限为 50 年的混凝土结构，其混凝土材料宜符合表 2.5-1 的规定。

混凝土材料基本要求 表 2.5-1

环境类别	最低强度等级
一	C20
二 a	C25
二 b	C30（C25）
三 a	C35（C30）
三 b	C40

另外，当在【构件材料设置】对话框的构件类型列表中选择了一类构件时，图形上将标出所有该类构件的材料强度，效果如图 2.5-34 所示。

2）【砌体强度】

【砌体强度】菜单如图 2.5-35 所示，用于砌体结构材料强度的修改。

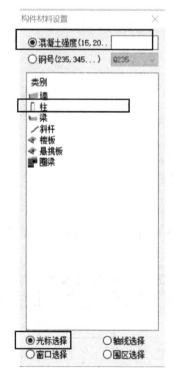

图 2.5-34　构件材料设置对话框

图 2.5-35　砌体强度菜单

3）【本层信息】

【本层信息】是每个结构标准层必须做的操作，是输入和确认以下结构信息，菜单如图 2.5-36 所示。

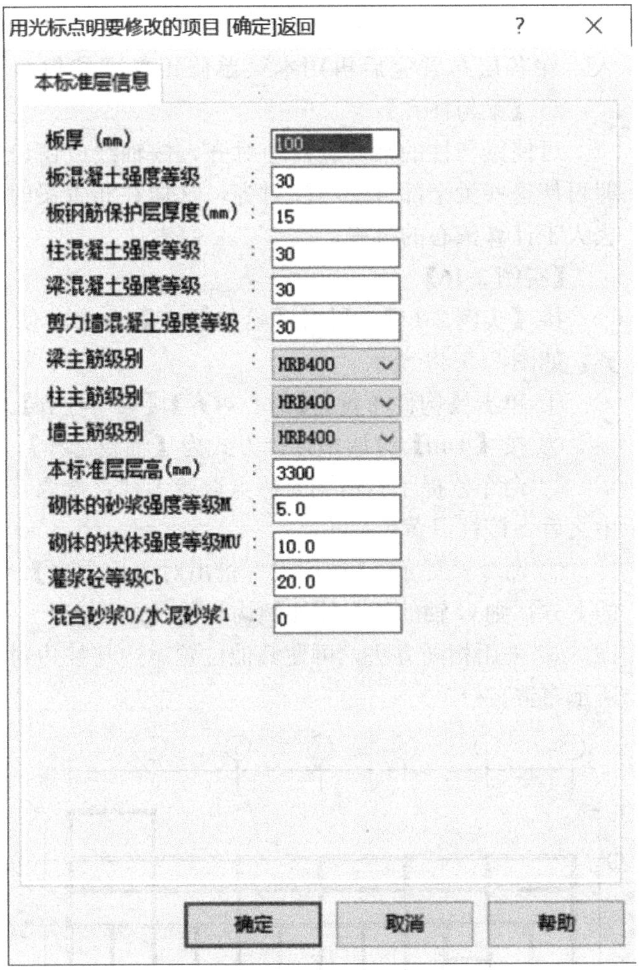

图 2.5-36　本层信息菜单

这里的板厚、混凝土强度等级等参数均为本标准层统一值，通过【修改板厚】和【材料】命令可以进行详细的修改。

注意：板厚不仅用于计算板配筋，而且可用于计算板自重。

2.5.4　偏心对齐

本菜单可使用【通用对齐】或【偏心对齐】下面单独的命令，提供对梁、柱、墙相关的对齐操作，单独的命令按梁、柱、墙分类共有 12 项，分别是：【柱上下齐】【柱与柱齐】【柱与墙齐】【柱与梁齐】【梁上下齐】【梁与梁齐】【梁与柱齐】【梁与墙齐】【墙上下齐】【墙与墙齐】【墙与柱齐】【墙与梁齐】。如图 2.5-37 所示。

其可根据布置的要求自动完成偏心计算与偏心布置，举例说明如下：

图 2.5-37 偏心
对齐菜单

1)【柱上下齐】：

当上下层柱的尺寸不一样时，可按上层柱对下层柱某一边对齐（或中心对齐）的要求自动算出上层柱的偏心并按该偏心对柱的布置自动修正。此时如打开"层间编辑"菜单可使从上到下各标准层的某些柱都与第一层的某边对齐。布置柱时可先省去偏心的输入，在各层布置完后再用本菜单修正各层柱偏心。

2)【梁与柱齐】：

可使梁与柱的某一边自动对齐，按轴线或窗口方式选择某一列梁时可使这些梁全部自动与柱对齐，这样在布置梁时不必输入偏心，省去人工计算偏心的过程。

【实例 2-16】

接【实例 2-14】，利用【梁与柱齐】命令，使梁外边与柱外边对齐，如图 2.5-38 所示。

① 单击【构件布置】|【偏心对齐】|【梁与柱齐】。

② 按【Tab】键调整选择方式为【轴线选择】，选取 G 轴。

③ 命令栏提示：请用光标点取参考柱，选取 G 轴任意一个柱，选中之后，该柱以黄色显示。

④ 命令栏提示：【请用光标指出对齐边方向】，用光标点取选中柱的上方，则 G 轴的所有柱外侧均与梁外侧对齐。

⑤ 采用相同方法，可使其他位置梁边与柱边对齐，完成图 2.5-38 所示布置。

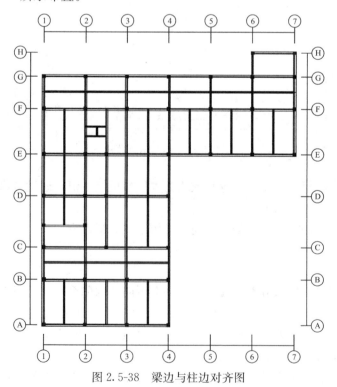

图 2.5-38 梁边与柱边对齐图

2.5.5　层间编辑

【层间编辑】菜单位置如图 2.5-39 所示。

图 2.5-39　层间编辑菜单

层间编辑是实际工程中较常使用和非常方便的、可同时对多层进行编辑的功能，其中各项功能如下：

1)【添加标准层】

如图 2.5-40 在右上角的标准层列表中单击【添加新标准层】，增加一个标准层，把已有的楼层内容全部或局部复制下来。新标准层应在旧标准层基础上输入，以保证上下节点网格的对应，为此应将旧标准层的全部或一部分拷贝成新的标准层，在此基础上修改。

图 2.5-40　添加标准层

复制标准层时，可将一层【全部复制】，也可只复制平面的某一或某几部分，当【局部复制】时，可按照直接、轴线、窗口、围栏 4 种方式选择复制的部分。复制标准层时，该层的轴线也被复制，可对轴线增删修改，再形成网点生成该层新的网格，如图 2.5-41 所示。

切换标准层可以点取下拉式工具条中的【第 N 标准层】进行，也可点【上层】和【下层】来直接切换到相邻的标准层。

【实例 2-17】

接实例 2-16，利用【添加标准层】命令，生成新的标准层 2/标准层 3/标准层 4。

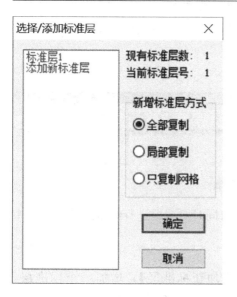

图 2.5-41　复制标准层

① 单击【添加标准层】命令，如图 2.5-41 所示，选择【全部复制】，单击【确定】后，屏幕右上方工具栏中的下拉菜单窗口中显示【第 2 标准层】，表示现在正在编辑的标准层层号（利用此快捷窗口可快速在多个标准层之间进行切换），生成图 2.5-42 标准层 2。

② 继续单击【添加标准层】命令，选择【全部复制】，单击【确定】后，屏幕右上方工具栏中的下拉菜单窗口中显示【第 3 标准层】，对新生成的标准层进行网点编辑（【删除节点】命令/【删除网格】命令），完成图 2.5-43 标准层 3。

③ 继续单击【添加标准层】命令，选择【全部复制】，单击【确定】后，屏幕右上方工具栏中的下拉菜单窗口中显示【第 4 标准层】，对新生成的标准层进行网点编辑（【删除节点】命令/【删除网格】命令）及构件布置（【柱】布置命令），完成图 2.5-44 标准层 4。

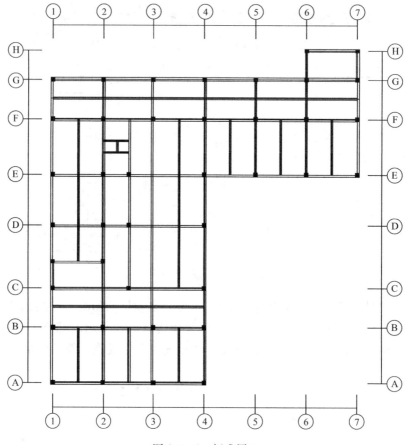

图 2.5-42　标准层 2

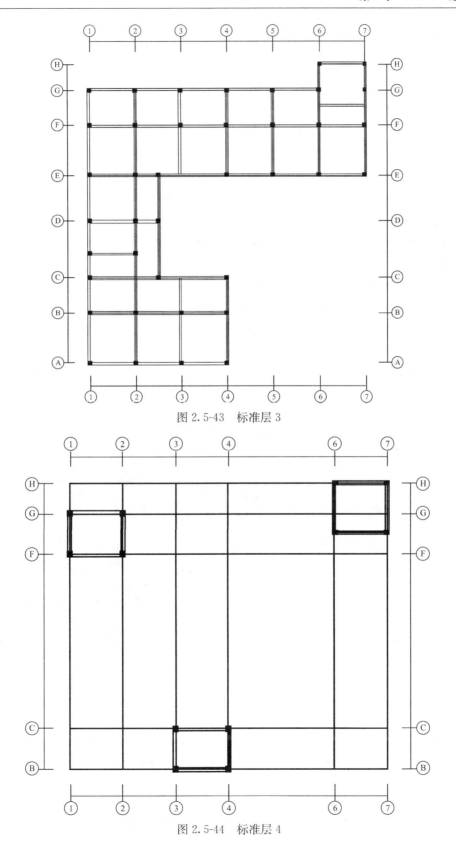

图 2.5-43　标准层 3

图 2.5-44　标准层 4

2）【删标准层】

删除所选标准层：单击【楼层组装】|【删标准层】，如图 2.5-45 所示。

图 2.5-45　删标准层菜单

3）【插标准层】

在指定标准层后插入一标准层，其网点和构件布置可从指定标准层上选择复制。

4）【层间编辑】

这是一个实际工程中使用频率较高的功能，该菜单可将操作在多个或全部标准层上同时进行，省去来回切换到不同标准层，再去执行同一菜单的麻烦。

例如，如需在第 1～3 标准层上的同一位置加一根梁，则可先在层间编辑菜单定义编辑 1～3 层，则只需在一层布置梁即可完成，不但操作大大简化，还可免除逐层操作造成的布置误差。类似操作还有画轴线，布置、删除构件，移动删除网点，修改偏心等。

单击【层间编辑】菜单后程序提供一对话框，可对层间编辑表进行增删操作，全部删除的效果就是取消层间编辑操作，如图 2.5-46 所示。

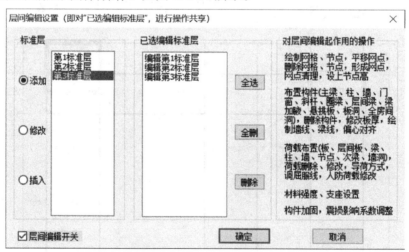

图 2.5-46　层间编辑菜单

层间编辑状态下，对每一个操作程序会出现图 2.5-47 所示对话框，用来控制对其他层的相同操作。如果取消层间编辑操作，点取第 5 个选项即可。

2.5.6　工具

【工具】的菜单如图 2.5-48 所示，包括【构件编号】和【布置查询】命令。

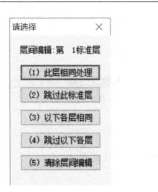

图 2.5-47　层间编辑选择内容对话框　　　　图 2.5-48　构件编号菜单

【构件编号】命令，可用于选取构件类型，如图 2.5-49、图 2.5-50 所示，自动在图面上对所选构件进行编号。

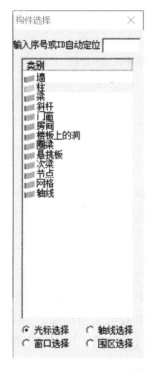

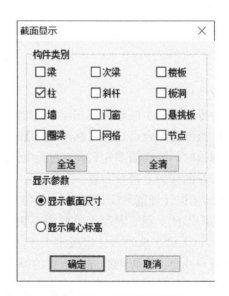

图 2.5-49　构件选择菜单　　　　　　　图 2.5-50　截面显示菜单

【布置查询】命令，允许设置【梁】【次梁】【柱】【墙】【斜杆】【门窗】各类构件的显示和数据显示。其中【数据显示】控制是否显示该类截面的尺寸还是偏心标高数据，弹出对话框如图 2.5-50 所示，在显示了平面构件的截面和偏心数据后可用下拉菜单中的打印绘图命令输出这张图，便于数据的随时存档。

2.6　楼板、楼梯

【楼板】|【楼梯】菜单如图 2.6-1 所示，本菜单其他功能除悬挑板外，都要按房间进行

操作。操作时，鼠标移动到某一房间时，其楼板边缘将以亮黄色勾勒出来，方便确定操作对象。

图 2.6-1　楼板｜楼梯菜单

2.6.1　楼板

【楼板】菜单包含【生成楼板】【修改板厚】【全房间洞】【楼板错层】【楼板复制】【楼板显示】等功能，如图 2.6-2 所示。

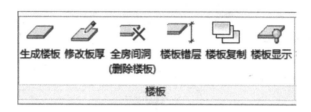

图 2.6-2　楼板菜单

1）【生成楼板】

运行此命令可自动生成本标准层结构布置后的各房间楼板，板厚默认取【本层信息】菜单中设置的板厚值，也可通过【修改板厚】命令进行修改。

布置预制板时，同样需要用到此功能生成的房间信息，因此要先运行一次生成楼板命令，再在生成好的楼板上进行布置。

《混凝土结构设计规范》GB 50011—2010 第 9.1.2 条"现浇混凝土板的尺寸宜符合下列规定：板的跨厚比：钢筋混凝土单向板不大于 30，双向板不大于 40；无梁支承的有柱帽板不大于 35，无梁支承的无柱帽板不大于 30。预应力板可适当增加；当板的荷载、跨度较大时宜适当减小。现浇钢筋混凝土板的厚度不应小于表 2.6-1 规定的数值。

现浇钢筋混凝土板最小厚度　　　　　　　　　　　　　　　　　　表 2.6-1

板的类别		最小厚度（mm）
单向板	屋面板	60
	民用建筑楼板	60
	工业建筑楼板	70
	行车道下的楼板	80
双向板		80

2）【楼板错层】

运行此命令后，每块楼板上标出其错层值，并弹出错层参数输入窗口，输入错层高度后，此时选中需要修改的楼板即可，效果如图 2.6-3 所示。

3）【修改板厚】

单击【修改板厚】。运行此命令后，每块楼板上标出其目前板厚，并弹出板厚的输入窗口，输入后在图形上选中需要修改的房间楼板即可，效果如图 2.6-4 所示。

新版本程序增加了批量修改楼板厚度的功能。如图 2.6-5 所示，在进入【修改板厚】对话框时，单击鼠标左键，可以直接使用当前行的楼板厚度值进行布置，不用在图面上逐一进行选择、修改。

【实例 2-18】

接实例 2-17，利用命令【修改板厚】，对楼板厚度进行修改。

① 选中标准层 1，单击【楼板】|【楼梯】|【修改板厚】，弹出图 2.6-4 对话框。

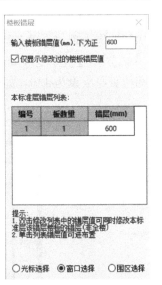

图 2.6-3　楼板错层对话框

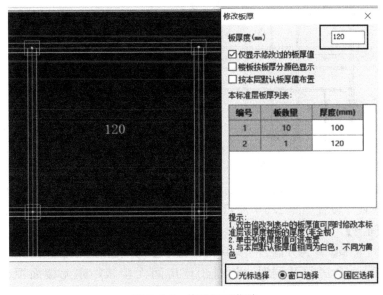

图 2.6-4　修改板厚菜单

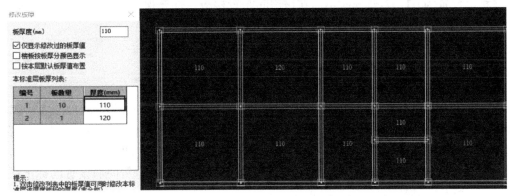

图 2.6-5　批量修改楼板厚度

49

② 在【板厚度（mm）】处输入 0，选择【光标方式】，此时光标放在各房间上时，各房间四周出现一个黄色矩形框，选中板 1，单击鼠标，则该房间楼板厚度设为 0。

③ 在【板厚度（mm）】处输入 140，选择【光标方式】，选中板 2，单击鼠标，则该房间楼板厚度设为 140，如图 2.6-6 所示。

图 2.6-6　标准层 1 板厚修改

④ 采用相同方法，修改标准层 2/标准层 3/标准层 4，其中标准层 2 板厚设置同标准层 1，标准层 3 板厚设置如图 2.6-7 所示，标准层 4 板厚设置如图 2.6-8 所示。

4）【全房间洞】

将指定房间全部设置为开洞。当某房间设置了全房间洞时，该房间楼板上布置的其他洞口将不再显示。全房间开洞时，相当于该房间无楼板，亦无楼面恒、活荷载，如图 2.6-9 所示。

【板厚设置为 0】：若建模时不需在该房间布置楼板，却要保留该房间楼面恒、活荷载时，可通过将该房间板厚设置为 0 解决。

【实例 2-19】

接实例 2-18，利用命令【全房间洞】，对楼板进行开洞处理。

① 选中标准层 1，单击【楼板】|【楼梯】|【全房间洞】。

② 命令栏提示【光标方式】：用光标选择目标【若没选中，则自动转入窗口方式】（【Tab】转换方式，【Esc】返回）"，此时光标放在各房间上时，各房间四周出现一个黄色矩形框，在平面图框选位置处（电梯位置）楼板上单击鼠标，完成全房间洞命令，如图 2.6-9 所示。

③ 采用相同方法，修改标准层 2/标准层 3，其中标准层 2 全房间洞设置同标准层 1，标准层 3 全房间洞设置如图 2.6-10 所示。

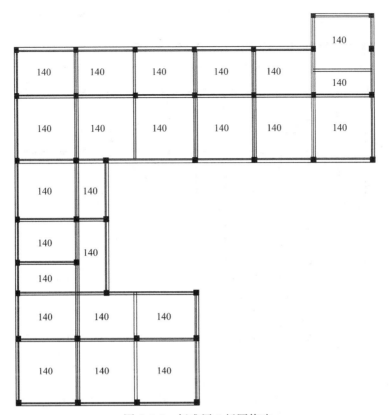

图 2.6-7　标准层 3 板厚修改

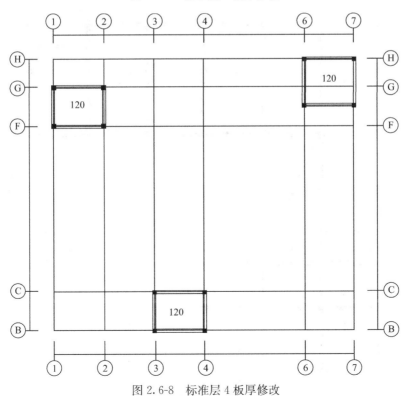

图 2.6-8　标准层 4 板厚修改

51

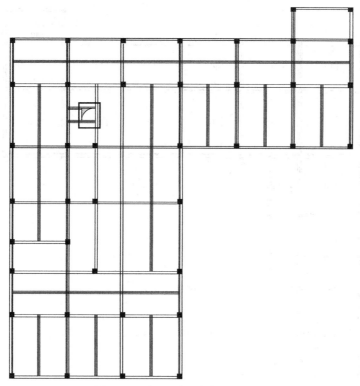

图 2.6-9　标准层 1 全房间洞设置

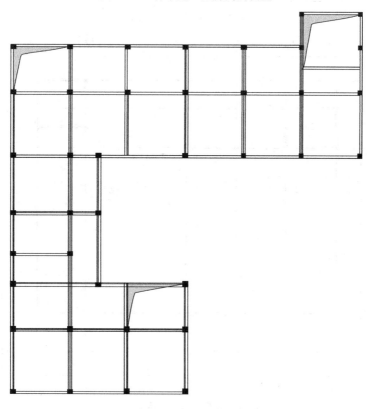

图 2.6-10　标准层 3 全房间洞设置

2.6.2　板洞

1)【板洞布置】

板洞的布置方式与一般构件类似，需要先进行洞口形状的定义，然后再将定义好的板洞布置到楼板上，如图 2.6-11、图 2.6-12 所示。

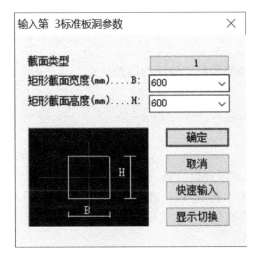

图 2.6-11　板洞参数对话框

图 2.6-12　楼板洞口截面列表

目前支持的洞口形状有矩形、圆形和自定义多边形。

洞口布置的要点如下：

① 矩形洞口插入点为左下角点，圆形洞口插入点为圆心，自定义多边形的插入点在画多边形后人工指定。

②【洞口的沿轴偏心】指洞口插入点距离基准点沿基准边方向的偏移值；【偏轴偏心】则指洞口插入点距离基准点沿基准边法线方向的偏移值；【轴转角】指洞口绕其插入点沿基准边正方向开始逆时针旋转的角度。

2)【板洞删除】

在【板洞删除】对话框中勾选【楼板洞口】选项，选中要删除的搬动，单击鼠标右键，完成删除。

注意楼梯：其分析可以由 LTCAD 楼梯设计程序完成，楼梯间的荷载在整体建模中有两种考虑方法。

① 设置楼梯间板厚为 0，即该房间没有楼板，但仍可以设置楼板面荷载及导荷方式，以此近似替代楼梯间的荷载，楼梯间恒荷载一般设为 $8.0 \mathrm{kN/m^2}$，疏散楼梯活荷载一般设为 $3.5 \mathrm{kN/m^2}$，非疏散楼梯活荷载一般设为 $2.0 \mathrm{kN/m^2}$。

② 用【楼板楼梯】/【全房间洞】命令将楼梯间开洞，该房间不能输入楼板荷载，可以将楼梯间实际荷载直接输入到房间周边相应构件上。

为了简便起见，我们常采用第①种方法。

2.6.3　悬挑板

【布悬挑板】具体操作要点如下：

1）【悬挑板的布置方式】与一般构件类似，需要先进行悬挑板形状的定义，然后再将定义好的悬挑板布置到楼面上。

2）【悬挑板的类型定义】：程序支持输入矩形悬挑板和自定义多边形悬挑板。在悬挑板定义中，增加了悬挑板宽度参数，输入 0 时取布置的网格宽度。

3）【悬挑板的布置方向】由程序自动确定，其布置网格线的一侧必须已经存在楼板，此时悬挑板挑出方向将自动定为网格的另一侧。

4）【悬挑板的定位距离】：对于在定义中指定了宽度的悬挑板，可以在此输入相对于网格线两端的定位距离。

5）【悬挑板的顶部标高】：可以指定悬挑板顶部相对于楼面的高差。

一道网格只能布置一个悬挑板。

2.6.4 布预制板

1）【布预制板】：

需要先运行【生成楼板】命令，在房间上生成现浇板信息。

【自动布板方式】：输入预制板宽度（每间可有 2 种宽度）、板缝的最大宽度限制与最小宽度限制。由程序自动选择板的数量、板缝，并将剩余部分作成现浇带放在最右或最上。

2）【删预制板】：

删除指定房间内布置的预制板，并以之前的现浇板替换。

2.6.5 楼梯

《建筑抗震设计规范》第 3.6.6-1 条规定，"计算模型的建立、必要的简化计算与处理，应符合结构的实际工作状况，计算中应考虑楼梯构件的影响。"条文说明指出，考虑到地震中楼梯的梯板具有斜撑的受力状态，故增加了楼梯构件的计算要求，针对具体结构的不同，楼梯构件对结构的可能影响很大或不大，应区别对待，楼梯构件自身应计算抗震，但并不要求一律参与整体结构的计算。

为了适应新的抗震规范要求，程序给出了计算中考虑楼梯影响的解决方案：在 PM-CAD 的模型输入中输入楼梯，可在矩形房间输入二跑或平行的三跑、四跑楼梯等类型。程序可自动将楼梯转化成折梁或折板。此后在接力 SATWE 时，无需更换目录，在计算参数中直接选择是否计算楼梯即可。SATWE［参数定义］的"总信息"页中可选择是否考虑楼梯作用，如果考虑，可选择梁或板任一种方式或两种方式同时计算楼梯。

图 2.6-13 楼梯菜单

1）【楼梯布置】

【楼梯】菜单下有四个子菜单，分别为【布置楼梯】【修改楼梯】【删除楼梯】和【画法切换】，如图 2.6-13 所示。

楼梯建模步骤如下：

① 单击【布置楼梯】菜单，光标处于识取状态，程序要求选择楼梯所在的矩形房间，当光标移到某一房间时，该房间边界将加亮，提示当前所在房间，单击鼠标左键确认。

② 确认后，程序弹出如图 2.6-14 所示的楼梯类型选择对话框。

程序共有 12 种楼梯类型可供选择：【单跑直楼梯】【双跑直楼梯】【平行两跑楼梯】【平行三跑楼梯】【平行四跑楼梯】【双跑转角楼梯】【双分中间起跑楼梯】【双分两边起跑楼梯】【三跑转角楼梯】【四跑转角楼梯】【双跑交叉楼梯】【双跑剪刀楼梯带平台】。

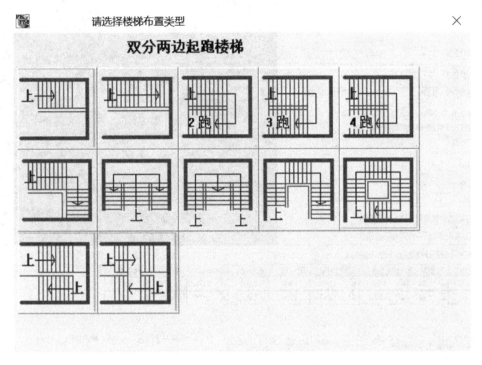

图 2.6-14　楼梯类型选择对话框

③ 选择好楼梯类型后，程序弹出楼梯设计对话框，如图 2.6-15 所示。对话框右侧显示楼梯的预览图，程序根据房间宽度自动计算梯板宽度初值，可修改楼梯定义参数。部分参数含义如下：

【起始高度（mm）】：第一跑楼梯最下端相对本层底标高的相对高度。

【坡度】：当修改踏步参数时，程序根据层高自动调整楼梯坡度，并显示计算结果。

【起始节点号】：用来修改楼梯布置方向，可根据预览图中显示的房间角点编号调整。

【是否是顺时针】：确定楼梯走向。

单击【确定】按钮，完成楼梯的定义与布置。

2）【楼梯修改】

程序可保留原先所布置楼梯的数据，方便在其基础上进一步修改。单击【修改楼梯】菜单，按提示选择已布置楼梯的房间，程序弹出如图 2.6-15 所示的【楼梯设计对话框】，内部的参数为先前编辑过的参数，可对楼梯数据进行修改。

3）【楼梯删除】

【楼梯删除】操作与其他构件删除操作是一样的。单击【删除楼梯】菜单，程序弹出【构件删除】对话框，其中楼梯选项是勾选的，选择与梯跑平行的房间边界，这时该梯跑将高亮显示，单击左键即可删除。

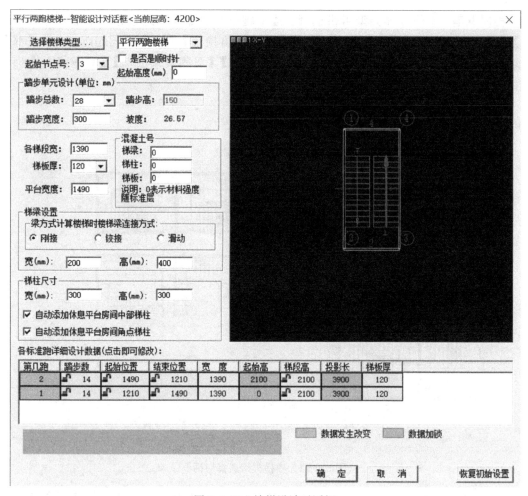

图 2.6-15　楼梯设计对话框

注意事项：布置楼梯时最好在【本层信息】中输入楼层组装时使用的真实高度，这样程序能自动计算出合理的踏步高度与数量，便于建模。楼梯计算所需要的数据（如梯梁、梯柱等的几何位置）是在楼层组装之后形成的。

2.7　荷载布置

交互创建结构设计模型的工作主要有两个：一是确定结构布置方案并进行构件定义布置，二是构件荷载的统计与输入。通过前面章节的叙述，我们已经对怎样通过 PMCAD 进行构件定义、布置、复制、编辑有了比较深入的理解，在本节我们将进一步讨论建模过程中如何进行荷载输入与处理，其中 PMCAD 只对结构布置与荷载布置都相同的楼层默认为同一结构标准层。

本章输入本标准层结构上的各类荷载，它包括：

① 楼面恒活荷载；

② 非楼面传来的梁间荷载、次梁荷载、墙间荷载、节点荷载及柱间荷载；

③ 人防荷载；

④ 吊车荷载。

单击屏幕顶部的【荷载布置】，弹出其所属的各子功能菜单，见图 2.7-1。

图 2.7-1　荷载布置菜单

2.7.1　总信息

如图 2.7-2 所示总信息菜单，用于设置当前标准层的楼面恒、活荷载的统一值及全楼相关荷载处理的方式。

1)【恒活设置】

本菜单用于定义楼面恒荷载和活荷载标准值。在介绍菜单操作前，首先讲解本工程实例中的楼面恒荷载与活荷载是如何确定的（文中恒荷载、活荷载又可分别简称为恒载、活载）。

（1）楼面恒载与活载的确定

楼面活载可依据《建筑结构荷载规范》GB 50009—2012 取值。由《建筑结构荷载规范》GB 50009—2012 表 5.1.1 查得办公室的楼面活荷载标准值为 2.0kN/m²，走廊为 2.5kN/m²，楼梯间为 3.5kN/m²；由表 5.3.1 查得不上人屋面均布活荷载标准值为 0.5kN/m²。

楼面恒载一般是根据建筑图上楼面的做法来计算，各种楼面的做法不一样，恒载取值也不一样，在计算恒载时，还要考虑楼下是否有吊顶等。下面举例说明：

50 厚细石混凝土面层：	20kN/m³×0.05m=1.0kN/m²
板自重（设板厚 100mm）：	25kN/m³×0.10m=2.5kN/m²
20 厚板底抹灰：	17kN/m³×0.02m=0.34kN/m²
考虑二次装修：	0.5kN/m²

合计：1.0+2.5+0.34+0.5=4.34kN/m²，一般设计时也可在混凝土板自重的基础上加 2.0~2.5kN/m² 来简化计算。

图 2.7-2　总信息菜单

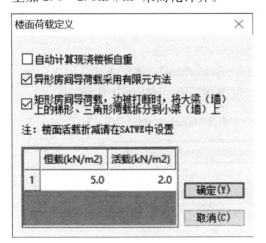

图 2.7-3　楼面荷载定义对话框

（2）【楼面荷载的定义】

输入楼面荷载前必须先生成楼板，没有布置楼板的房间不能输入楼面荷载。

单击【恒活设置】，屏幕出楼面荷载定义的对话框，见图 2.7-3。

其中包含的设置内容有：

①【自动计算现浇板自重】

该控制项是全楼的，即非单独对当前标准层。选中该项后程序会根据楼层各房间楼板的厚度，折合成该房间的均布面荷载，并将其叠加到该房间的面恒载值中。若选中该项，则输入的楼面恒载值中不应该再包含楼板自重；反之，则必须包含楼板自重。

②【异形房间导荷载采用有限元方法】

以前版本的程序，在对异形房间（三角形、梯形、L形、T形、十字形、凹形、凸形等）进行房间荷载导算时，是按照每边的边长占整个房间周长的比值，按均布线荷载分配到每边的梁、墙上。

现在版本的程序在上述方法的基础，新增加了一种导荷方法，即【异形房间导荷载采用有限元方法】。计算原理是：程序会先按照有限元方法进行导算，然后再将每个大边上得到的三角形、梯形线荷载拆分，按位置分配到各个小梁、墙段上，荷载类型为不对称梯形，各边总值有所变化，但单个房间荷载总值不变。

需要注意的是：当单边长度小于300mm时，整个房间会自动按照旧版本边长法做均布导算。

现在版本的程序默认使用有限元方法进行导荷，如果希望使用老方法（均布化）来处理荷载，则取消【异形房间导荷载采用有限元方法】的选中状态即可。

注意事项：

由于导荷工作是在退出建模程序的过程中进行，所以，查看上述结果应在退出建模程序后，再次进入建模程序才行。

③【矩形房间导荷打断设置】

这项设置，主要用来处理矩形房间边被打断时，是否将大梁（墙）上的梯形荷载、三角形荷载分拆到小梁（墙）上。

【实例2-20】

接【实例2-19】，利用【恒活设置】，布置荷载。

① 进入第1标准层，单击【荷载布置】/【恒活设置】，弹出楼面荷载定义对话框，如图2.7-4所示，分别输入恒载值2.5kN/m²，活载值2.0kN/m²。

② 进入第2标准层，重复上述操作步骤，如图2.7-4所示。

③ 进入第3标准层，重复上述操作步骤，恒载值改为2.5kN/m²，活载值改为0.5kN/m²，如图2.7-5所示。

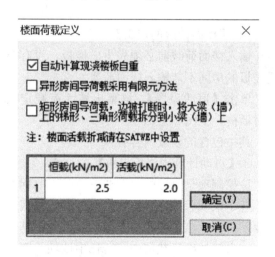

图2.7-4　楼面荷载定义对话框

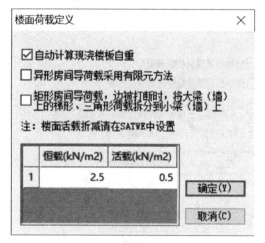

图2.7-5　楼面荷载定义对话框

④ 进入第 4 标准层，重复上述操作步骤，如图 2.7-5 所示。

2）【导荷方式】

本功能用于修改程序自动设定的楼面荷载传导方向。

运行导荷方式命令后，程序弹出如图 2.7-6 所示对话框，选择其中一种导荷方式，即可向目标房间进行布置。其中：

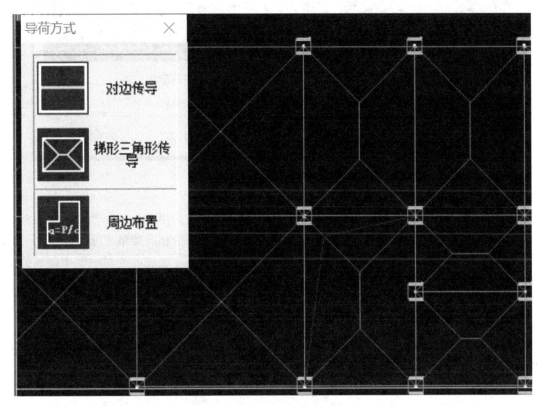

图 2.7-6　导荷方式对话框

（1）【对边传导方式】：只将荷载向房间两对边传导，在矩形房间上铺预制板时，程序按板的布置方向自动取用这种荷载传导方式。使用这种方式时，需指定房间某边为受力边。

（2）【梯形三角形方式】：对现浇混凝土楼板且房间为矩形的情况下程序采用这种方式。

（3）【沿周边布置方式】：将房间内的总荷载沿房间周长等分成均布荷载布置，对于非矩形房间程序选用这种传导方式。使用这种方式时，可以指定房间的某些边为不受力边。

对于全房间开洞的情况，程序自动将其面荷载值设置为 0。

3）【调屈服线】

楼板荷载导荷到周边构件上，是根据楼板的屈服线来分配荷载的。程序缺省的屈服线角度为 45°，在一般情况下无需作调整。

由于通过调整屈服线角度，可实现房间两边、三边受力等状态。所以，对于需要按梯形、三角形方式导算的房间，就可点取该命令项来实现。

选取房间后，在对话框中调整角度即可见图 2.7-7。

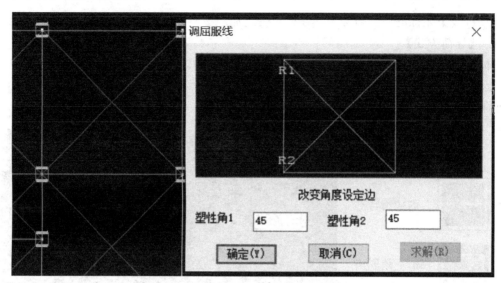

图 2.7-7　调屈服线对话框

4)【通用布置】

一般情况下，在布置构件荷载信息时，会通过不同构件采用点取不同菜单命令来布置荷载。所以，当要变换构件时，就需要结束当前命令，再单击相应菜单才可实现。

而采用【通用布置】命令，则是在不切换菜单的情况下，通过改变对话框中荷载的使用主体，实现荷载的布置，如图 2.7-8 所示。

【管理定义】用于荷载的定义，会弹出构件荷载定义对话框，可以进行荷载定义的增加、删除、修改等操作。

布置时，先选取是布哪种构件的何种荷载类型，再选取是哪类荷载值，之后，可捕捉相应的构件进行布置。

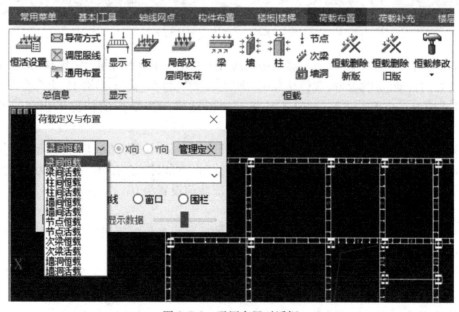

图 2.7-8　通用布置对话框

2.7.2　显示

用于设置在之后的布置构件荷载时，荷载信息在屏幕上的表现形式，内容见图 2.7-9。

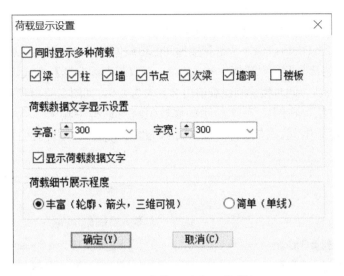

图 2.7-9　荷载显示设置对话框

进入荷载菜单时，为了方便能看清常用荷载在层内的布局，默认同时显示多种荷载，【梁】【柱】【墙】【节点】【次梁】【墙洞荷载】同时显示在图面上。同时，多种荷载显示的情况下，为了更方便地区分荷载的构件类型，在【丰富】显示状态时程序作了如下 3 个设定：

1）恒载线条颜色为白色，活载线条颜色为粉色。

2）当同一网格处上有多种构件荷载时，如墙托梁、层间梁，一道梁上布置多个荷载等，程序自动错开荷载进行显示。

3）荷载的字体颜色作了如下约定：梁、次梁荷载字体为红色；墙、墙洞荷载字体为绿色；节点荷载字体为白色；柱荷载字体为黄色。

2.7.3　恒、活荷载修改

荷载布置菜单见图 2.7-10。

图 2.7-10　荷载布置菜单

1）【板荷载】

前提条件：使用此功能之前，必须要用【构件布置】中的【生成楼板】命令形成过一次房间和楼板信息。

该功能用于根据已生成的房间信息进行板面恒、活荷载的局部修改。单击【板】出现

图 2.7-11 所示菜单，进行设置。

【实例 2-21】

接【实例 2-20】，可通过【荷载布置】|【恒载】|【板】和【荷载布置】|【活载】|【板】菜单，对楼面恒载和活载进行局部修改。

① 进入第 1 标准层，单击【荷载布置】|【恒载】|【板】，屏幕上显示的所有楼面恒载值均为【恒活设置】菜单中定义的恒载值。考虑到楼梯间的恒载值较其他房间大，对其进行修改，首先在如图 2.7-12 所示的修改恒载对话框中输入 8.0，点取【光标选择】方式，然后将光标移至楼梯间，按鼠标左键确认，此时楼梯间恒载值由 2.5 改为 8.0，如图 2.7-13 所示。

② 采用同样方法，在图 2.7-12 所示的修改恒载对话框中输入 3.0，点取【光标选择】方式，将光标移至卫生间，按鼠标左键确认，此时卫生间恒载值由 2.5 改为 3.0，如图 2.7-13 所示。

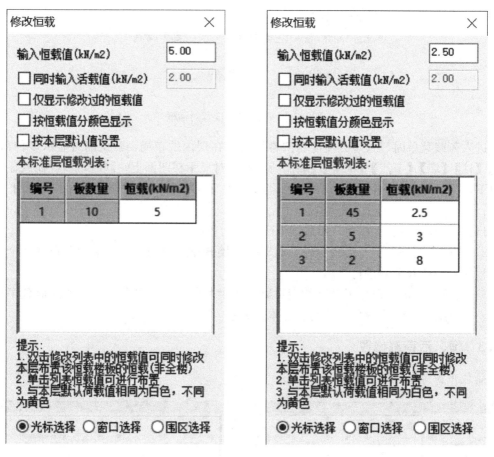

图 2.7-11 修改恒载对话框   图 2.7-12 修改恒载对话框

③ 单击【荷载布置】|【活载】|【板】，在如图 2.7-14 所示的修改活载对话框中输入 3.5，点取【光标选择】方式，然后将光标移至楼梯间，按鼠标左键确认，其他位置处活载修改如图 2.7-15 所示。

④ 进入第 2 标准层，单击【荷载布置】|【恒载】|【板】，对恒载进行修改，如图 2.7-16 所示，单击【荷载布置】|【活载】|【板】，对活载进行修改，如图 2.7-17 所示。

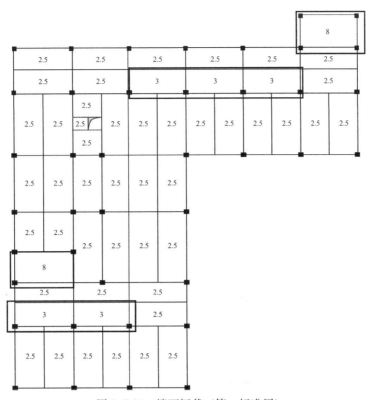

图 2.7-13　楼面恒载（第一标准层）

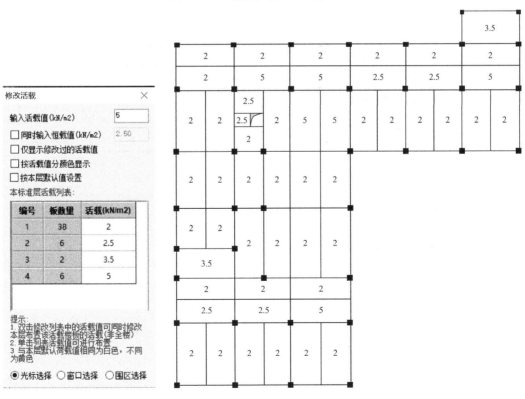

图 2.7-14　修改活载对话框　　　　图 2.7-15　楼面活载（第一标准层）

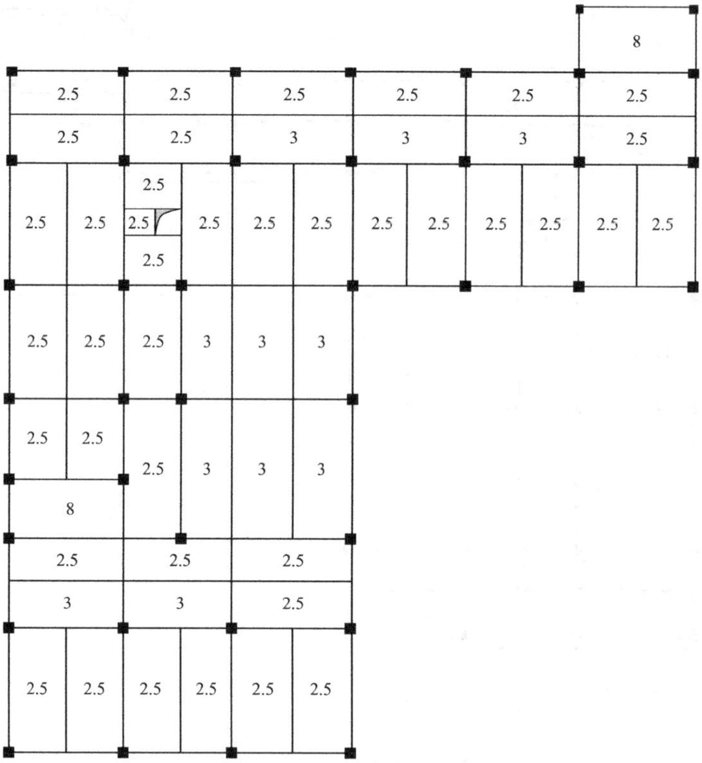

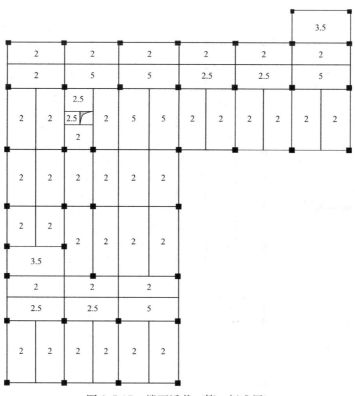

图 2.7-16　楼面恒载（第二标准层）

图 2.7-17　楼面活载（第二标准层）

2）【梁间荷载】

本菜单可输入非楼面传来的作用在梁上的恒载或活载。PMCAD 建模时不布置框架间的填充墙、隔墙等非承重墙，但应将其荷载折算成均布线荷载布置在下层梁上。对于主梁、次梁及柱的自重，程序会自动计算，不需再考虑。

（1）填充墙荷载的计算

工程上一般将墙作为均布线荷载输入，如果墙上洞口面积占很大部分，应将洞口部分的重量减去再平均分布。举例计算填充墙荷载如下：

查《建筑结构荷载规范》GB 50009：蒸压粉煤灰砖墙重度 15kN/m³，水泥砂浆重度 20kN/m³，墙厚 200mm. 每侧抹灰厚 20mm，墙高 2.8m（层高 3.3m—梁高 0.5m），则墙体线荷载为

$15 \times 0.2 \times 2.8 + 20 \times 0.02 \times 2.8 \times 2 = 10.64kN/m$

外墙上有窗时，应扣除窗洞墙体荷载再加上窗本身荷载。假设窗大小为 1.8m×1.5m，墙长 4.8m，则窗洞墙体荷载（转换成线荷载）：

$(15 \times 1.8 \times 1.5 \times 0.2 + 20 \times 1.8 \times 1.5 \times 0.02 \times 2)/4.8 = 2.14kN/m$

窗自重荷载（窗自重 0.45kN/m²，转换成线荷载）：$0.45 \times 1.8 \times 1.5/4.8 = 0.25kN/m$

有窗外墙下梁间恒载：$10.64 - 2.14 + 0.25 = 8.75kN/m$

内墙荷载取 10.64kN/m。

若屋顶女儿墙高度取 1.1m，则女儿墙自重为 $15 \times 0.2 \times 1.1 + 20 \times 0.02 \times 1.1 \times 2 = 4.18kN/m$，近似取 4kN/m。

（2）梁间荷载的布置

输入非楼面传来的作用在梁上的恒载或活载；由于梁间恒载和活载所有操作方法皆相同，所有，以下只以恒载为例作说明。操作命令包括：【增加】【修改】【删除】【显示】及【清理】。见图 2.7-18。

在此菜单下首先需要定义荷载信息，然后可将各类荷载布置到构件上。在每个杆件上可加载多个荷载类。如果删除了杆件，则杆件上的荷载也会自动删除掉。

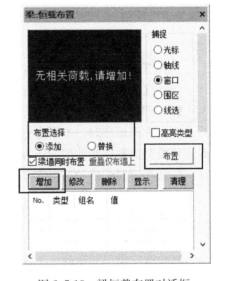

图 2.7-18　梁恒载布置对话框

①【增加】

单击【增加】菜单后，屏幕上显示平面图的单线条状态，并弹出选择梁荷载类型的对话框，见图 2.7-19。

此外，荷载删除时，支持多选，可用鼠标左键进行框选，或者按住键盘上的【Shift】键，再用鼠标左键进行单击，都可以选择连续的多项荷载定义进行删除。

一般情况下，在新建工程时，对话框中是空的，即没有梁荷载定义的内容，需要通过点取【增加】按钮，来添加梁荷载信息。

②【布置选择】：添加或替换

选择完某一类荷载信息后，单击列表中的类型或单击【布置】将它布置到杆件上，可使用【添加】和【替换】两种方式进行输入。

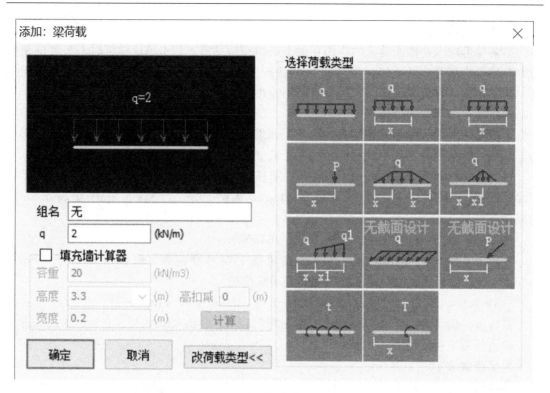

图 2.7-19 选择梁荷载类型对话框

选择【添加】时，构件上原有的荷载不动，在其基础上增加新的荷载；

选择【替换】时，当前工况下的荷载被替换为新荷载。

【高亮类型】：

当勾选该选项时，本层布置当前选择荷载类型的荷载将以高亮方式显示，可以方便地看清该类型荷载在当前层的布置情况。

荷载布置时构件的选择方式包括【光标】【轴线】【窗口】【围区】【线选】五种方式。

③【修改】

修正当前选择荷载类型的定义数值。

④【删除】

删除选定类型的荷载，工程中已布置的该类型荷载将被自动删除。

⑤【显示】

根据【显示控制】菜单中设定的方法，在平面图上高亮显示出当前类型梁恒载的布置情况。

⑥【清理】

自动清理荷载表中在整楼中未使用的类型。

【实例 2-22】

接【实例 2-21】，利用【荷载布置】|【恒载】|【梁】命令，进行【梁间荷载】布置。

① 单击【荷载布置】|【恒载】|【梁】，弹出梁恒载布置对话框如图 2.7-18 所示。在该对话框中单击【增加】按钮，弹出添加梁荷载对话框（图 2.7-19），在该对话框

中选择荷载类型并输入荷载值，这里选择第一种（均布线荷载），输入荷载 8kN/m，点【确定】返回。再以同样的步骤定义数值分别为 12kN/m、5kN/m 和 2kN/m 的均布线荷载。

② 进入标准层 1，在梁恒载布置对话框中选择 8km/m 的梁荷载，单击【布置】按钮，按图 2.7-20 所示，采用【光标】【轴线】【窗口】等方式选择要布置荷载的主梁，布置好后梁上会显示出相应的荷载值。同样的方法，我们可以将大小为 12kN/m 的荷载值按图 2.7-20 所示布置在梁上。

③ 进入标准层 2，在梁恒载布置对话框中选择 8kN/m 的梁荷载，单击【布置】按钮，按图 2.7-21 所示。同样的方法，将大小为 12kN/m、2kN/m 的荷载值按图 2.7-21 所示布置在梁上。

④ 进入标准层 3，荷载布置如图 2.7-22 所示。第 4 标准层为屋面，梁上无荷载，无需布置梁间荷载。

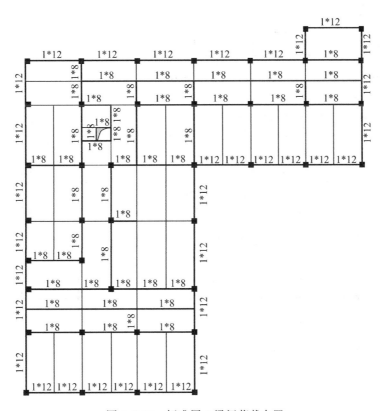

图 2.7-20　标准层 1 梁间荷载布置

3）【柱间荷载】

用于输入柱间的恒荷载和活荷载信息，二者的操作是相同的，所以，只以恒载为例作一操作说明。

与梁间荷载的操作一样，它也包括：【增加】【修改】【显示】【删除】及【清理】等命令，不同只是操作对象，由网格线变为有柱的网格点，故不再作阐述。

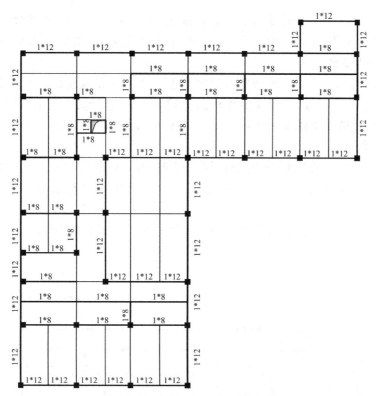

图 2.7-21 标准层 2 梁间荷载布置

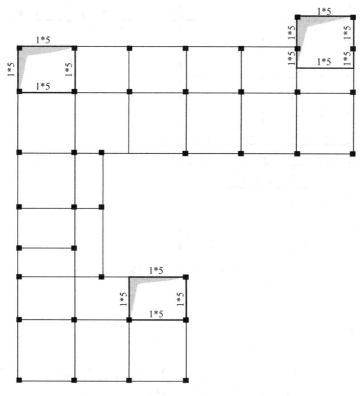

图 2.7-22 标准层 3 梁间荷载布置

【柱间荷载】的定义信息与梁（墙）不共用，故操作间互不影响。由于作用在柱上的荷载有 X 向和 Y 向两种（图 2.7-23），所以在布置时需要选择作用力的方向。

柱荷载布置及【增加】界面见图 2.7-23、图 2.7-24。

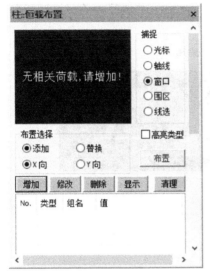

图 2.7-23　柱荷载布置对话框

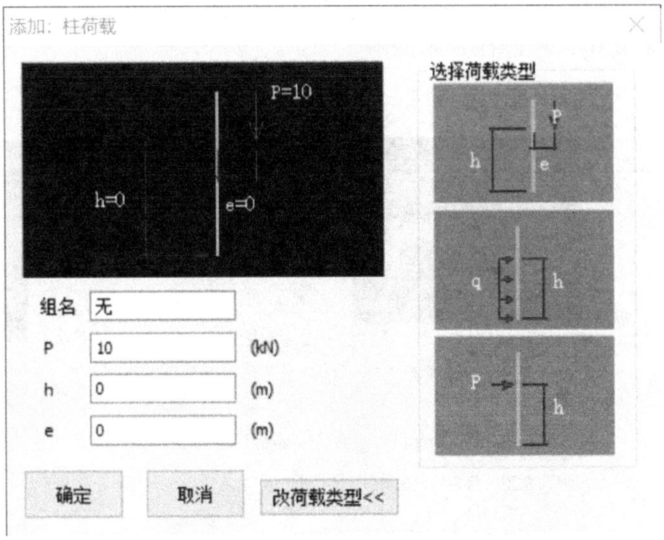

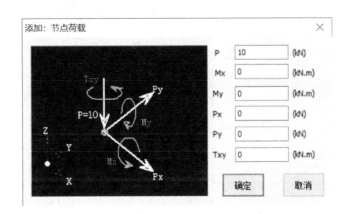

图 2.7-24　柱荷载增加界面

4）【墙间荷载】

用于布置作用于墙顶的荷载信息。墙间荷载的荷载定义、操作与梁间荷载相同。

5）【节点荷载】

此项用来直接输入加在平面节点上的荷载，荷载作用点即平面上的节点，各方向弯矩的正向以右手螺旋法确定。

【节点荷载】操作命令与梁间荷载类同。操作的对象由网格线变为网格节点。

每类节点荷载需输入 6 个数值。节点荷载的布置和【增加界面】见图 2.7-25、图 2.7-26。

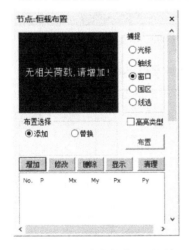

图 2.7-25　节点荷载布置对话框

图 2.7-26　节点荷载增加界面

6）【次梁荷载】

操作与梁间荷载相同。

7)【墙洞荷载】

用于布置作用于墙开洞上方段的荷载。

操作与梁间荷载相同。

【墙洞荷载】的类型只有均布荷载，见图 2.7-27、图 2.7-28。其荷载定义与梁间荷载不共用，故操作互不影响。

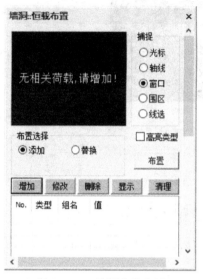

图 2.7-27　墙洞荷载布置

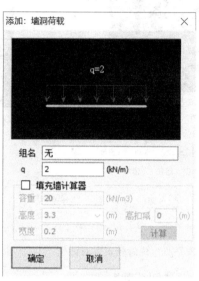

图 2.7-28　墙洞荷载增加界面

8)【荷载删除】

根据工况的不同，荷载的删除分为【恒载删除】和【活载删除】两个菜单，其各自菜单位置如图 2.7-29 所示。

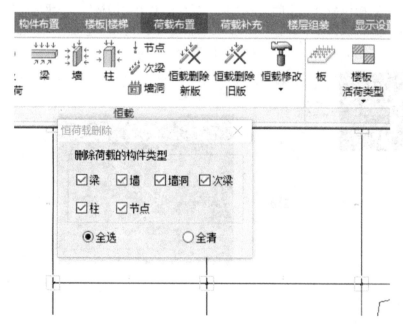

图 2.7-29　荷载删除对话框

程序允许同时删除多种类型的荷载，当进入荷载删除功能时，此时仅显示勾选构件的荷载，退出荷载删除时，自动恢复原先的荷载显示。

选择构件时，程序提供了【光标方式】【轴线方式】【窗口方式】【围栏方式】【直线方式】五种。

9）【荷载修改】

分为【恒载修改】和【活载修改】两个菜单，【恒载修改】菜单如图 2.7-30 所示。功能为修改已经布置到构件上的荷载，如果修改后的荷载值在荷载定义表中不存在，则此荷载会自动添加到标准荷载类型列表中。

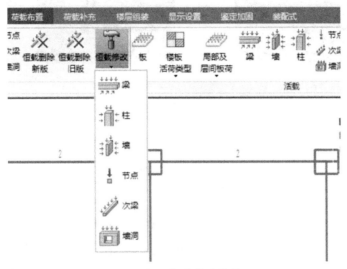

图 2.7-30　恒载修改菜单

2.7.4　荷载编辑

1）【荷载替换】

与截面替换功能类似，如图 2.7-31、图 2.7-32 所示，包含了【梁荷载】【柱荷载】【墙荷载】【节点荷载】【次梁荷载】【墙洞荷载】的替换命令，同样也提供了查看荷载替换操作过程日志的功能。

图 2.7-31　荷载编辑菜单　　　图 2.7-32　荷载替换菜单

单击【梁荷载替换】命令后，程序将弹出【构件荷载替换】对话框，如图 2.7-33 所示，在左侧的列表中选择原荷载类型，在图面上程序会自动加亮使用选中类型的荷载，在右侧的列表中选择新荷载类型，然后单击【替换】按钮，程序会自动将原荷载替换成新的均布荷载，并刷新图面。

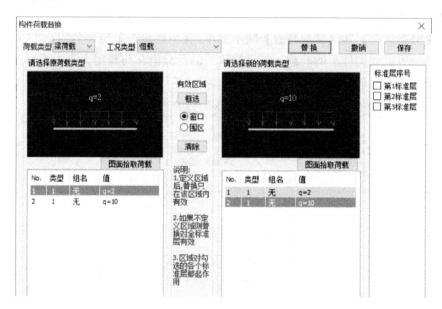

图 2.7-33　构件荷载替换对话框

图 2.7-34　荷载复制界面

如果对荷载替换操作进行了误操作，想恢复原来结果，可以单击【撤销并退出】按钮，程序将自动恢复进入【构件荷载替换】对话框前荷载布置的样子。

2）【荷载复制】

复制同类构件上已布置的荷载，可恒载、活载一起复制。荷载复制界面如图 2.7-34 所示。

【荷载复制】现在可以同时复制恒载和活载，当恒载和活载同时复制时，图面为避免杂乱，仅画出了恒荷载，但不会影响活载的复制。

3）【层间复制】

可以将其他标准层上曾经输入的构件或节点上的荷载拷贝到当前标准层，包括【梁】【墙】【柱】【次梁】【节点】及【楼板】荷载，如图 2.7-35 所示。当两标准层之间某构件在平面上的位置完全一致时，就会进行荷载的复制。

4）【荷载清理】

确定是否删除已经定义但是并未使用过的荷载，单击【荷载清理】，出现图 2.7-36 所示菜单。

2.7.5　人防荷载

当工程需要考虑人防荷载作用时，可以用此菜单命令设定。

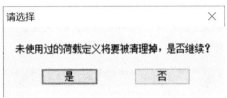

图 2.7-35　层间复制对话框　　　　　图 2.7-36　荷载清理对话框

1）【人防设置】

用于为本标准层所有房间设置统一的人防等效荷载。界面如图 2.7-37 所示。当更改了【人防设计等级】时，顶板人防等效荷载自动给出该人防等级的等效荷载值。

2）【人防修改】

使用该功能可以修改局部房间的人防荷载值。运行命令后在弹出的【修改人防】对话框中（图 2.7-38），输入人防荷载值并选取所需的房间即可。

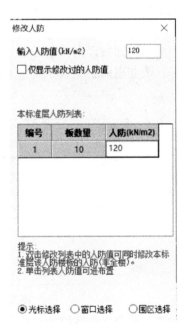

图 2.7-37　人防设置界面　　　　　图 2.7-38　"修改人防"对话框

注意：人防荷载只能在±0以下的楼层上输入，否则可能造成计算的错误。当在±0以上输入了人防荷载时，程序退出的模型缺陷检查环节将会给出警告。

2.7.6 吊车荷载

对于采用三维建模的工业建筑，软件允许布置吊车信息，并可以在计算分析程序中完成相应的计算。在布置完吊车信息后，软件自动生成吊车荷载，准确考虑了边跨、抽柱、柱距不等这些情况；在SATWE计算中，读取三维建模程序生成的吊车荷载，实现数据共享，对于是否抽柱吊车荷载都可以计算。

2.8 荷载补充

为满足对除恒、活外的其他常见工况的处理需求，如图2.8-1所示，在【荷载布置】菜单旁增加了【荷载补充】菜单。

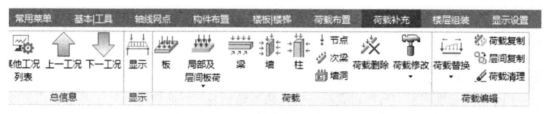

图2.8-1 荷载补充菜单

进入该菜单后，程序会自动生成五类常用工况：【消防车】【屋面活】【屋面雪】【屋面灰】【工业停产检修】，并自动添加到工况列表中，单击【其他工况列表】，弹出已有工况列表，如图2.8-2所示。其中，被选中的绿色加亮行为当前工况，同时在界面的左上角也会有当前工况的名称，以便在布置荷载时明确所布置的荷载在哪一工况上。

切换工况：有两种办法，既可以在图2.8-2界面中选择想要的工况，单击【确定】后，被选中的工况即被设为当前工况，也可单击菜单栏中的【上一工况】【下一工况】改变当前工况。改变当前工况后界面左上角的工况名称也随之改变。

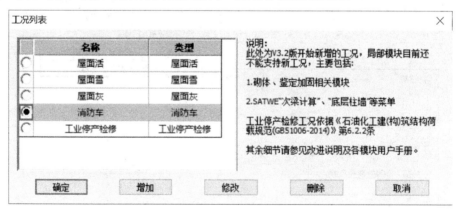

图2.8-2 工况列表界面

荷载布置与编辑：各类构件上荷载布置、荷载布置、删除等编辑操作与恒、活荷载中的操作相同。仅需注意的是，【层间复制】菜单将会根据勾选的构件类型，自动复制荷载补充中的四个工况的所有荷载。

同时为了与恒、活区分，荷载补充中各工况布置的荷载线条颜色均以绿色显示。

在退出 PM 时，程序会自动检查荷载补充中的四个工况是否布置了荷载，如果某一工况布置了荷载，将会参加到后续计算组合中，如果某一工况没有布置任何荷载，则其也不会参与后续导荷及计算组合。

2.9　楼层组装

【楼层组装】是将已输入完毕的各标准层指定次序搭建为建筑整体模型的过程，如图 2.9-1 所示。

图 2.9-1　楼层组装菜单

在原先的 PM 建模中，楼层组装时已经将楼层的上下顺序固定了下来，即楼层组装时必须按从低到高的顺序进行串联的组装。

图 2.9-2　信息菜单

2.9.1　信息

1)【设计参数】

《混凝土结构设计规范》GB 50010—2010、《高层建筑混凝土结构技术规程》JGJ 3—2010、《建筑抗震设计规范》GB 50011—2010 对设计参数有重大调整，PMCAD 建模程序按最新规范要求进行了调整，在【设计参数】图 2.9-2 对话框中，共有 5 页选项卡内容供设置，其内容是结构分析所需的建筑物【总信息】【材料信息】【地震信息】【风荷载信息】以及【钢筋信息】，如图 2.9-3 所示，以下按各选项卡分别介绍：

(1)【总信息】

【结构体系】：框架结构、框剪结构、框筒结构、筒中筒结构、剪力墙结构、砌体结构、底框结构、配筋砌体、板柱剪力墙、异形柱框架、异形柱框剪、部分框支剪力墙结构、单层钢结构厂房、多层钢结构厂房、钢框架结构。

【结构主材】：钢筋混凝土、钢和混凝土、钢结构、砌体。

【结构重要性系数】：可选择 1.1、1.0、0.9。根据《混凝土结构设计规范》GB 50010—2010 第 3.3.2 条确定。

【地下室层数】：进行 SATWE 计算时，对地震力作用、风力作用、地下人防等因素有影响。程序结合地下室层数和层底标高判断楼层是否为地下室，例如此处设置为 4，则层底标高最低的 4 层判断为地下室。

【与基础相连构件的最大底标高】：该标高是程序自动生成接基础支座信息的控制参数。当在【楼层组装】对话框中选中了左下角"生成与基础相连的墙柱支座信息"，并按"确定"按钮退出该对话框时，程序会自动根据此参数将各标准层上底标高低于此参数的构件所在的节点设置为支座。

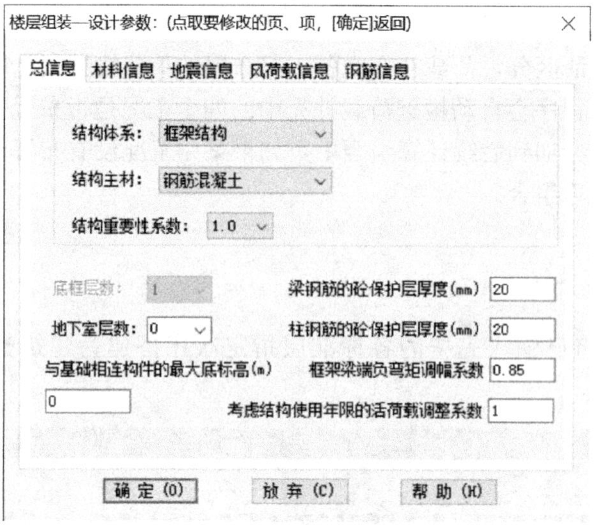

图 2.9-3　设计参数对话框

【梁钢筋的混凝土保护层厚度】：根据《混凝土结构设计规范》GB 50010—2010 第 8.2.1 条确定，默认值为 20mm。

【柱钢筋的混凝土保护层厚度】：根据《混凝土结构设计规范》GB 50010—2010 第 8.2.1 条确定，默认值为 20mm。

【框架梁端负弯矩调幅系数】：根据《高层建筑混凝土结构技术规程》JGJ 3—2010 第 5.2.3 条确定。在竖向荷载作用下，可考虑框架梁端塑性变形内力重分布对梁端负弯矩乘以调幅系数进行调幅。负弯矩调幅系数取值范围是 0.7～1.0，一般工程取 0.85。

【考虑结构使用年限的活荷载调整系数】：根据《高层建筑混凝土结构技术规程》JGJ 3 第 5.6.1 条确定，默认值为 1.0。

（2）【材料信息】

材料信息见图 2.9-4。

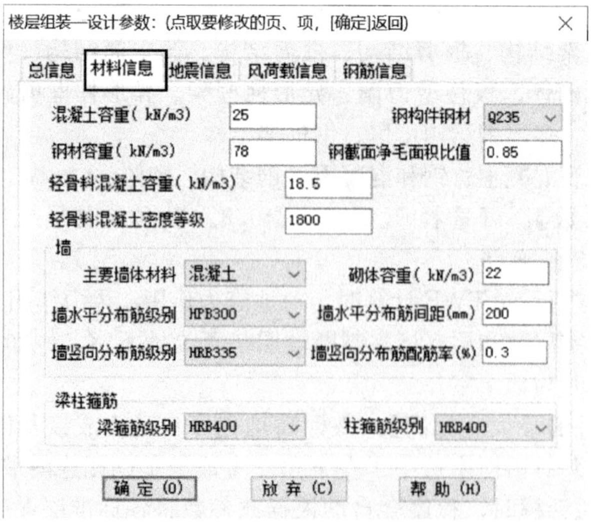

图 2.9-4　材料信息对话框

【混凝土容重（kN/m³）】：根据《建筑结构荷载规范》GB 50009—2012 附录 A 确定。一般情况下，钢筋混凝土结构的容重为 25kN/m³，若采用轻混凝土或要考虑构件表面装修层重时，混凝土容重可填入适当值。

【钢容重（kN/m³）】：根据《建筑结构荷载规范》附录 A 确定。一般情况下，钢材容重为 78kN/m³，若要考虑钢构件表面装修层重时，钢材的容重可填入适当值。

【轻骨料混凝土容重（kN/m³）】：根据《建筑结构荷载规范》附录 A 确定。

【轻骨料混凝土密度等级】：默认值 1800。

【钢构件钢材】：Q235、Q345、Q390、Q420、Q460、Q500、Q550、Q620、Q690、Q235GJ、Q345GJ、Q390GJ、Q420GJ、Q460GJ、LQ550。根据《钢结构设计规范》GB 50017—2017 第 3.4.1 条及其他相关规范确定。

【钢截面净毛面积比值】：钢构件截面净面积与毛面积的比值。

【主要墙体材料】：混凝土、烧结砖、蒸压砖、混凝土砌块。

【砌体容重（kN/m³）】：根据《建筑结构荷载规范》附录 A 确定。

【墙水平分布筋类别】：HPB300、HRB335、HRB400、HRB500、CRB550、CRB600、HTRB600、HPB235。

【墙竖向分布筋类别】：HPB300、HRB335、HRB400、HRB500、CRB550、CRB600、HTRB 600、HPB235。

【墙水平分布筋间距（mm）】：可取值 100～400。

【墙竖向分布筋配筋率（%）】：可取值 0.15～1.2。

【梁箍筋级别】：HPB300、HRB335、HRB400、HRB500、CRB550、CRB600、HTRB600、HPB235。

【柱箍筋级别】：HPB300、HRB335、HRB400、HRB500、CRB550、CRB600、HTRB600、HPB235。

（3）【地震信息】

地震信息见图 2.9-5。

图 2.9-5　地震信息对话框

【设计地震分组】：根据《建筑抗震设计规范》附录A确定。

【地震烈度】：6(0.05g)、7(0.1g)、7(0.15g)、8(0.2g)、8(0.3g)、9(0.4g)、0（不设防）。

【场地类别】：Ⅰ₀一类、Ⅰ₁一类、Ⅱ二类、Ⅲ三类、Ⅳ四类、Ⅴ上海。

【砼框架抗震等级】：0特一级、1一级、2二级、3三级、4四级、5非抗震。

【剪力墙抗震等级】：0特一级、1一级、2二级、3三级、4四级、5非抗震。

【钢框架抗震等级】：0特一级、1一级、2二级、3三级、4四级、5非抗震。

【抗震构造措施的抗震等级】：提高二级、提高一级、不改变、降低一级、降低二级。

【计算振型个数】：根据《建筑抗震设计规范》GB 50011—2010第5.2.2条说明确定，振型数最好为3的倍数，具体参见本书第3章3.3节。

【周期折减系数】：周期折减的目的是充分考虑框架结构和框架—剪力墙结构的填充墙刚度对计算周期的影响。对于框架结构，若填充墙较多，周期折减系数可取0.6～0.7，填充墙较少时可取0.7～0.8，对于框架—剪力墙结构，可取0.8～0.9，纯剪力墙结构的周期可不折减。

（4）【风荷载信息】

风荷载信息见图2.9-6。

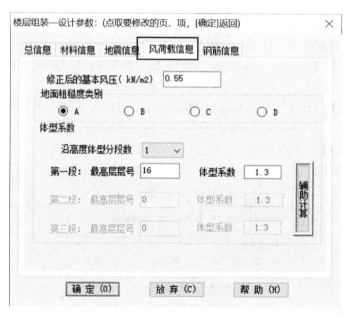

图2.9-6　风荷载信息对话框

【修正后的基本风压（kN/m²）】：查《建筑结构荷载规范》GB 50009—2012附录E。

【地面粗糙度类别】：可以分为A、B、C、D四类，分类标准根据《建筑结构荷载规范》GB 50009—2012第8.2.1条确定。

【沿高度体型分段数】：现代多、高层结构立面变化比较大，不同的区段内的体型系数可能不一样，程序限定体型系数最多可分三段取值。

【各段最高层层高】：根据实际情况填写。若体型系数只分一段或两段时，则仅需填写前一段或两段的信息，其余信息可不填。

【各段体型系数】：根据《建筑结构荷载规范》GB 50009—2012 第 8.3.1 条确定。可以单击辅助计算按钮，弹出确定风荷载体型系数对话框，如图 2.9-7 所示，根据对话框中的提示选择确定具体的风荷载系数。

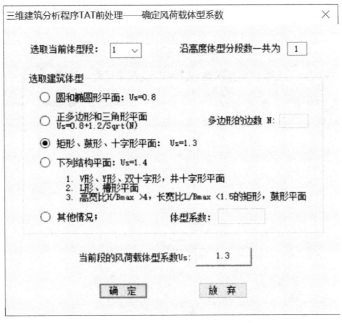

图 2.9-7　风荷载体型系数对话框

（5）【钢筋信息】

钢筋信息对话框见图 2.9-8。

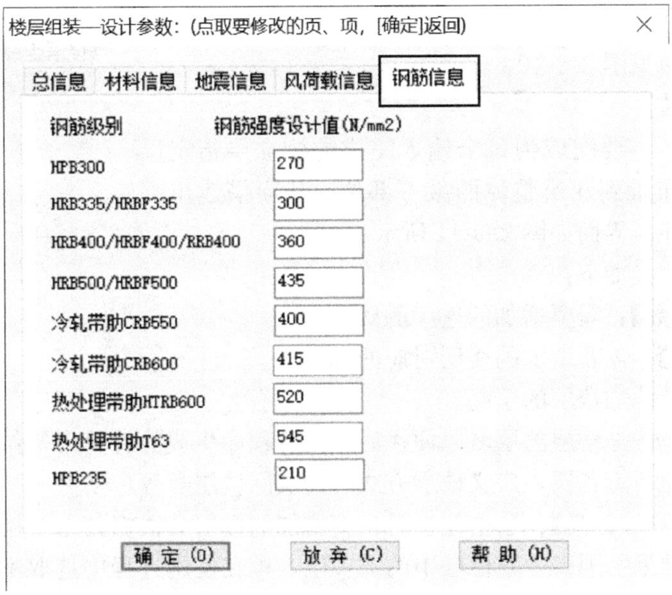

图 2.9-8　钢筋信息对话框

【钢筋强度设计值】：根据《混凝土结构设计规范》GB 50010—2010 第 4.2.3 条确定。如果自行调整了此选项卡中的钢筋强度设计值，后续计算模块将采用修改过的钢筋强度设计值进行计算。

以上 PMCAD 模块【设计参数】对话框中的各类设计参数，当执行【保存】命令时，会自动存储到 .jws 文件中，对后续各种结构计算模块均起控制作用。

2）【全楼信息】

全楼信息界面见图 2.9-9。

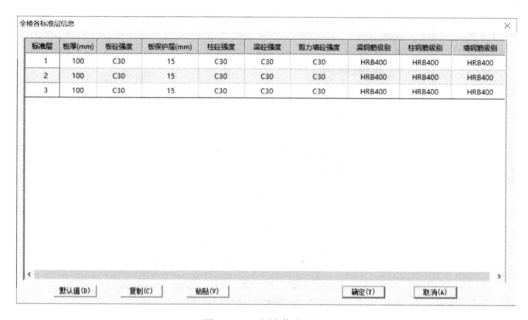

标准层	板厚(mm)	板砼强度	板保护层(mm)	柱砼强度	梁砼强度	剪力墙砼强度	梁钢筋级别	柱钢筋级别	墙钢筋级别
1	100	C30	15	C30	C30	C30	HRB400	HRB400	HRB400
2	100	C30	15	C30	C30	C30	HRB400	HRB400	HRB400
3	100	C30	15	C30	C30	C30	HRB400	HRB400	HRB400

图 2.9-9　全楼信息界面

2.9.2　楼层组装

楼层组装菜单见图 2.9-10。

1）【楼层组装】

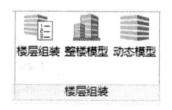

图 2.9-10　楼层组装菜单

【楼层组装】，主要完成为每个输入完成的标准层指定层高、层底标高后布置到建筑整体的某一部位，从而搭建出完整建筑模型的功能。界面如图 2.9-11 所示。

各功能详细含义如下：

（1）【复制层数】：需要增加的连续的楼层数。

（2）【标准层】：需要增加的楼层对应的标准层。

（3）【层高】：需加楼层的层高。

（4）【层名】：需加楼层的层名以便在后续计算程序生成的计算书等结果文件中标识出某个楼层。比如地下室各层，广义楼层方式时的实际楼层号等。

（5）【自动计算底标高】：选中此项时，新增加的楼层会根据其上一层（此处所说的上一层，指"组装结果"列表中鼠标选中的那一层，可在使用过程中选取不同的楼层作为新加楼层的基准层）的标高加上一层层高获得一个默认的底标高数值。

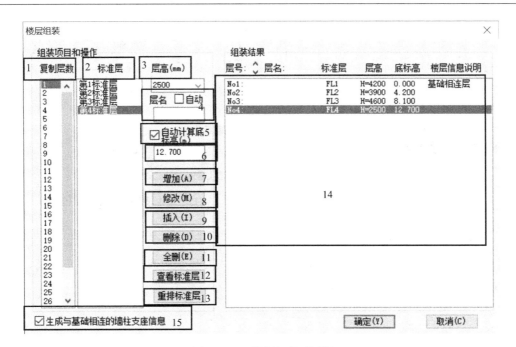

图 2.9-11　楼层组装对话框

（6）【层底标高设置】：指定或修改层底标高时使用。

（7）【增加】按钮：根据"（1）～（6）"号参数在组装结果框楼层列表"（14）"后面添加若干楼层。

（8）【修改】按钮：根据当前对话框内设置的【标准层】【层高】【层名】【层底标高】修改当前在组装结果框楼层列表"（14）"中选中呈高亮状态的楼层。

（9）【插入】按钮：根据"（1）～（6）"号参数设置在组装结果框楼层列表"（14）"中选中的楼层前插入指定数量的楼层。

（10）【删除】按钮：删除当前选中的标准层。

（11）【全删】按钮：清空当前布置的所有楼层。

（12）【查看标准层】按钮：显示组装结果框选择的标准层，按鼠标或键盘任意键返回楼层组装界面。

（13）【重排标准层】按钮：重新排列标准层。

（14）【组装结果】楼层列表：显示全楼楼层的组装状态。

（15）【生成与基础相连的墙柱支座信息】：勾选此项，确定退出对话框时程序会自动进行相应处理。

2）【整楼模型】

【整楼模型】位于上部【楼层组装】菜单中，以及右上侧的快捷按钮区域，如图 2.9-12、图 2.9-13 所示。主要用于三维透视方式显示全楼组装后的整体模型。

【重新组装】：要显示全楼模型就点取【重新组装】项。按照【楼层组装】的结果把从下到上全楼各层的模型整体地显示出来，并自动进入三维透视显示状态。如屏幕显示不全，可按【F6】充满全屏幕显示，然后用打开三维实时漫游开关，把线框模型转成实体模型显示。为方便观察模型全貌，可用【Ctrl】＋按住鼠标中键平移，来切换模型的方位视角，如图 2.9-14 所示。

图 2.9-12 整楼模型菜单

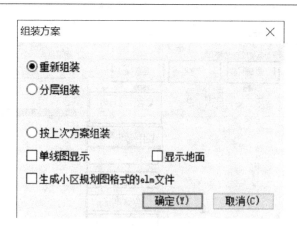

图 2.9-13 楼层组装菜单

【分层组装】：只拼装显示局部的几层模型。输入要显示的起始层高和终止层高，即三维显示局部几层的模型，如图 2.9-15、图 2.9-16 所示。

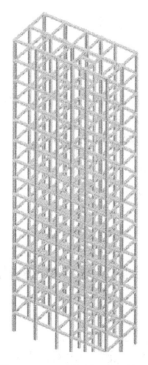

图 2.9-14 三维透视显示效果

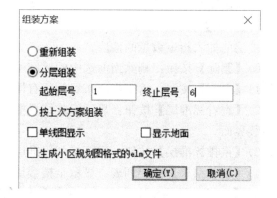

图 2.9-15 分层组装对话框

3）【动态模型】

相对于【整楼模型】一次性完成组装的效果，动态模型功能可以实现楼层的逐层组装，更好地展示楼层组装的顺序，尤其可以很直观地反映出广义楼层模型的组装情况。

该命令运行后弹出图 2.9-17 所示对话框。

若选择【自动组装】，则可以在其右侧输入【组装时间间隔】，控制组装速度。其动态效果示意如图 2.9-18 所示。

若选择【交互组装】，则使用者每按一次键盘【Enter】键，楼层多组装一层。

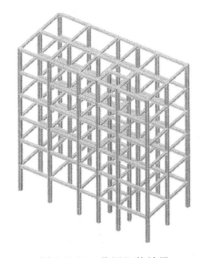

图 2.9-16　分层组装效果

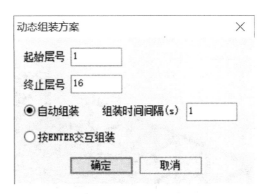

图 2.9-17　动态组装方案对话框

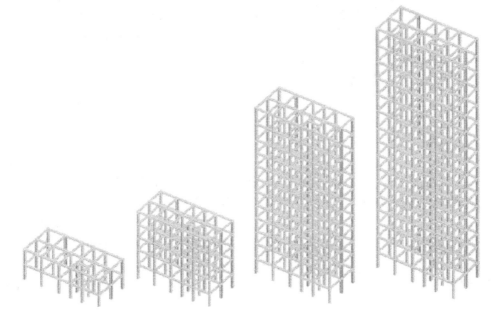

图 2.9-18　动态效果示意图

【实例 2-23】

接【实例 2-22】，进行楼层组装。

① 单击【楼层组装】|【楼层组装】，弹出图 2.9-11 所示的楼层组装对话框。

② 在【复制层数】一栏中选择 1，【标准层】一栏中选择第 1 标准层，【层高】一栏中输入 4200，单击【增加】，在右侧【组装结果】一栏中即显示第 1 层的组装信息。

③ 在【复制层数】一栏中选择 1，【标准层】一栏中选择第 2 标准层，【层高】一栏中输入 3900，单击【增加】，在右侧【组装结果】一栏中即显示第 2 层的组装信息。

④ 在【复制层数】一栏中选择 1，【标准层】一栏中选择第 3 标准层，【层高】一栏中输入 4600，单击【增加】，在右侧【组装结果】一栏中即显示第 3 层的组装信息。

⑤ 在【复制层数】一栏中选择 1，【标准层】一栏中选择第 4 标准层，【层高】一栏中

输入2500，单击【增加】，在右侧【组装结果】一栏中即显示第4层的组装信息，完成组装。如图2.9-11所示。

⑥ 组装完成后，单击【楼层组装】|【整楼模型】，显示整个框架结构的模型图，如图2.9-19所示。

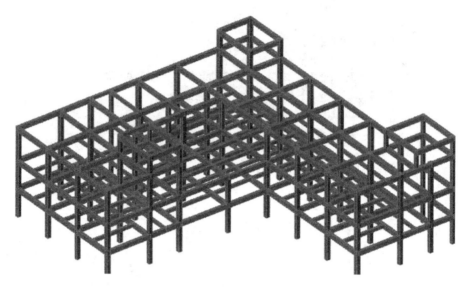

图2.9-19　框架结构模型图

2.9.3　拼装

使用工程拼装功能，可以将已经输入完成的一个或几个工程拼装到一起，这种方式对于简化模型输入操作、大型工程的多人协同建模都很有意义。

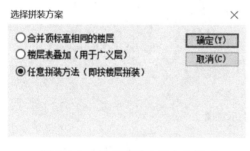

图2.9-20　选择拼装方案命令界面

工程拼装功能可以实现模型数据的完整拼装。包括【结构布置】【楼板布置】【各类荷载】【材料强度】以及【在SATWE、TAT、PMSAP中定义的特殊构件】在内的完整模型数据。

工程拼装目前支持三种方式，如图2.9-20所示，选择拼装方式后，根据提示指定拼装工程插入本工程的位置即可完成拼装。

2.9.4　支座

设置支座功能主要用于为JCCAD基础设计程序准备网点、构件以及荷载等信息。支座的设置有【自动设置】和【手工设置】两种方式：

1）【自动设置】

进行楼层组装时，若选取了【楼层组装】对话框左下角的【生成与基础相连的墙柱支座信息】，并按确定键退出对话框，则程序自动将所有标准层上同时符合以下两条件的节点设置为支座：

（1）在该标准层组装时对应的最低楼层上，该节点上相连的柱或墙底标高（绝对标高）低于【与基础相连构件的最大底标高】（该参数位于设计参数对话框总信息内，相应地，去掉了原先同一位置的【与基础相连最大楼层号】参数）；

（2）在整楼模型中，该节点上所连的柱墙下方均无其他构件。

2）【手工设置】

对于自动设置不正确的情况，可以利用【设置支座】和【取消支座】功能，进行加工修改，命令菜单位置如图 2.9-21 所示。

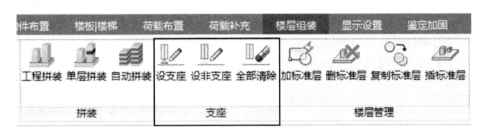

图 2.9-21　支座命令菜单

需要注意的是：

（1）清理网点功能对于同一片墙被无用节点打断的情况，即使此节点被设置为支座，也同样会被程序清理，从而使墙体合为一片；

（2）对于一个标准层布置了多个自然楼层的情况，支座信息仅层底标高最低的楼层有效。

2.9.5　楼层管理

【楼层管理】菜单用于添加、插入新标准层，或者对已建的标准层进行删除、复制，也可以将其他工程中创建的标准层复制添加到当前工程的结构标准层中。如图 2.9-22 所示，主要子菜单功能如下：

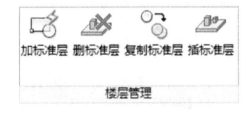

图 2.9-22　楼层管理菜单

（1）【加标准层】

本菜单用于新标准层的输入，操作步骤同屏幕右上角标准层列表中【添加新标准层】，详见 2.5.5 节。

（2）【删标准层】

本菜单用于删除某一指定标准层。

（3）【复制标准层】

本菜单可将某个标准层的全部或部分构件复制到指定的其他标准层中，功能同【构件布置】|【层间复制】。

（4）【插标准层】

本菜单可在指定标准层前插入一新标准层，其网点和构件布置可从指定标准层上选择复制。

2.10 DWG 转 PMCAD 模型和衬图

本节介绍与 DWG 图相关的两部分内容，一部分为 DWG 图转 PMCAD 模型，另一部分为将 DWG 图作为衬图使用。

本程序可把 AutoCAD 平台上生成的建筑平面图转化成 PMCAD 结构平面布置的三维模型数据，从而节省重新输入建筑模型的工作量。程序根据 DWG 平面图上的线线关系转换成 PKPM 中的轴线和建筑构件梁、柱、墙、门、窗等建筑构件和它们的平面布置。

程序目前可直接读取 AutoCAD 格式及以下的各种版本的 DWG 图形文件。本程序先把 DWG 图形文件转化成为 PKPM 格式图形文件（.T 图形文件），再对该 .T 图形文件进行模型识别和转化。菜单位置如图 2.10-1 所示。

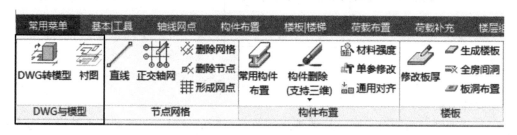

图 2.10-1　DWG 与模型菜单

DWG 平面图由线条和字符等基本图素构成，没有物理意义，无法自动从图上识别出平面建筑布置的内容，即不可能知道哪些是轴线，哪些是墙、柱等。所以人机交互操作的主要工作之一就是对各种构件指定其相对应的图素。一般图纸都把不同类别的构件画在不同的图层上，这就方便了程序的选取识别。比如识别轴线时，只要点取某一根轴线，则程序就会把与该轴线相同图层的图素都选中，把它们都归为轴线的内容。

转图时轴线、墙、柱、梁等不同的构件一定要用不同的图层分开。如果该平面图上各种构件图层分类混乱，比如把梁、墙画到同一种图层上，人机交互分别指定的工作量就会很大。

根据选择，软件针对不同构件进行相应的分析判别处理：

1)【轴网及轴号的识别】

程序可正确识别直线型的轴网，对弧形轴网识别效果不佳。如需识别轴号，请同时选择轴号及其对应的轴圈。

2)【墙和梁的判别】

（1）必须是一对平行的墙线或梁线，且平行线之间的距离满足墙和梁宽度所设置的范围，即距离在最小墙（梁）宽和最大墙（梁）宽之间。

（2）平行墙（梁）线附近有与之平行的轴线，且平行墙线的中心线与轴线之间的距离小于所设置"最大偏心距"。

该对平行线附近位置如果画有轴线，则该墙或梁转化成功的概率较高。如果平行线附近位置没有画轴线时，程序可以在该对平行线的中心位置自动生成轴线（非圆弧的梁或墙），并在墙或梁的相交处轴线自动延伸相交，延伸的范围限于参数设定中墙或梁的最大宽度。这种情况下转化的效果有时需要人工调整。

转化不理想时，可以人工补充墙或梁下的轴线，程序设有专门的菜单补充轴线，对圆弧的梁或墙必须补充了轴线才能转换。

3）【柱的判别】

封闭的矩形、圆形或多边形柱图层，且距轴线交点在合理取值范围内。

4）门、窗洞口的判别是一个门窗图块或是平行的门窗线段，且位于墙上和轴线上。

第3章 SATWE 结构计算

SATWE 为 Space Analysis of Tall-Buildings with Wall-Element 的词头缩写，这是应现代多、高层建筑发展要求专门为多、高层建筑设计而研制的空间组合结构有限元分析软件。本章详细叙述 PKPM 结构设计软件中的有限元分析软件 SATWE 的用法，包括计算参数设置、特殊构件设定、特殊荷载设定、计算分析方法、计算结果分析、控制参数调整、结构设计优化等内容。

3.1 SATWE 的基本功能与操作流程

3.1.1 SATWE 的基本功能

SATWE 是专门为多、高层建筑结构分析与设计而研制的空间结构有限元分析软件，可用于计算分析各种复杂体型的高层钢筋混凝土框架、框剪、剪力墙、筒体结构等，以及钢-混凝土组合结构和高层钢结构。

SATWE 的基本功能如下：

（1）可自动读取 PMCAD 的建模数据、荷载数据，并自动转换成 SATWE 所需的几何数据和荷载数据格式。

（2）程序中的空间杆单元除了可以模拟常规的柱、梁外，通过特殊构件定义，还可有效地模拟铰接梁、支撑等。特殊构件记录在 PMCAD 建立的模型中，这样可以随着 PMCAD 建模变化而变化，实现 SATWE 与 PMCAD 的互动。

（3）随着工程应用的不断拓展，SATWE 可以计算的梁、柱及支撑的截面类型和形状类型越来越多。梁、柱及支撑的截面类型在 PM 建模中定义。混凝土结构的矩形截面和圆形截面是最常用的截面类型。对于钢结构来说，工形截面、箱形截面和型钢截面是最常用的截面类型。除此之外，PKPM 的截面类型还有如下重要的几类：常用异形混凝土截面（如 L、T、十、Z 形混凝土截面）；型钢混凝土组合截面；柱的组合截面；柱的格构柱截面；自定义任意多边形异形截面；自定义任意多边形、钢结构、型钢的组合截面等。

对于自定义任意多边形异形截面和自定义任意多边形、钢结构、型钢的组合截面，需要用人机交互的操作方式定义，其他类型的定义都是用参数输入，程序提供针对不同类型截面的参数输入对话框，输入非常简便。

（4）剪力墙的洞口仅考虑矩形洞，无需为结构模型简化而加计算洞；墙的材料可以是混凝土、砌体或轻骨料混凝土。

（5）考虑了多塔错层转换层及楼板局部开大洞口等结构的特点，可以高效、准确地分析这些特殊结构。

（6）SATWE 也适用于多层结构、工业厂房以及体育场馆等各种复杂结构，并实现了在三维结构分析中考虑活荷载不利布置功能、底框结构计算和吊车荷载计算。

（7）自动考虑了梁、柱的偏心、刚域影响。

（8）具有剪力墙墙元和弹性楼板单元自动划分功能。

（9）具有较完善的数据检查和图形检查功能，及较强的容错能力。

（10）具有模拟施工加载过程的功能，并可以考虑梁上的活荷载不利布置作用。

（11）可任意指定水平力作用方向，程序自动按转角进行坐标变换及风荷载导算；还可根据需要进行特殊风荷载计算。

（12）在单向地震力作用时，可考虑偶然偏心的影响；可进行双向水平地震作用下的扭转地震作用效应计算；可计算多方向输入的地震作用效应；可按振型分解反应谱方法计算竖向地震作用；对于复杂体型的高层结构，可采用振型分解反应谱法进行耦联抗震分析和动力弹性时程分析。

（13）对于高层结构，程序可以考虑 $P\text{-}\Delta$ 效应。

（14）可进行吊车荷载的空间分析和配筋设计。

（15）可考虑上部结构与地下室的联合工作，上部结构与地下室可同时进行分析与设计。

（16）具有地下室人防设计功能，在进行上部结构分析与设计的同时即可完成地下室的人防设计。

（17）SATWE 计算完以后，可接力施工图设计软件绘制梁、柱、剪力墙施工图；接钢结构设计软件 STS 绘钢结构施工图。

（18）可为 PKPM 系列中基础设计软件 JCCAD 提供底层柱、墙内力作为其组合设计荷载的依据，从而使各类基础设计中，数据准备的工作大大简化。

3.1.2 SATWE 的操作流程

当用 PMCAD 完成结构建模，并通过 PMCAD 的【平面荷载显示校核】后，即可选中 PKPM 主菜单的 SATWE 对结构进行分析与设计。

SATWE 对结构进行分析与设计的主要操作为：设计模型前处理、分析模型及计算、次梁计算、查看计算结果、补充验算和弹性时程分析等几大步骤，其操作流程如图 3.1-1 所示。

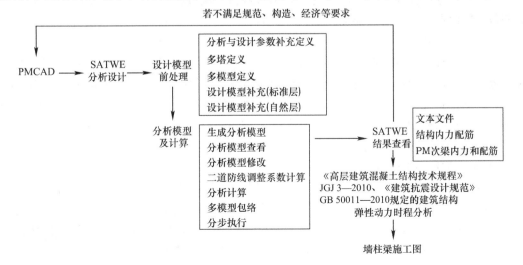

图 3.1-1 SATWE 操作流程

1）设计模型前处理、分析模型及计算的主要内容

在实际设计中，应根据设计的具体进度和所设计的建筑结构实际情况选择操作【设计模型前处理】的【特殊构件补充定义】、【特殊风荷载定义】和【多塔结构补充定义】，如图 3.1-2、图 3.1-3 所示。对于坡屋面建筑、复杂平面建筑等风荷载作用比较复杂的建筑，需通过【特殊风荷载定义】补充风荷载作用参数，以便软件能精确计算风荷载。

如果 SATWE 数检报错，则应回到 PMCAD 对模型进行必要的修改。

图 3.1-2　设计模型前处理界面

图 3.1-3　分析模型及计算界面

2）计算结果

SATWE 通过文本和图形等多种方式输出计算分析结果，用户通过这些输出，对结构体系的各项宏观受力指标及对结构构件的配筋率、轴压比等微观指标进行检查评价，若发现输出结果中有不符合规范要求的现象，需根据情况选择合适修正策略，并返回 PMCAD 修改结构模型。

另外对于大多数建筑结构，尚需要根据 SATWE 初次分析结果，进一步修改。

SATWE 分析设计参数后，再用 SATWE 进行二次分析计算，如结构基本周期、计算周期数、嵌固层、薄弱层可能需要多次分析运算。

3）弹性动力时程分析

《高层建筑混凝土结构技术规程》JGJ 3—2010 中均规定某些建筑结构需进行弹性动力时程分析。根据选定的几条符合规范要求的地震波，计算模拟真实地震作用下的结构受力特性，并依据弹性动力时程分析结果，与标准地震反应谱所得到的结构受力进行比较，确定是否需要对结构的地震作用进行放大调整，或返回 PMCAD 进一步修正结构体系布置方案。

4）SATWE 结果查看

SATWE 对结构分析设计完成之后，即可运行【SATWE 结果查看】，绘制上部结构施工图纸，并对图纸进行校审，根据校审情况有必要时仍需返回 PMCAD 修改结构模型，再重新进行分析设计绘图。上部结构施工图绘制完毕，可备份工作目录，调整必要的分析设计参数再次进行结构分析设计，后接基础设计软件进行基础设计。

3.2 SATWE 的启动

启动主界面主要分三个功能区。在中间区域可以改变工程目录或直接选择最近使用的工程目录；在左侧区域可以在上述三条线中选择一个入口（选中入口变为绿色）；在右上角下拉框中可以选择当前入口中的某个模块。以进入 SATWE 核心的集成设计为例，需在左侧选择第一条线，中间区域选择工程目录，右上下拉框选择【SATWE 分析设计】，此时无论双击左侧绿色的【SATWE 核心的集成设计】还是双击中间区域工程，或单击右下角的应用按钮，均可进入【SATWE 分析设计】界面，如图 3.2-1 所示。

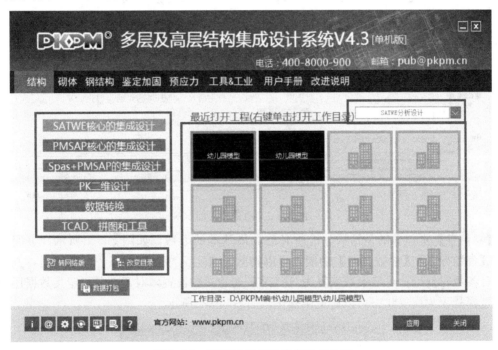

图 3.2-1 PKPM 集成系统启动主界面

3.3 设计模型前处理、分析模型及计算

3.3.1 分析与设计参数定义

在点取【参数定义】菜单后，弹出参数页切换菜单，共十六页，分别为：总信息、包络信息、计算控制信息、高级参数、风荷载信息、地震信息、活荷信息、调整信息、设计信息、配筋信息、荷载组合、地下室信息、砌体结构、广东规程、性能设计和鉴定加固。

在第一次启动 SATWE 主菜单时，程序自动将所有参数赋初值。其中，对于 PM 设计参数中已有的参数，程序读取 PM 信息作为初值，其他的参数则取多数工程中常用值作为初值，并将其写到工程目录下名为 SAT_DEF_NEW.PM 的文件中。此后每次执行【参数定义】时，SATWE 将自动读取 SAT_DEF_NEW.PM 的信息，并在退出菜单时保存修改的内容。对于 PM-CAD 和 SATWE 共有的参数，程序是自动联动的，任一处修改，则两处同时改变。

3.3.2　总信息

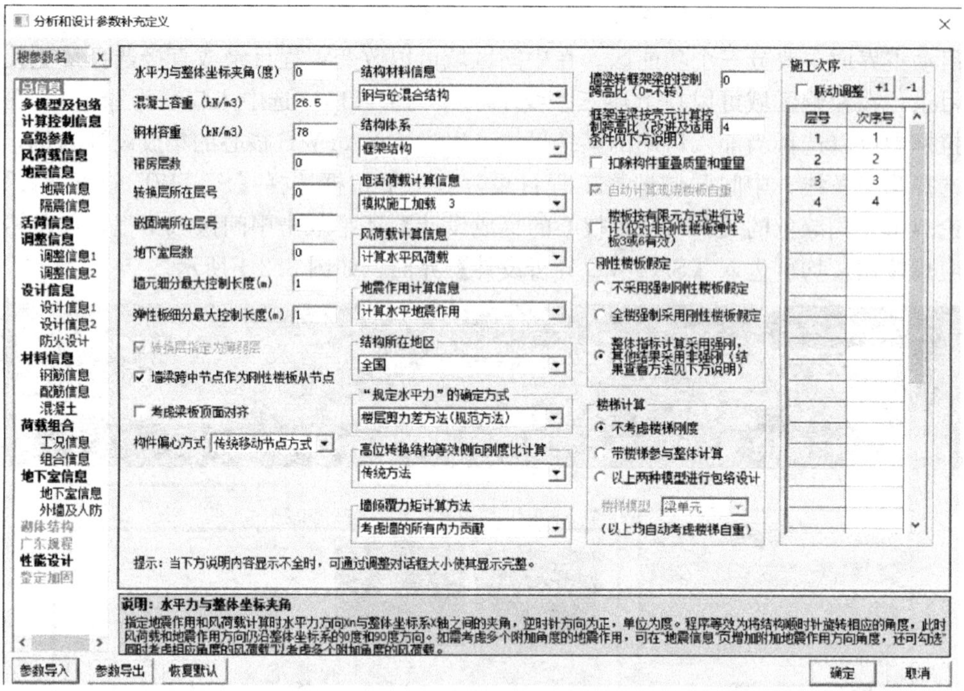

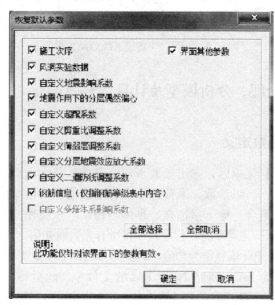

图 3.3-1　总信息界面

【总信息】页包含的是结构分析所必需的最基本的参数，如图 3.3-1 所示。页面左下角的【参数导入】【参数导出】功能，可以将除了自定义参数保存在一个文件里，方便统一设计参数时使用。可将参数恢复为 SATWE 初始参数设置，对于部分自定义数据还可以自行选择是否为恢复状态，以避免误操作，如图 3.3-2 所示。

图 3.3-2　【恢复默认】界面

在文本框中直接输入关键字，程序对包含此项关键字的参数高亮显示，单击右侧【×】按钮可推出搜索状态。注意，该搜索功能仅能完成在普通控件中的搜索，无法实现在表格中的搜索。

1) 水平力与整体坐标夹角（度）：

《建筑抗震设计规范》GB 50011—2010 第 5.1.1-1 条规定：一般情况下，应至少在结构的两个主轴方向分别计算水平地震作用，各方向的水平地震作用应由该方向的抗侧力构件承担。

《建筑抗震设计规范》GB 50011—2010 第 5.1.1-2 条规定：有斜交抗侧力构件的结构，当相交角度大于 15°时，应分别计算各抗侧力构件方向的水平地震作用。《高层建筑混凝土结构技术规程》JGJ 3—2010 第 4.3.2 条也有类似规定。

该参数为地震力作用方向或风荷载作用方向与结构整体坐标的夹角，逆时针方向为正。如地震沿着不同方向作用，结构地震反应的大小也不相同，那么必然存在某个角度使得结构地震反应最为剧烈，此方向就称为最不利地震作用方向。严格意义上讲，规范中所讲的主轴是指地震沿着该轴方向作用时，结构只发生沿着该轴的平动侧移而不发生扭转位移的轴线。当结构不规则时，地震作用的主轴方向就不一定是 0°和 90°。如最大地震方向与主轴夹角较大时，应输入该角度考虑最不利作用方向的影响。

初始值为 0。按照《建筑抗震设计规范》GB 50011—2010 第 5.1.1-2 条要求"对于有斜交抗侧力构件的结构，当相交角度大于 15°时，应分别计算各抗侧力构件方向的水平地震力"，目前软件这个参数当填写角度时并不直接改变水平力作用方向，而是将结构反向旋转填写的角度，这样同时也会影响到风荷载的计算方向，因此一般情况下通常此参数都填 0，而在"斜交抗侧力附加地震方向" ![斜交抗侧力构件方向附加地震数量 0 相应角度（度）] 填入大于 15°的角度值（包括实际结构存在斜交抗侧力构件情况以及 SATWE 计算结果文件 WQZ.out 中的地震作用最大的方向（度）数值）。

2) 混凝土容重：钢筋混凝土理论容重为 25.0kN/m³。当考虑构件表面粉刷重量后，混凝土容重宜取 26.0～27.0kN/m³。一般框架、框剪及框架-核心筒结构可取 26.0kN/m³，剪力墙可取 27.0kN/m³。由于程序在计算构件自重时并没有扣除梁板、梁柱重叠部分，有的设计人员建议精确考虑梁柱节点区重叠部分，在设计时若根据工程粉刷情况测算一下具体的容重输入值，对于高层建筑结构则更合理，故结构整体分析计算时，混凝土容重没必要取大于 27.0kN/m³。如果结构分析时不想考虑混凝土构件的自重荷载，该参数可取 0。

如果用户在 PM【荷载定义】中勾选【自动计算现浇板自重】，则楼板自重会按 PM-CAD 中输入的混凝土容重计算。楼（屋）面板板面的建筑装修荷载和板底吊顶或吊挂荷载可以在结构整体计算时通过楼面均布恒载输入，不必计入楼板自重之内。

3) 钢材容重：一般情况下，钢材容重取 82～93kN/m³。

钢的理论容重为 78.5kN/m³。对于钢结构工程，在结构计算时不仅要考虑建筑装修荷载的影响，还应考虑钢构件中加劲肋等加强板件、连接节点及高强螺栓等附加重量及防火、防腐涂层或外包轻质防火板的影响，因此钢材容重通常要乘以 1.04～1.18 的放大系数，即取 82.0～93.0kN/m³。如果结构分析时不想考虑钢构件的自重荷载，该参数可取 0。

SATWE 和 PMCAD 中的材料容重都用于计算结构自重，PMCAD 中计算相对简单的竖向导荷；SATWE 则将算得的自重参与整体有限元计算。SATWE 和 PMCAD 参数是联动的，修改 SATWE 或 PMCAD 二者中任意一个的材料容重，当进入另一个程序时会发现相应参数也会对应发生变化。

4）裙房层数：按实际情况填计算层数。例如，裙房的层数应从结构最底层（包括地下室）起算，例如地下室 2 层，地上裙房 3 层时，裙房层数应该填 5。

《建筑抗震设计规范》GB 50011—2010 第 6.1.10 条文说明：有裙房时，加强部位的高度也可以延伸至裙房以上一层。SATWE 在确定剪力墙底部加强部位高度时，总是将裙房以上一层作为加强区高度判断的一个条件。

《高层建筑混凝土结构技术规程》JGJ 3—2010 及《建筑抗震设计规范》GB 50011—2010 中其他关于裙房的相关规定（如与主楼连为整体的裙楼的抗震等级不应低于主楼的抗震等级，主楼结构在裙房顶部上下各一层应适当加强抗震措施等），程序并未考虑。程序不能自动判断，所以需要指定。

5）转换层所在层号：按实际情况填计算层数。

《高层建筑混凝土结构技术规程》JGJ 3—2010 第 10.2 节明确了两种带转换的结构：底部托墙转换的剪力墙结构（即部分框支剪力墙结构）和底部托柱转换的筒体结构。程序通过【转换层所在层号】和【结构体系】两项参数来区分不同类型的带转换层结构。只要填写了【转换层所在层号】，程序即判断该结构为带转换层结构，自动执行《高层建筑混凝土结构技术规程》JGJ 3—2010 第 10.2 节关于两种结构的通用设计规定，如根据第 10.2.2 条判断底部加强区高度，根据第 10.2.3 条输出刚度比等。

如果同时选择了【部分框支剪力墙结构】，程序在上述基础上还将自动执行《高层建筑混凝土结构技术规程》JGJ 3—2010 第 10.2 节针对部分框支剪力墙结构的设计规定，包括根据第 10.2.6 条高位转换时框支柱和剪力墙底部加强区部位抗震等级自动提高一级，根据第 10.2.16 条输出框支框架的地震倾覆力矩，根据第 10.2.17 条对框支柱的地震内力进行调整，根据第 10.2.18 条剪力墙底部加强部位的组合内力进行放大，第 10.2.19 条剪力墙底部加强部位分布筋的最小配筋率等。

如果填写了【转换层所在层号】却选择其他结构形式，程序不执行上述关于部分框支剪力墙结构的设计规定。

对于水平转换构件和转换柱的设计要求，需在【设计模型补充（标准层）】中对构件属性进行指定，程序将自动调整，如第 10.2.4 条水平转换构件的地震内力放大。第 10.2.7 条和第 10.2.10 条关于转换梁、柱的设计要求等。

对于仅有个别结构构件进行转换的结构，可参照转换构件和转换柱的设计要求进行构件设计，此时只需对这部分构件指定其特殊属性即可，不需填写【转换层所在层号】，程序将仅执行对于转换构件的设计规定。

【转换层所在层号】按照自然层号填写，例如地下室 2 层，转换层在地上 3 层时，转换所在层号应该填 5。对于高位转换的判断，转换层位置以嵌固端起算，即以（转换层所在层号—嵌固端所在层号+1）进行判断，是否为 3 层或 3 层以上转换。

6）嵌固端所在层号：《建筑抗震设计规范》GB 50011—2010 第 6.1.3-3 条规定了地下室作为上部结构嵌固部位时应满足的要求；第 6.1.10 条规定剪力墙底部加强部位的确定与嵌固端有关；第 6.1.14 条提出了地下室顶板作为上部结构嵌固部位时的计算要求；《高层建筑混凝土结构技术规程》JGJ 3—2010 第 3.5.2-2 条规定结构底部嵌固层的刚度比不

宜小于 1.5。

这里的嵌固端指上部结构的计算嵌固端，当地下室顶板作为嵌固部位时，那么嵌固端所在的层数为地上一层，即地下室层数＋1；而如果在基础顶面嵌固时，嵌固端所在层号为 1。

判断嵌固端的位置完成，程序主要实现以下功能：（1）确定剪力墙底部加强部位时，将起算层号取为（嵌固端所在层号－1），即缺省将底部加强部位延伸到嵌固端下一层；（2）针对《建筑抗震设计规范》GB 50011—2010 第 6.1.14 条和《高层建筑混凝土结构技术规程》JGJ 3—2010 第 12.2.1 条规定，自动将嵌固端下一层的柱纵筋相对上一层对应位置柱纵筋增大 10%；梁端弯矩设计值放大 1.3 倍；（3）按《高层建筑混凝土结构技术规程》JGJ 3—2010 第 3.5.2-2 条规定，当嵌固端为模型底层时，刚度比限制取 1.5；（4）涉及【底层】的内力调整等，程序针对嵌固层进行调整。如《建筑抗震设计规范》GB 50011—2010 第 6.2.3 条、第 6.2.10-3 条等。

7）地下室层数：按实际情况。

（1）程序据此信息决定底部加强区范围和内力调整。

（2）当地下室局部层数不同时，以主楼地下室层数输入。

8）转换层指定为薄弱层：SATWE 中转换层缺省不作为薄弱层，需人工指定。勾选此项与在【调整信息】中指定【薄弱层号】中直接填写效果相同。

9）刚性楼板假定计算周期比、位移比等参数时需勾选此项，《建筑抗震设计规范》GB 50011—2010 第 3.4.3 条的条文说明中规定，计算位移比时"对于结构扭转不规则，按刚性楼盖计算"。在结构设计过程中，规范规定了若干对结构的整体性能起控制作用的性能指标，这些指标为位移比、周期比等，在计算这些指标时应采用【全楼强制采用刚性楼板假定】。因为这样做的目的是避免由于局部振动的存在而影响结构位移比等整体性能控制指标的正确计算，当选择该项后，程序将用户设定的弹性楼板强制为刚性楼板来参与计算。

在平常情况下，PMCAD 创建结构模型时，除斜板外会自动默认现浇楼板为刚性板。某些结构为了得到比较符合真实状态的内力分析结果，需要在 SATWE 的【设计模型补充（标准层）】中把 PMCAD 默认的刚性板改为弹性板。

在此，需要注意实际工程中要注意以下几点：

在计算构件内力和配筋时，应不勾选【全楼强制采用刚性楼板假定】，在真实条件下计算建筑结构，检查原薄弱层是否得到确认，并计算结构的内力和配筋。

对于复杂结构（如不规则坡屋顶、体育馆看台、工业厂房，或者柱顶、墙顶不在同一标高，或者没有楼板等情况），如果强制采用【全楼强制采用刚性楼板假定】，结构分析会严重失真。对这类结构不宜硬性控制位移比，而应通过查看位移的【详细输出】，或观察结构的动态变形图，以考察结构的扭转效应。

对于错层或带夹层的结构，总是伴有大量的越层柱，如采用【全楼强制采用刚性楼板假定】，所有越层柱将受到楼层约束，造成计算结果失真。

多塔结构如果上部没有连接，则各塔楼应分别计算并分别验算其周期比。对于体育场馆、空旷结构的特殊的工业建筑，没有特殊要求的，一般可不控制周期比。

10）墙梁跨中节点作为刚性楼板从节点：勾选此项时，剪力墙洞口上方墙梁的上部跨中节点将作为刚性楼板的从节点。增加这个选项，是允许墙梁（以开洞方式建模形成的连梁）可以与楼板不协调，因为如果墙梁与楼板协调，会过分夸大楼板的墙梁的约束作用，并且对于按框架梁方式建模形成的连梁本身就是与楼板不保持协调的。

11）墙倾覆力矩计算方法：程序在参数"总信息"属性页中提供了墙倾覆力矩计算方法的三个选项，分别为【考虑墙的所有内力贡献】【只考虑腹板和有效翼缘，其余部分计算框架】和【只考虑面内贡献，面外贡献计入框架】。当需要界定结构是否为单向少墙结构体系时，建议选择【只考虑面内贡献，面外贡献计入框架】。当用户无需进行是否是单向少墙结构的判断时，可以选择【只考虑腹板和有效翼缘，其余部分计算框架】。

12）结构材料信息：按实际情况。

13）结构体系：按实际情况。

14）恒活荷载计算信息：上部结构设计和为基础设计准备数据，要分开选择。

SATWE 在【恒活荷载计算信息】中给出了【不计算恒活载】【一次性加载】【模拟加载 1】【模拟加载 2】【模拟加载 3】等几种选项。

（1）不计算恒活载：它的作用主要用于对水平荷载效应的观察和对比等。

（2）一次性加载：一次性加载即在计算单项内力时，把结构各个楼层上的单项竖向荷载一次性施加到结构模型上计算结构内力分析的方法。一次性加载适用于小型结构、钢结构或由于特殊结构要求需要一次性施工的建筑结构。多层建筑结构竖向变位对结构内力分布的影响很小，尽管施工时楼面结构层找平，也可采用一次性加载方法计算。

（3）模拟加载：《高层建筑混凝土结构技术规程》JGJ 3—2010 第 5.1.9 条规定：高层建筑结构在进行重力荷载作用效应分析时，柱、墙、斜撑等构件的轴向变形宜采用适当的计算模型考虑施工过程的影响；复杂高层建筑及房屋高度大于 150m 的其他高层建筑结构，应考虑施工过程的影响。

高层建筑结构的建造是遵循一定的施工顺序，逐层或者批次完成的，也就是说构件的自重恒载和附加恒载是随着主体结构的施工而逐步增加的，结构的刚度也是随着构件的形成而不断增加与改变，即结构的整体刚度矩阵是变化的。按照一次性加载，竖向构件的位移差将导致水平构件产生附加弯矩，特别是负弯矩增加较大，此效应逐层累加，有时会出现拉柱或梁没有负弯矩的不真实情况，一般结构顶部影响最大。而在实际施工中，竖向恒载是一层层作用的，并在施工中逐层找平，下层的变形对上层基本上不产生影响。结构的竖向变形在建造到上部时已经基本完成，因此不会产生【一次性加荷】所产生的异常现象。

【模拟施工 1】与【模拟施工 3】的区别

模拟施工加载 1 和模拟施工加载 3 类似，都是真实地考虑施工过程中的逐层找平效果，下层变形不会对上层结构的受力产生影响，可用于大多数上部结构的设计分析。两种加载模式的区别在于：模拟施工加载 1 考虑的是以前计算机计算能力有限，仅仅集成一个结构的整体刚度矩阵，仅是分层加载而已。

【模拟施工 1】就是上面说的考虑分层加载、逐层找平因素影响的算法，采用整体刚度分层加载模型。由于该模型采用的结构刚度矩阵是整体结构的刚度矩阵，加载层上部尚未形成的结构过早进入工作，可能导致下部楼层某些构件的内力异常（如较实际偏小）。

【模拟施工 2】就是考虑将柱（不包括墙）的刚度放大 10 倍后再按【模拟施工 1】进行加载，以削弱竖向荷载按刚度的重分配，使柱、墙上分得的轴力比较均匀，接近手算结果，传给基础的荷载更为合理，仅用于框剪结构或框筒结构的基础计算，不得用于上部结构的设计。有学者提出，对于非岩石类坚硬的地基条件，考虑到框筒结构的盆型沉降现象，剪力墙与框架柱的竖向位移差其实会被基础沉降差异平衡，故使用模拟施工 2 相对会更加准确。

【模拟施工 3】是对【模拟施工 1】的改进，采用分层刚度分层加载模型。而模拟施工加载 3 集成了 n 个分层模型，分层加载，计算结果更接近于施工的实际情况，故可以认为是现阶段理论上最为准确的加载模式。

15）【风荷载计算信息】：选择计算水平风荷载。

16）【地震作用计算信息】：

程序提供了以下四个选项供选择：

（1）不计算地震作用：对于不进行抗震设防的地区或者抗震设防烈度为 6 度时的部分结构，规范规定可以不进行地震作用计算，参见《建筑抗震设计规范》GB 50011—2010 第 3.1.2 条，此时可选择【不计算地震作用】。《建筑抗震设计规范》GB 50011—2010 第 5.1.6 条规定：抗震设防烈度为 6 度时的部分建筑，应允许不进行截面抗震验算，但应符合有关的抗震措施要求。因此这类结构在选择【不计算地震作用】的同时，仍然要在【地震信息】页中指定抗震等级，以满足抗震构造措施的要求。此时，"地震信息"页除抗震等级相关参数外其余项会变灰。

（2）计算水平地震作用：计算 X、Y 两个方向的水平地震作用；

（3）计算水平和规范简化方法竖向地震：按《建筑抗震设计规范》GB 50011—2010 第 5.3.1 条规定的简化方法计算竖向地震；

（4）计算水平和反应谱方法竖向地震：按竖向振型分解反应谱方法计算竖向地震；《高层建筑混凝土结构技术规程》JGJ 3—2010 第 4.3.14 条规定：跨度大于 24m 的楼盖结构、跨度大于 12m 的转换结构和连体结构，悬挑长度大于 5m 的悬挑结构，结构竖向地震作用效应标准值宜采用时程分析方法或振型分解反应谱方法进行计算。

采用振型分解反应谱法计算竖向地震作用时，程序输出每个振型的竖向地震力，以及楼层的地震反应力和竖向作用力，并输出竖向地震作用系数和有效质量系数与水平地震作用均类似。

17）"规定水平力"的确定方式：规定水平力的确定方式依据《建筑抗震设计规范》GB 50011—2010 第 3.4.3-2 条和《高层建筑混凝土结构技术规程》JGJ 3—2010 第 3.4.5 条的规定，采用楼层地震剪力差的绝对值作为楼层的规定水平力，即选项【楼层剪力差方法（规范方法）】，一般情况下建议选择此项方法。【节点地震作用 CQC 组合方法】是程序提供的另一种方法，其结果仅供参考。

3.3.3　风荷载信息

SATWE 依据《建筑结构荷载规范》GB 50009—2012 的公式（8.1.1-1）计算风荷载。计算相关的参数在此页填写，包括水平风荷载和特殊风荷载相关的参数，如图 3.3-3 所示。若在第一页参数中选择了不计算风荷载，可不必考虑本页参数的取值。相关参数的含义及取值原则如下：

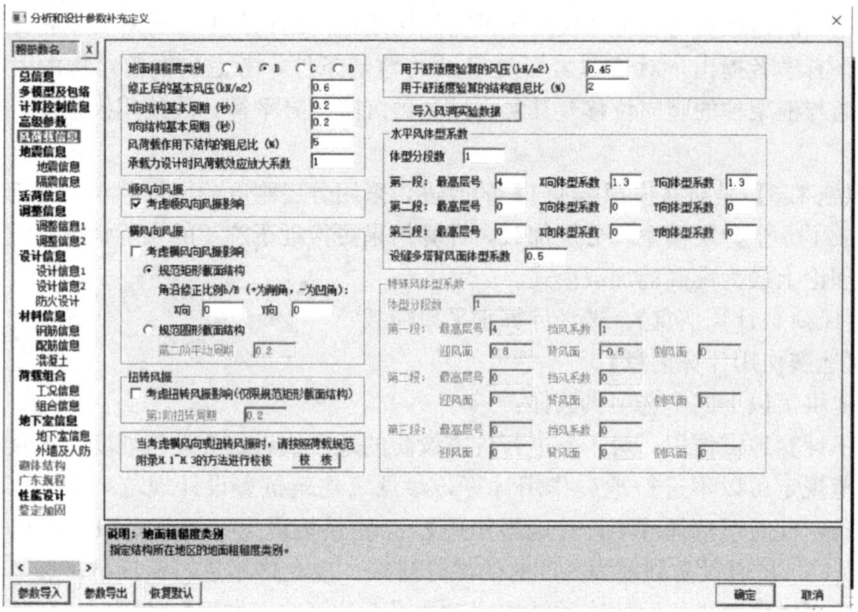

图 3.3-3　风荷载信息界面

1）地面粗糙度类别：

《建筑结构荷载规范》GB 50009—2012 第 8.2.1 条规定对于平坦或稍有起伏的地形，风压高度变化系数应根据地面粗糙度类别按本规范表 8.2.1 确定。

地面粗糙程度可分为 A、B、C、D 四类：

A 类指近海海面和海岛、海岸、湖岸及沙漠地区；

B 类指田野、乡村、丛林、丘陵以及房屋比较稀疏的乡镇和城市郊区；

C 类指有密集建筑群的城市市区；

D 类指有密集建筑群且房屋较高的城市市区。

以拟建房 2km 为半径的迎风半圆影响范围内的房屋高度和密集度来区分粗糙度类别。本工程地面粗糙度类别为 B。

2）修正后的基本风压：

对于多层建筑：《建筑结构荷载规范》GB 50009—2012 第 8.1.2 条对于基本风压应按本规范附录 E 中附表 E.5 给出的 50 年一遇的风压采用，但不得小于 $0.3kN/m^2$。

对于高层建筑：《高层建筑混凝土结构技术规程》JGJ 3—2010 第 4.2.2 条对于基本风压应按《建筑结构荷载规范》的规定采用。对风荷载比较敏感的高层建筑，承载力设计时按基本风压的 1.1 倍采用。

4.2.2 条条文说明指出，对风荷载是否敏感，主要与高层建筑的自振特性有关，目前尚无使用的划分标准。一般情况下，房屋高出大于 60m 的高层建筑承载力设计时可按基本风压值的 1.1 倍采用；对于房屋高度不超过 60m 的高层建筑，其基本风压是否提高，可由设计人员根据实际情况确定。

X、Y 向结构基本周期：初始计算时，由程序按近似方法计算，建议计算出结构的基本周期后（在计算文件 WZQ.out 中查找），再代入重新计算（注意 X、Y 方向周期不要填错），对于风荷载起控制作用的结构应特别注意。

本工程修正后的基本风压取 0.6kN/m²。

3）风荷载作用下结构的阻尼比：混凝土结构及砌体结构 0.05，有填充墙的钢结构 0.02，无填充墙的钢结构 0.01。主要用于计算风荷载脉动增大系数。

本工程风荷载作用下结构的阻尼比取 0.05。

4）用于舒适度验算的风压、阻尼比：《高层建筑混凝土结构技术规程》JGJ 3—2010 第 3.7.6 条规定：房屋高度不小于 150m 的高层混凝土建筑结构应满足风振舒适度要求。在现行国家标准《建筑结构荷载规范》GB 50009—2012 规定的 10 年一遇的风荷载标准值作用下，结构顶点的顺风向和横风向振动最大加速度计算值不应超过表 3.7.6 的限值。结构顶点的顺风向和横风向振动最大加速度可按现行行业标准《高层民用建筑钢结构技术规程》JGJ 99—2015 的有关规定计算，也可通过风洞试验结果判断确定，计算时结构阻尼比宜取 0.01～0.02。程序缺省取 0.02。

5）顺风向风振：《建筑结构荷载规范》GB 50009—2012 第 8.4.1 条规定：对于高度大于 30m 且高宽比大于 1.5 的房屋，以及基本自振周期 T1 大于 0.25s 的各种高耸结构，均应考虑风压脉动对结构发生顺风向风振的影响。当需要考虑顺风向风振时勾选此项（一般均应考虑此项）。

6）横风向风振与扭转风振：《建筑结构荷载规范》GB 50009—2012 第 8.5.1 条规定："对于横风向风振作用效应明显的高层建筑（高度超过 150m 或高宽比大于 5 的高层建筑）以及细长圆形截面构筑物（高度超过 30m 且高宽比大于 4 的构筑物），宜考虑横风向风振影响"。第 8.5.4 条规定："对于扭转风振作用效应明显的高层建筑及高耸结构，宜考虑扭转风振影响"。对于超高层结构，此项参数影响较大需注意。

本工程不考虑横向风振与扭转风振的影响。

7）水平风体型分段系数、各段体型系数：一般矩形民用房屋可按程序默认。但是对于高层建筑结构和形状特殊的结构应该注意根据规范的相关规定对该项进行调整。一般矩形房屋需要注意复核房屋的高宽比是否大于 4 来确定体系系数是 1.3 还是 1.4。高宽比 H/B 不大于 4 的矩形、方形、十字形平面建筑取 1.3。

对于多层建筑：《建筑结构荷载规范》GB 50009—2012 第 8.3.1 条对于房屋和构造物的风荷载系数可按规定采用；

对于高层建筑：《高层建筑混凝土结构技术规程》JGJ 3—2010 第 4.2.3 条对于计算主体结构的风荷载效应时，风荷载体形系数按规定采用。

本工程体型分段系数取 1，X 向体型系数取 1.3，Y 向体型系数取 1.3。

8）特殊风体型系数：在总信息中有计算特殊风载时才需要填写此项。

本工程不考虑特殊风体型系数。

9）设缝多塔背风面体形系数：在计算带变形缝的结构时，如果设计人员将结构以变形缝为界定义成多塔后，程序在计算各塔的风荷载时，对设缝处仍将作为迎风面，这样会造成计算风荷载偏大，可通过此参数调整。

3.3.4　地震信息

图 3.3-4 是有关地震作用的信息。当抗震设防烈度为 6 度时，某些房屋虽然可不进行

地震作用计算，但仍应采取抗震构造措施。因此，若在第一页参数中选择了不计算地震作用，本页中各项抗震等级仍应按实际情况填写，其他参数全部变灰，如图 3.3-4 所示。上述参数的含义及取值原则如下：

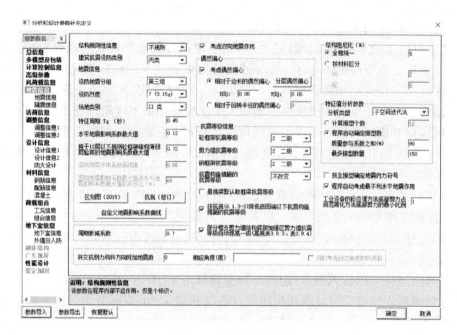

图 3.3-4　地震信息界面

1）结构规则性信息

不规则。

2）设防地震分组

设防地震分组应由自行填写，修改本参数时，界面上的"特征周期 T_g"会根据《建筑抗震设计规范》GB 50011—2010 第 5.1.4 条表 5.1.4-2 联动改变。因此，在修改设防地震分组时，应特别注意确认特征周期 T_g 值的正确性。特别是根据区划图确定了 T_g 值并正确填写后，一旦再次修改设防地震分组，程序会根据《建筑抗震设计规范》GB 50011—2010 联动修改 T_g 值，此时应重新填入根据区划图确定的 T_g 值。

当采用地震动区划图确定特征周期时，设防地震分组可根据 T_g 查《建筑抗震设计规范》GB 50011—2010 第 5.1.4 条表 5.1.4-2 确定当前相对应的设防地震分组，也可以采用下文介绍的【区划图】按钮提供的计算工具来辅助计算并直接返回到界面。由于程序直接采用界面显示的 T_g 值进行后续地震作用计算，设防地震分组参数并不直接参与计算，因此对计算结果没有影响。

本工程设防地震分组为第三组。

3）抗震设防烈度

设防烈度应自行填写，修改设防烈度时，界面上的【水平地震影响系数最大值】会根据《建筑抗震设计规范》GB 50011—2010 第 5.1.4 条联动改变。因此，在修改设防烈度时，应特别注意确认水平地震影响系数最大值 $\alpha_{\max}$ 的正确性。特别是根据区划图确定了

$\alpha_{\max}$ 值并正确填写后，一旦再次修改设防烈度，程序会根据《建筑抗震设计规范》GB 50011—2010 联动修改 $\alpha_{\max}$ 值，此时应重新填入根据区划图确定的 $\alpha_{\max}$ 值。

当采用区划图确定地震动参数时，可根据设计基本地震加速度值查《建筑抗震设计规范》GB 50011—2010 第 3.2.2 条表 3.2.2 确定当前相对应的设防烈度，也可以采用下文介绍的【区划图】按钮提供的计算工具来辅助计算并直接返回到界面。程序直接采用界面显示的水平地震影响系数最大值 $\alpha_{\max}$ 进行后续地震作用计算，即设防烈度不影响计算程序中的 $\alpha_{\max}$ 取值，但是进行剪重比等调整时仍然与设防烈度有关，因此应正确填写。

本工程抗震设防烈度为 7 度（0.15g）。

4）场地类别

依据抗震规范，提供 I_0、I_1、Ⅱ、Ⅲ、Ⅳ 共五类场地类别。修改场地类别时，界面上的特征周期 T_g 值会根据《建筑抗震设计规范》GB 50011—2010 第 5.1.4 条表 5.1.4-2 联动改变。因此，在修改场地类别时，应特别注意确认特征周期 T_g 值的正确性。特别是根据区划图确定了 T_g 值后，再次修改场地类别，程序根据《建筑抗震设计规范》GB 50011—2010 联动修改 T_g 值，此时应重新填入根据区划图确定的 T_g 值。

本工程场地类别为 Ⅱ 类场地。

5）特征周期、水平地震影响系数最大值

程序缺省依据《建筑抗震设计规范》GB 50011—2010，由【总信息】页【结构所在地区】参数、【地震信息】页【场地类别】和【设计地震分组】三个参数确定【特征周期】的缺省值；【地震影响系数最大值】当改变上述相关参数时，程序将自动按《建筑抗震设计规范》GB 50011—2010 重新判断特征周期或地震影响系数最大值。

当采用地震动区划图确定 T_g 和 $\alpha_{\max}$ 时，可直接在此处填写，也可采用下文介绍的【区划图】工具辅助计算并自动填入。但要注意当上述几项相关参数如【场地类别】【设防烈度】等改变时，修改的特征周期或地震影响系数值将不保留，自动恢复为《建筑抗震设计规范》GB 50011—2010 值，因此应在计算前确认此处参数的正确性。无论多遇地震或中、大震弹性或不屈服计算时均应在此处填写【地震影响系数最大值】。

本工程水平地震影响系数最大值为 0.12。

6）区划工具

《中国地震动参数区划图》GB 18306—2015 于 2016 年 6 月 1 日实施，在使用 SATWE 程序进行地震计算时，反应谱方法本身和反应谱曲线的形式并没有改变，只是特征周期 T_g 和水平地震影响系数最大值 $\alpha_{\max}$ 的取值不同，采用新区划图计算的这两项参数将与以往或《建筑抗震设计规范》GB 50011—2010 不同，但由于这两项参数均由输入，因此对程序本身功能并没有影响。

在使用新区划图时，应根据所查得的二类场地峰值加速度和特征周期，采用区划图规定的动力放大系数等参数及相应方法计算当前场地类别下的 T_g 和 $\alpha_{\max}$，并换算相应的设防烈度，填入程序即可。

为了减少设计人员查表和计算的工作量，根据新的区划图进行检索和地震参数计算的工具，可将地震计算所需的 T_g 和 $\alpha_{\max}$ 等参数自动计算并填入程序界面，如图 3.3-5 所示。

该工具包含检索和计算两项功能，图 3.3-5 左侧为检索工具，右侧为计算工具。

中国地震动参数区划图（GB 18306-2015）检索及参数计算工具 　　　　　　×

根据区划图（2015）进行检索

搜索

行政区划名称搜索

省份　　　北京市

市　　　　北京市

县（区）　东城区

乡镇（街道）东华门街道

关键字搜索

提示：关键字请用逗号、空格分开。　　搜索

搜索结果

II类场地基本地震动峰值加速度(g)　　　0.20

II类场地基本地震动加速度反应谱特征周期(s)　0.40

地震参数计算工具

输入参数

II类场地基本地震动峰值加速度(g)	0.2
II类场地基本地震动加速度反应谱特征周期(s)	0.40
*场地类别	II类
动力放大系数β	2.50
多遇地震动峰值加速度与基本地震动峰值加速度的比例系数（≥1/3）	0.3333
罕遇地震动峰值加速度与基本地震动峰值加速度的比例系数（1.6~2.3）	1.9000
罕遇地震特征周期增值	0.05

输出参数

	设计地震加速度(g)	*特征周期Tg(s)	*αmax
多遇地震	0.0667	0.40	0.1667
基本地震	0.2000	0.40	0.5000
罕遇地震	0.3800	0.45	0.9500

| *设防烈度 | 8度 |
| *设计地震分组 | 第二组 |

说明　　　确定　　　取消

图 3.3-5　中国地震动参数界面

（1）检索工具

左侧检索工具通过指定地名，可自动根据区划图查找出相应的 II 类场地基本地震动峰值加速度和基本地震动加速度反应谱特征周期。程序提供两种检索方式，一种是通过下拉框逐级选择省份、市、县（区）和乡镇（街道），完成选择后，搜索结果自动输出在下方窗口。另一种是通过关键字进行搜索，比如【北京市朝阳区和平街街道】，可以输入【北京朝阳和平街】，单击【搜索】，会弹出搜索结果对话框，如图 3.3-6 所示。

搜索结果　　　　　　　　　X

行政区划名称
北京市北京市朝阳区和平街街道

共1个　　　确定　　　取消

图 3.3-6　搜索结果对话框

可从搜索结果中选择相应的地区，单击【确定】，程序自动根据选中的地区进行查找，并返回 II 类场地基本地震动峰值加速度和基本地震动加速度反应谱特征周期。

检索完成后，程序自动采用右侧的计算工具进行相关参数的计算，计算结果实时更新在右侧界面上。

（2）计算工具

界面右侧为地震参数辅助计算工具，类似于一个计算器，其基本输入参数包括：

【II 类场地基本地震动峰值加速度】和【II 类场地基本地震动加速度反应谱特征周期】：默认为当前检索的结果，并与检索结果联动。如果已经确定这两项数值，也可不进行检索，直接选择相应的选项即可。

【场地类别】：自动读取【地震信息】页指定的场地类别，也可在此修改。

【动力放大系数 β】：默认为 2.5。

【多遇地震动/罕遇地震动峰值加速度与基本地震动峰值加速度的比例系数】：分别默认为 0.33 和 2.3。

【罕遇地震特征周期增加值】：默认为 0.05。

软件根据以上输入参数信息，自动计算多遇地震、基本地震和罕遇地震下的设计地震加速度、特征周期和水平地震影响系数最大值。

程序同时根据《建筑抗震设计规范》GB 50011—2010 返回当前对应于《建筑抗震设计规范》GB 50011—2010 的设防烈度和设计地震分组。

可以在检索的同时实时得到参数计算结果，也可单独使用右侧的计算工具，通过调整相应的计算参数，可以实现不同的计算需求，从而不局限于区划图的限定范围。

可以将计算出的 T_g 和 $\alpha_{\max}$ 等参数手动填入地震信息页，更方便的做法是直接单击【确定】，程序会自动将界面上带 * 号的参数自动返回，不需要手工填写。

需要特别注意的是：返回到地震参数界面后，如果重新修改设防烈度、场地类别等参数，程序会根据《建筑抗震设计规范》GB 50011—2010 联动修改 T_g 和 $\alpha_{\max}$，此时应重新利用上述工具进行计算并将新的结果返回。在进行 SATWE 计算前，务必确认界面上相关参数都已正确填写。

7)《建筑抗震设计规范》GB 50011—2010 工具

《建筑抗震设计规范》GB 50011—2010 进行了局部修订，其中对我国主要城镇设防烈度、设计基本地震加速度和设计地震分组进行了局部修改，与区划图类似，同样不影响程序的计算功能，只是需要按照修订后的规定指定正确的参数。

针对《建筑抗震设计规范》GB 50011—2010 修订后的地震参数的检索和计算工具，如图 3.3-7 所示。

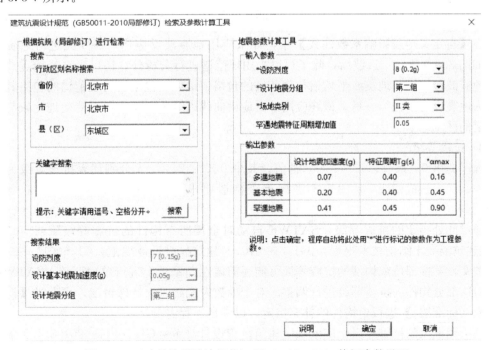

图 3.3-7 《建筑抗震设计规范》GB 50011—2010 修订参数界面

8）SATWE 地震波谱和规范谱的包络设计

按照规范要求，对于一些高层建筑应采用弹性时程分析法进行补充验算。为了方便直接将地震波反应谱应用于反应谱分析，SATWE 地震信息【自定义地震影响曲线】中添加了地震波谱和规范谱的包络设计功能，如图 3.3-8 所示。

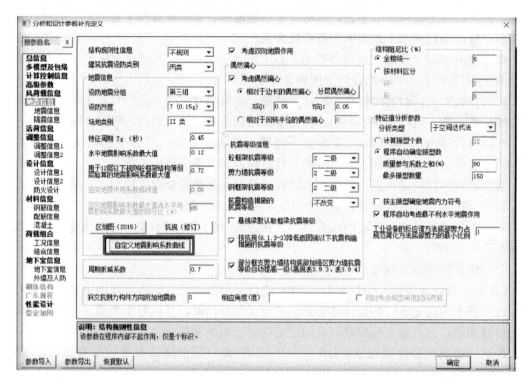

图 3.3-8　地震波谱与规范谱包络界面

在【自定义地震影响系数曲线】中，如果应用地震波反应谱，需要先进行地震波选波，如图 3.3-9 所示。选波后，除了可以采用规范谱进行分析外，还可以选择地震波平均谱、地震波包络谱、地震波平均谱与规范谱的包络、地震波包络谱与规范谱的包络其中之一作为地震反应谱进行分析。最终应用的反应谱曲线以绿色标识，可以清楚地比较与规范反应谱的区别。

9）抗震等级

程序提供 0、1、2、3、4、5 六种值。其中 0、1、2、3、4 分别代表抗震等级为特一级、一、二、三或四级，5 代表不考虑抗震构造要求。此处指定的抗震等级是全楼适用的。

通过此处指定的抗震等级，SATWE 自动对全楼所有构件的抗震等级赋初值。依据《高层建筑混凝土结构技术规程》JGJ 3—2010、《建筑抗震设计规范》GB 50011—2010 等相关条文，某些部位或构件的抗震等级可能还需要在此基础上进行单独调整，SATWE 将自动对这部分构件的抗震等级进行调整。对于少数未能涵盖的特殊情况，可通过【设计模型补充（标准层）】进行单构件的补充指定，以满足工程需求。

其中钢框架的抗震等级，应依据《建筑抗震设计规范》GB 50011—20108.1.3 条的规定来确定。

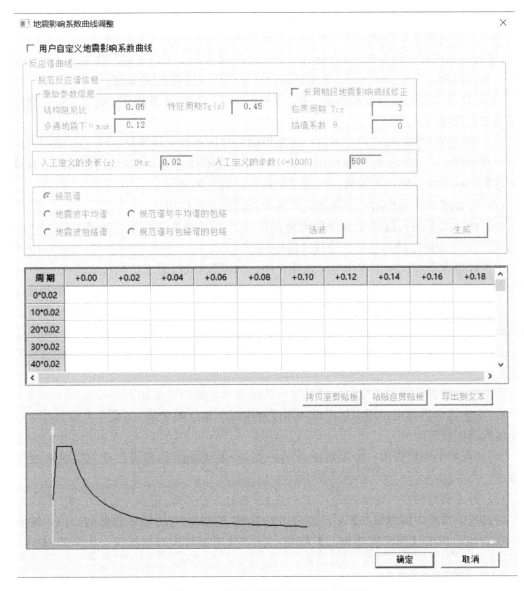

图 3.3-9　地震波谱与规范谱操作界面

对于混凝土框架和钢框架，程序按照材料进行区分：纯钢截面的构件取钢框架的抗震等级；混凝土或钢与混凝土混合截面的构件，取混凝土框架的抗震等级。

10）抗震构造措施的抗震等级

《建筑抗震设计规范》GB 50011—2010 第 3.1.2 条，抗震设防烈度为 6 度时，除本规范有具体规定外，对乙、丙、丁类建筑可不进行地震作用计算；

《建筑抗震设计规范》GB 50011—2010 第 5.1.6-1 条，6 度时的建筑，以及生土房屋和木结构房屋等，应符合有关的抗震措施要求，但应允许不进行截面抗震验算；

《建筑抗震设计规范》GB 50011—2010 第 5.1.6-2 条，6 度时不规则建筑、建造于Ⅳ类场地上较高的高层建筑，7 度和 7 度以上的建筑结构，应进行多遇地震作用下的截面抗震验算；

《建筑抗震设计规范》GB 50011—2010 第 5.1.1-4 条规定，8、9 度时的大跨度和长悬臂结构及 9 度时的高层建筑，应计算竖向地震作用；

《高层建筑混凝土结构技术规程》JGJ 3—2010 第 4.3.2-3 条规定，高层建筑中的大跨度、长悬臂结构，7 度（0.15g）、8 度抗震设计时应计入竖向地震作用；

《高层建筑混凝土结构技术规程》JGJ 3—2010 第 4.3.2-4 条规定，9 度抗震设计时应计算竖向地震作用；

（1）不计算地震作用：对于不进行抗震设防的地区或者抗震设防烈度为 6 度时的部分结构，规范规定可以不进行地震作用计算。在选择【不计算地震作用后】，仍然要在【地震信息】选项卡中指定抗震等级，以满足抗震构造措施的要求。

（2）计算水平地震作用：计算 X、Y 两个方向的地震作用。

（3）计算水平和规范简化方法竖向地震作用：按《建筑抗震设计规范》GB 50011—2010 第 5.3.1 条规定的简化方法计算竖向地震。

（4）计算水平和反应谱方法竖向地震作用：《高层建筑混凝土结构技术规程》JGJ 3—2010 第 4.3.14 条规定，"跨度大于 24m 的楼盖结构、跨度大于 12m 的转换结构和连体结构、悬挑长度大于 5m 的悬挑结构，结构竖向地震作用效应标准值宜采用时程分析方法或振型分解反应谱方法进行计算。"采用振型分解反应谱法计算竖向地震作用时，程序输出每个振型的竖向地震力，以及楼层的地震反力和竖向作用力，并输出竖向地震系数和有效质量系数。

依据当地抗震等级及工程实际情况进行选择即可，适用情况如下：

1）不计算地震作用：用于抗震设防烈度 6 度以下地区的建筑（6 度甲类建筑和 6 度 IV 类场地的高层建筑除外）。

2）计算水平地震作用：用于抗震设防烈度 7、8 度地区的多高层建筑，及 6 度甲类建筑。

11）考虑偶然偏心

当勾选了【考虑偶然偏心】后，程序允许修改 X 和 Y 向的相对偶然偏心值，缺省值为 0.05。也可单击【指定偶然偏心】按钮，分层分塔填写相对偶然偏心值，如图 3.3-10 所示。

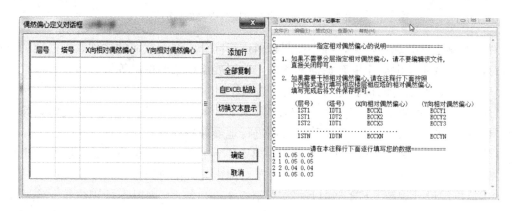

图 3.3-10　自定义偶然偏心界面

《高层建筑混凝土结构技术规程》JGJ 3—2010 第 4.3.3 条的条文说明规定：当楼层平面有局部突出时，可按等效尺寸计算偶然偏心。程序总是采取各楼层最大外边长计算偶然偏心，如需按此条规定细致考虑，可在此修改相对偶然偏心值。

可通过表格定义，也可通过文本定义，表格定义时可实现 EXCEL 的导入导出，文本定义时在填写时应注意在注释行下逐行填写，不要留空行。且不要填入【C】字符，否则表示该行为注释行，将不起作用。数据记录在 SATINPUTECC.PM 文件中，如果不需要，可直接删除该文件，或将注释行下内容清空即可。程序优先读取该文件信息，如该文件不存在，则取全楼统一参数。程序允许修改相对于回转半径的偏心值，缺省值为 0.172。程序采用指定的偶然偏心方式，不再进行任何判断。

12）考虑双向地震作用

按照《建筑抗震设计规范》GB 50011—2010 第 5.1.1 条和《高层建筑混凝土结构技术规程》JGJ 3—2010 第 4.3.2 条的规定，质量和刚度分布明显不对称不均匀的结构，应计入双向水平地震作用下的扭转影响。

13）计算振型个数

在计算地震作用时，振型个数的选取应遵循《建筑抗震设计规范》GB 50011—2010 第 5.2.2 条条文说明的规定：振型个数一般可以取振型参与质量达到总质量的 90% 所需的振型数。

当仅计算水平地震作用或者用规范方法计算竖向地震作用时，为了使每阶振型都尽可能地得到两个平动振型和一个扭转振型，振型数在 3 和 $3n$ 之间，其中 n 为层数。

振型数的多少与结构层数及结构形式有关，当结构层数较多或结构层刚度突变较大时，振型数也应相应增加，如顶部有小塔楼、转换层等结构形式。

选择振型分解反应谱法计算竖向地震作用时，为了满足竖向振动的有效质量系数，一般应适当增加振型数。

14）程序自动确定振型数

采用移频方法，根据输入的有效质量系数之和在子空间迭代中自动确定振型数，做到求出的振型数"一个不多，一个不少"。计算相同的振型数，程序自动确定振型数的计算效率与指定振型数的计算效率相当。

15）周期折减系数

周期折减的目的是充分考虑框架结构和框架-剪力墙结构的填充墙刚度对计算周期的影响。对于框架结构，若填充墙较多，周期折减系数可取 0.6～0.7，填充墙较少时可取 0.7～0.8；对于框架-剪力墙结构，可取 0.7～0.8，纯剪力墙结构的周期可不折减。

3.3.5　活荷载信息

活荷载信息界面如图 3.3-11 所示。

1）柱、墙设计时活荷载，传给基础的活荷载，柱、墙、基础活荷载折减系数：按照《建筑结构荷载规范》GB 50009—2012 第 5.1.2 条要求执行。

设计楼面梁、墙、柱及基础时，楼面活荷载标准值在下列情况下应乘以规定的折减系数。

（1）设计楼面梁时的折减系数：

① 住宅、宿舍、旅馆、办公楼、医院病房、托儿所、幼儿园当楼面梁从属面积超过 $25m^2$ 时，应取 0.9；

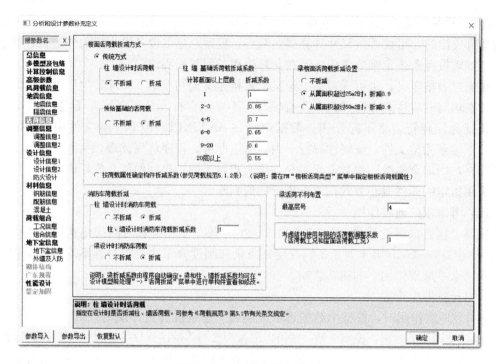

图 3.3-11　活荷载信息界面

② 试验室、阅览室、会议室、医院门诊室、教室、食堂、餐厅一般资料档案室、礼堂、剧场、影院、有固定座位的看台、公共洗衣房、商店、展览厅、车站、港口、机场大厅及其旅客等候室、无固定座位的看台、健身房、演出舞台、运动场、舞厅、书库、档案室、贮藏室、密集柜书库、通风机房、电梯机房当楼面梁从属面积超过 50m² 时应取 0.9；

③ 汽车通道及客车停车库对单向板楼盖的次梁和槽型板的纵肋应取 0.8；对于单向板楼盖的主梁应取 0.6；对双向板楼盖的梁应取 0.8；

④ 厨房、浴室、卫生间、盥洗室、走廊、门厅、楼梯、阳台应采用与所属房屋类别相同的折减系数，见表 3.3-1。

（2）设计墙、柱和基础时：

① 住宅、宿舍、旅馆、办公楼、医院病房、托儿所、幼儿园项应按表 3.3-1 规定采用；

② 试验室、阅览室、会议室、医院门诊室、教室、食堂、餐厅一般资料档案室、礼堂、剧场、影院、有固定座位的看台、公共洗衣房、商店、展览厅、车站、港口、机场大厅及其旅客等候室、无固定座位的看台、健身房、演出舞台、运动场、舞厅、书库、档案室、贮藏室、密集柜书库、通风机房、电梯机房应采用与其楼面梁相同的折减系数；

③ 汽车通道及客车停车库的客车，对单向板楼盖应采取 0.5，对双向板楼盖和无梁楼盖应取 0.8；

④ 厨房、浴室、卫生间、盥洗室、走廊、门厅、楼梯、阳台应采用与所属房屋类别相同的折减系数。

注：楼面梁的从属面积应按梁两侧各延伸 1/2 梁间距的范围内的实际面积确定。

活荷载按楼层的折减系数						表 3.3-1
墙、柱、基础计算截面以上的层数	1	2～3	4～5	6～8	9～20	>20
计算截面以上各楼层活荷载总和的折减系数	1.00 (0.90)	0.85	0.70	0.65	0.60	0.55

注：当楼面梁的从属面积超过 25m² 时，应采用括号内的系数。

2）活荷不利布置的最高层号：在恒荷载与活荷载分开算的前提下，若将此参数填 0，表示不考虑梁活荷不利布置作用；若填大于零的数 NL，则表示 1～NL 各层考虑梁活荷载的不利布置，而 NL＋1 层以上则不考虑活荷不利布置。

高层建筑结构内力计算中，当楼面活荷载大于 4kN/m² 时，应考虑楼面活荷载不利布置引起的梁弯矩的增大。

该选项与【调整信息】中的【梁活荷载内力放大系数】不能同时采用。梁活荷载内力放大系数起源于梁的活荷载不利布置。当不考虑活荷载不利布置时，梁活荷载内力偏小，程序试图通过放大系数来调整梁的内力。在程序处理时，最终内力放大系数是乘在组合设计内力上（内力包络图上）的，这样组合中的恒载、地震作用、风荷载也相应放大了，会导致梁的主筋量有较大的增加。所以一般应选用【梁活载不利布置】选项来考虑活荷载的不利布置。

3）考虑结构使用年限的活荷载调整系数：按照《高层建筑混凝土结构技术规程》JGJ 3—2010 第 5.6.1 条规定设置的选项。设计使用年限 50 年时 1.0，设计使用年限，100 年时 1.1。

3.3.6　调整信息

调整信息 1 界面如图 3.3-12 所示，调整信息 2 界面如图 3.3-13 所示。

图 3.3-12　调整信息 1 界面

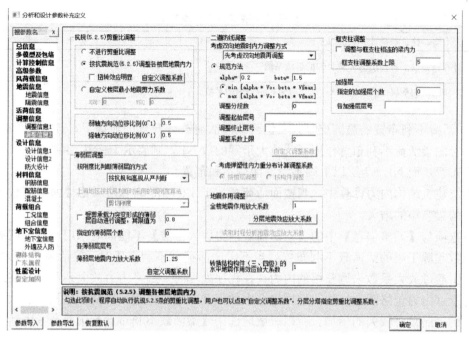

图 3.3-13　调整信息 2 界面

1）梁端负弯矩调幅系数：一般取 0.85。

《高层建筑混凝土结构技术规程》JGJ 3—2010 第 5.2.3 条条文说明：在竖向荷载作用下，可考虑框架梁端塑性变形内力重分布对梁端负弯矩乘以调幅系数进行调幅，并应符合下列规定：

（1）装配整体式框架梁端负弯矩调幅系数可取 0.7～0.8；现浇框架梁端负弯矩调幅系数可取 0.8～0.9。

（2）框架梁端负弯矩调幅后，梁端中弯矩应按平衡条件相应增大；

（3）应先对竖向荷载作用下的框架梁的弯矩进行调幅，再与水平作用产生的框架梁弯矩进行组合；

（4）截面设计时，框架梁跨中截面正弯矩设计值不应小于竖向荷载作用下按简支梁计算的跨中弯矩设计值的 50％。

本工程中梁端负弯矩调幅系数取 0.85。

2）梁活荷载内力放大系数：与活荷载的不利布置不能同时考虑（建议该项设置为 1.0）。

《高层建筑混凝土结构技术规程》JGJ 3—2010 第 5.1.8 条条文说明规定如果活荷载较大，其不利分布对梁弯矩的影响会比较明显，计算时应予以考虑。除进行活荷载不利布置的详细计算分析外，也可将未考虑活荷载不利分布计算的框架梁弯矩乘以放大系数予以近似考虑，该放大系数通常可取 1.1～1.3，活荷载较大时选用较大的数值。近似考虑活荷载不利分布影响时，梁正、负弯矩应同时予以放大。

本工程中活荷载内力放大系数取 1。

3）梁扭矩折减系数：一般取 0.4。SATWE 软件中受扭折减系数对圆弧梁、定义了弹性楼板的梁均不起作用。

《高层建筑混凝土结构技术规程》JGJ 3—2010 第 5.2.4 条规定高层建筑结构楼面梁受

扭计算中应考虑楼盖对梁的约束作用。计算中未考虑楼盖对梁扭转的约束作用时，应对梁的计算扭矩乘以折减系数。梁扭矩折减系数应根据梁周围楼盖的情况确定。

本工程中梁的抗扭折减系数取 0.4。

4）托墙梁刚度放大系数：实际工程中常常会出现【转换大梁上面托剪力墙】的情况，当使用梁单元模拟转换大梁，用壳元模式的墙单元模拟剪力墙时，墙与梁之间的实际的协调工作关系在计算模型中就不能得到充分体现，存在近似性。实际的协调关系是剪力墙的下边缘与转换大梁的上表面变形协调，而计算模型则是剪力墙的下边缘与转换大梁的中性轴变形协调，这样造成转换大梁的上表面在荷载作用下将会与剪力墙脱开，失去本应存在的变形协调性，与实际情况相比，计算模型的刚度偏柔了，这就是软件提供托墙梁刚度放大系数的原因。当考虑托墙梁刚度放大时，转换层附近的超筋情况（若有）通常可以缓解，但是为了使设计保持一定的富裕度，建议不考虑或少考虑托墙梁刚度放大。

5）超配系数：这个参数主要是针对《建筑抗震设计规范》GB 50011—2010 第 6.2.2 条及 6.2.4 条中对于 9 度的各类框架和抗震等级一级的框架进行内力调整时使用的，对于这两种情况下进行内力调整时需要采用实配钢筋进行计算，而程序无法得到实配钢筋的数值只能采用这种方法近似考虑，这个系数的取值大小与设计时实配配筋与计算钢筋的比值有关。

6）连梁刚度折减系数：一般取 0.7。

《高层建筑混凝土结构技术规程》JGJ 3—2010 第 5.2.1 条规定高层建筑结构地震作用效应计算时，可对剪力墙连梁刚度予以折减，折减系数不宜小于 0.5。

设防烈度低时可少折减一些（6、7 度时可取 0.7），设防烈度高时可多折减一些（8、9 度时可取 0.5）。折减系数不宜小于 0.5，以保证连梁承受竖向荷载的能力。

对框架-剪力墙结构中一端与柱连接、一端与墙连接的梁以及剪力墙结构中的某些连梁，如果跨高比加大（比如大于 5），重力作用效应比水平风或水平地震作用效应更为明显，此时应慎重考虑梁刚度的折减问题，必要时可不进行梁刚度的折减，以控制正常使用阶段梁裂缝的发生和发展。仅在计算地震作用效应时可以对连梁刚度进行折减，对如重力荷载、风荷载作用效应计算不宜考虑连梁刚度折减。有地震作用效应组合工况，均可按考虑连梁刚度折减后计算的地震作用效应参与组合。

7）采用中梁刚度放大系数：一般取 2.0。但是建议采用勾选【梁刚度系数按 2010 规范取值】选项。

《高层建筑混凝土结构技术规程》JGJ 3—2010 第 5.2.2 条规定在结构内力与位移计算中，现浇楼面和装配整体式楼面中梁的刚度可考虑翼缘的作用予以增大。楼面梁刚度增大系数可根据翼缘的情况取 1.3～2.0。对于无现浇面层的装配式楼盖，不宜考虑楼面梁刚度的增大。通常现浇楼面的边框架梁可取 1.5，中框架梁可取 2.0。

8）梁刚度系数按 2010 规范取值：考虑楼板作为翼缘对梁刚度的贡献时，对于每根梁，由于截面尺寸和楼板厚度的差异其刚度放大系数可能各不相同，因此采用统一的放大系数可能与实际情况有出入，SATWE 提供了按 2010 规范取值的选项可以解决这一问题。

一般情况下建议勾选此项。计算结果可以在【设计模型补充（标准层）】中查看和修改。

9）混凝土矩形梁转 T 形（自动附加楼板翼缘）：《混凝土结构设计规范》GB 50010—2010 第 5.2.4 条规定要求。勾选此项后，程序自动将所有混凝土矩形梁截面转换成 T 形截面，在刚度计算和承载力计算时均采用新的 T 形截面，此时梁刚度放大系数程序自动置为 1，翼缘宽度的确定采用规范表格的方法。

10）调整与框支柱相连梁的内力：《高层建筑混凝土结构技术规程》JGJ 3—2010 第 10.2.17 条规定要求。程序自动对框支柱进行调整，勾选此项后程序对与框支柱相连的框架梁的剪力和弯矩进行相应调整。

11）指定加强层个数、层号：按实际填写。如果是带加强层的高层结构需要在此处指定加强层个数及层号，程序将按《高层建筑混凝土结构技术规程》JGJ 3—2010 第 10.3.3 条规定要求执行。

12）按抗震 5.2.5 调整各楼层地震力：勾选此项。

《建筑抗震设计规范》GB 50011—2010 第 5.2.5 条规定水平地震作用计算时，结构各楼层对应于地震作用标准值的剪力应符合下式要求：

$$V_{\mathrm{E}ki} = \lambda \sum_{j=i}^{n} G_j$$

式中：$V_{\mathrm{E}ki}$——第 i 层对应于水平地震作用标准值的剪力；

λ ——水平地震剪力系数；

G_j ——第 j 层的重力荷载代表值；

n ——结构计算总层数。

13）薄弱层的判断方式、指定薄弱层个数、各薄弱层层号：部分情况下需设计人员自行确定。

薄弱层处理是结构设计过程中需要认真对待的一个重要问题。在结构建模过程中，为了能更好地反映建筑设计意图和使设计有较好经济技术指标，要对不同楼层构件布置进行调整，如设置转换结构、沿高度方向柱截面和墙厚度递减措施、降低混凝土强度等级措施等，这些结构措施会引起结构刚度的变化，变化过大时将会产生薄弱楼层。

（1）薄弱层的类型

薄弱层包括侧向刚度不规则产生的薄弱层、楼层承载力突变产生的薄弱层、相邻楼层质量突变或平面内收过大产生的薄弱层、错层结构产生的薄弱层等。

（2）SATWE 能自动处理的薄弱层竖向不规则结构

SATWE 对所有楼层都计算其楼层刚度及刚度比，根据刚度比自动判断薄弱层（多遇地震下的薄弱层，计算结果可在 WMASS.out 文件中查看），并对薄弱层的地震力自动放大 1.25 倍，依据见《高层建筑混凝土结构技术规程》JGJ 3—2010 第 3.5.8 条（《建筑抗震设计规范》GB 50011—2010 第 3.4.4-2 条要求是 1.15 倍）。

对于建筑层高相同（或相近）的多层框架结构，由于规范要求底层柱计算高度应算至基础顶面，致使底层抗侧刚度小于上部结构而出现薄弱层。这种情况下，对底层的地震力进行放大 1.15 倍。若刚度差距较大，需采取其他结构措施。

（3）SATWE 能半自动处理的薄弱层—转换层

将转换层层号自动识别为薄弱层的选项（详见【总信息】栏【转换层指定为薄弱层】参数），勾选后，则不需在此处层号中再输入转换层层号。

框支转换层结构的转换层，程序可能根据计算结果，按照《建筑抗震设计规范》GB 50011—2010 表 3.4.3-2 的第 1 条判断出它不属于薄弱层，但是按照《建筑抗震设计规范》GB 50011—2010 表 3.4.3-2 的第 2 条"竖向抗侧力构件不连续"判断，转换层应该为薄弱层，因此设计人员要人为指定转换层为薄弱层，否则会留下隐患。

（4）SATWE 不能自动判别处理，需要设计人员人工指定的薄弱层

SATWE 程序目前不能自动按照《建筑抗震设计规范》GB 50011—2010 表 3.4.3-2 第 3 条"楼层承载力突变"的楼层为薄弱层，但在 WMASS.out 文件中输出了楼层受前承载力的计算结果，其是否为薄弱层需要设计人员人为指定。SATWE 之所以没有自动判别该情况为薄弱层，是因为 WMASS.out 中给出的抗剪承载力是按照 SATWE 计算配筋乘以超配系数近似求得，而非真正实配钢筋，但可以作参考。楼层抗剪承载力的简化计算，只与竖向构件的尺寸、配筋有关，与它们的连接关系无关。

除了《建筑抗震设计规范》GB 50011—2010 表 3.4.3 所列的不规则，错层结构其层间刚度很难定义，所以为保险起见，可将所有错层都定义为薄弱层。对于这种由于填充墙相邻层布置数量差异大造成的薄弱楼层，也最好指定为薄弱层。

通常情况下，如框支结构、刚度、承载力削弱层应人工定义为薄弱层。

（5）手工定义薄弱层号操作方法

用户可在这里手工指定各薄弱层个数以及薄弱层的具体楼层号，注意此时的楼层号为楼层组装时的自然层号，输入时以逗号或空格隔开。

14）全楼地震力放大系数、顶塔楼地震作用放大起算层号及放大系数：全楼地震力放大系数取 1.0。顶塔楼地震作用放大起算层号及放大系数通常不用填写（《建筑抗震设计规范》GB 50011—2010 第 5.2.4 条），可通过增加振型数考虑底部塔楼地震力计算。

3.3.7　设计信息

设计信息 1 界面如图 3.3-14 所示。

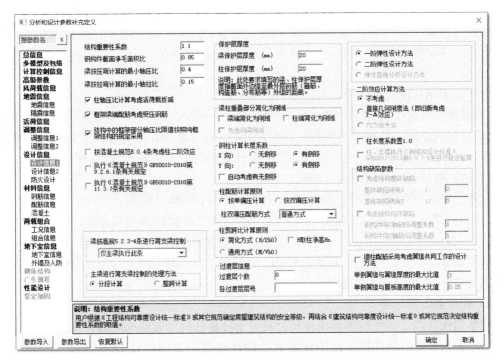

图 3.3-14　设计信息 1 界面

1）结构重要性系数：一般取1.0。

《建筑结构可靠度设计统一标准》GB 50068—2018第8.2.8结构重要性系数 γ_0 应按下列规定采用：

（1）对安全等级为一级的结构构件，不应小于1.1；

（2）对于安全等级为二级的结构构件，不应小于1.0；

（3）对安全等级为三级的结构构件，不应小于0.9。

2）钢构件截面净毛面积比：

钢构件截面净面积与毛面积的比值。

3）梁按压弯计算的最小轴压比：

梁承受的轴力一般较小，默认按照受弯构件计算。实际工程中某些梁可能承受较大的轴力，此时应按照压弯构件进行计算。该值用来控制梁按照压弯构件计算的临界轴压比，默认值为0.15。当计算轴压比大于该临界值时按照压弯构件计算，此处计算轴压比指的是所有抗震组合和非抗震组合轴压比的最大值。如填入0.0，表示梁全部按受弯构件计算。目前程序对混凝土梁和型钢混凝土梁都执行了这一参数。

4）梁按拉弯计算的最小轴拉比：

指定用来控制梁按拉弯计算的临界轴拉比，默认值为0.15。

5）结构中的框架部分轴压比按照纯框架结构的规定采用：

根据《高层建筑混凝土结构技术规程》JGJ 3—2010第8.1.3条规定：对于框架-剪力墙结构，当底层框架部分承受的地震倾覆力矩的比值在一定范围内时，框架部分的轴压比需要按框架结构的规定采用。勾选此选项后，程序将一律按纯框架结构的规定控制结构中框架柱的轴压比，除轴压比外，其余设计仍遵循框剪结构的规定。

6）按《混凝土结构设计规范》GB 50010—2010第B.0.4条考虑柱二阶效应：

按照《混凝土结构设计规范》GB 50010—2010第6.2.4条规定：除排架结构柱外，应按第6.2.4条规定考虑柱轴压力二阶效应，排架结构柱应按B.0.4条计算其轴压力二阶效应。

对于排架结构应勾选此项，其他结构不勾选此项。

7）梁按《高层建筑混凝土结构技术规程》JGJ 3—2010第5.2.3-4条进行简支梁控制：

《高层建筑混凝土结构技术规程》JGJ 3—2010第5.2.3-4条规定：框架梁跨中截面正弯矩设计值不应小于竖向荷载作用下按简支梁计算的跨中弯矩设计值的50%。

8）梁、柱、板保护层厚度（单位：mm）：

实际工程必须先确定构件所处环境类别，然后根据《混凝土结构设计规范》GB 50010—2010第8.2.1条填入正确的保护层厚度。构件所属的环境类别见《混凝土结构设计规范》GB 50010—2010表3.6.2。新混凝土规范调整了保护层厚度的定义，规定保护层为结构中最外层钢筋的外边缘至混凝土表面的距离，设计时应格外注意。SAWE默认为环境类别为"一"，梁柱保护层厚度为20mm。

9）柱配筋计算原则：

按单偏压计算：程序按单偏压计算公式分别计算柱两个方向的配筋。

按双偏压计算：程序按双偏压计算公式计算柱两个方向的配筋和角筋。对于指定的【角柱】，程序将强制采用【双偏压】进行配筋计算。

柱双偏压配筋方式：迭代优化。

选择此项后，对于按双偏压计算的柱，在得到配筋面积后，会继续进行迭代优化。通过二分法逐步减少钢筋面积，并在每一次迭代中对所有组合校核承载力是否满足，直到找到最小全截面配筋面积配筋方案。

柱双偏压配筋方式：等比例放大。

由于双偏压配筋设计是多解的，在有些情况下可能会出现弯矩大的方向配筋数量少，而弯矩小的方向配筋数量反而多的情况。对于双偏压算法本身来说，这样的设计结果是合理的。但考虑到工程设计习惯，程序等比例放大的双偏压配筋方式。该方式中程序会先进行单偏压配筋设计，然后对单偏压的结果进行等比例放大去验算双偏压设计，以此来保证配筋方式和工程设计习惯的一致性。需要注意的是，最终显示配筋结果不一定和单偏压结果完全成比例，这是由于程序在生成最终配筋结果时，还要考虑一系列构造要求。

10）柱轴压比计算考虑活荷载折减：

计算柱轴压比时默认考虑活荷载折减。参数控制地震作用组合下，柱轴压比计算是否考虑活荷载折减，如图 3.3-15 所示。

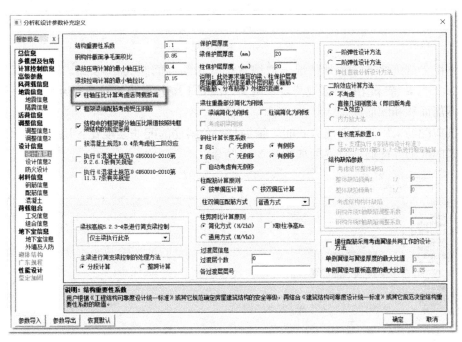

图 3.3-15　柱轴压比计算是否考虑活荷载折减参数界面

3.3.8　配筋信息

钢筋信息界面如图 3.3-16 所示。

墙竖向分布筋配筋率取值可根据《混凝土结构设计规范》GB 50010—2010 第 11.7.14 条和《高层建筑混凝土结构技术规程》JGJ 3—2010 第 3.10.5-2 条、第 7.2.17 条、第 10.2.19 条的相关规定：特一级部位取 0.35%，底部加强部位取 0.4%；一、二、三级取为 0.25%；四级取为 0.2%，非抗震要求取为 0.2%；部分框支剪力墙结构的剪力墙底部加强部位抗震设计时取 0.3%；非抗震设计时取 0.25%。

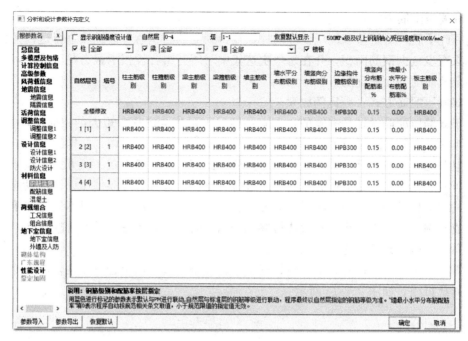

图 3.3-16　钢筋信息界面

　　根据以上规范要求，通常情况下取墙水平分布筋的间距为 200mm，竖向分布筋的配筋率为 0.25％，特殊情况根据规范要求调整。混凝土墙分布筋的配筋率为水平、竖向两排或几排钢筋面积和配筋率。

　　梁抗剪配筋采用交叉斜筋方式时，箍筋与对角斜筋的配筋强度比：用于考虑梁的交叉斜筋方式的配筋，配筋信息界面如图 3.3-17 所示。

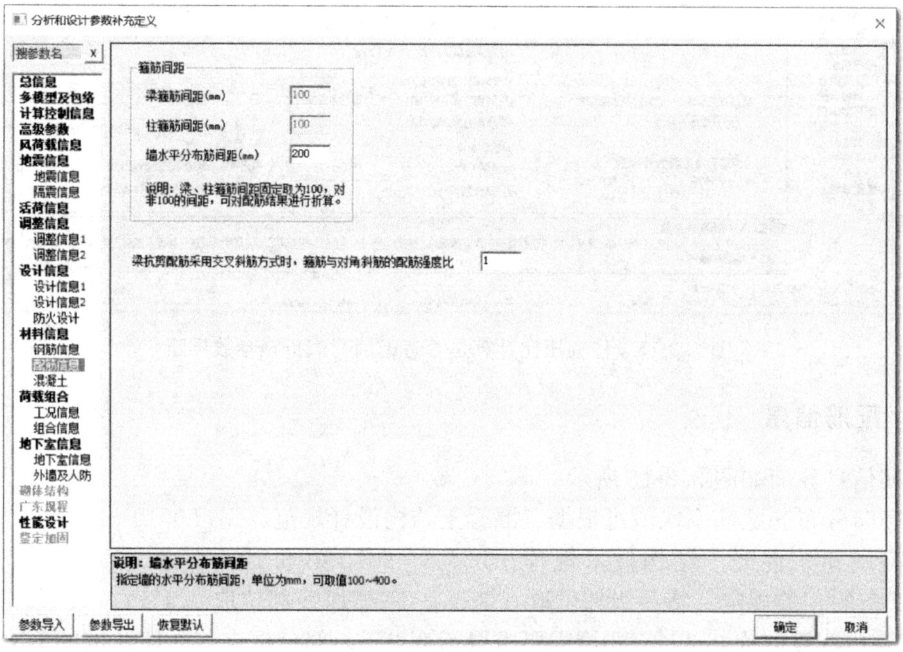

图 3.3-17　配筋信息界面

3.3.9　荷载组合

【组合信息】页可查看程序采用的默认组合，也可采用自定义组合。提供的组合表达方式较旧版更为简洁直观，可方便地导入或导出文本格式的组合信息。其中工况的组合方式已默认采用《建筑结构荷载规范》GB 50009—2012 的相关规定，通常无需干预。【工况信息】页修改的相关系数会即时体现在默认组合中，可随时查看。改为直接输出详细组合，每个组合号对应一个确定的组合，更便于校核。工况信息界面如图 3.3-18 所示，组合信息界面如图 3.3-19 所示。

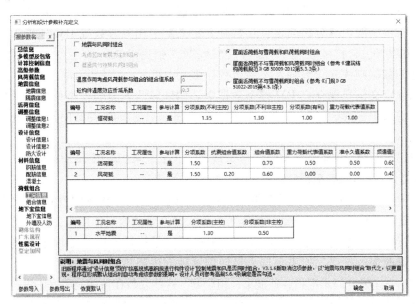

图 3.3-18　工况信息界面

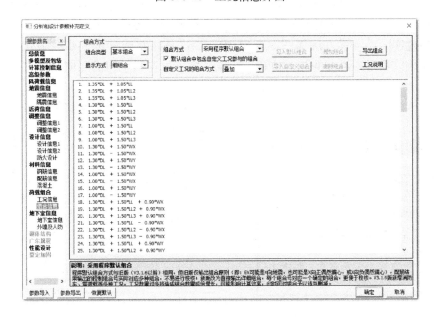

图 3.3-19　组合信息界面

3.3.10　设计模型补充定义（标准层）

PM模型数据经【分析与设计参数补充定义】后，如需对部分构件进一步指定其特殊属性信息，可执行【设计模型补充（标准层）】菜单。

该菜单是补充输入菜单，通过这项菜单，可补充定义特殊梁、特殊柱、特殊支撑、特殊墙、弹性板、特殊节点、材料强度和抗震等级等信息。

本菜单补充定义的信息将用于SATWE计算分析和配筋设计。程序已自动对所有属性赋予初值，如无需改动，则可直接略过本菜单，进行下一步操作。也可利用本菜单查看程序初值。

程序以颜色区分数值类信息的缺省值和指定值：缺省值以暗灰色显示，指定值以亮白色显示。缺省值一般由【分析与设计参数补充定义】中相关参数或PM建模中的参数确定（下文各菜单项将包含详细说明）。随着模型数据或相关参数的改变，缺省值也会联动改变；而指定的数据则优先级最高，不会被程序强制改变。

特殊构件定义信息保存在PM模型数据中，构件属性不会随模型修改而丢失，即：任何构件无论进行了平移、复制拼装改变截面等操作，只要其唯一ID号不改变，特殊属性信息都会保留。

（1）连梁：《高层建筑混凝土结构技术规程》JGJ 3—2010第7.1.3规定，跨高比小于5的连梁按规定设计，跨高比不小于5的梁按框架梁设计。

（2）转换梁：程序中【转换梁】框支转换大梁或托柱梁，程序中没有隐含定义转换梁，需要自己定义，定义后，程序自动按抗震等级放大转换梁的地震作用内力，以亮白色显示。

（3）铰接梁：在结构中个别非框架梁和非连梁在结构计算中可能由于地震力较大而超筋，可将该梁改为铰接梁，但不允许大量使用这种方法调整超筋。

（4）滑动支座梁、门式钢梁、耗能梁、组合梁：这些参数在目前的程序中没有实质意义。

（5）单缝连梁：设置方法如图3.3-20所示，通常在连梁超筋或者配筋很大时可将截面高度较大的连梁设置成双连梁（即单缝连梁），图中需要指定设缝位置和缝宽。承载梁用以确定竖向荷载（即填充墙荷载或其他荷载）在缝上方还是下方。

（6）多缝连梁：设置方法如图3.3-21所示，这是将双连梁进一步一般化，图中需要指定设缝条数以及每一道缝的相对位置、缝宽和缝下方连梁承担的竖向荷载比例。

图3.3-20　单缝连梁设置方法

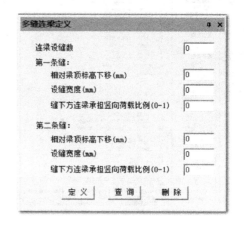

图3.3-21　多缝连梁设置方法

（7）交叉斜筋：设置按【交叉斜筋】方式进行抗剪配筋的框架梁及连梁。

（8）对角暗撑：设置按【对角暗撑】方式进行抗剪配筋的框架梁及连梁。

（9）角柱：程序没有隐含定义，需设计人员指定（柱旁显示【JZ】），定义后程序按双向偏压构件计算，并按角柱构造。

（10）转换柱：由设计人员自己定义（柱旁显示【ZHZ】）。

《高层建筑混凝土结构技术规程》JGJ 3—2010 第 10.2.17 条规定，部分框支剪力墙结构框支柱承受的水平地震剪力标准值应按下列规定采用：

① 每层框支柱的数目不多于 10 根时，当底部框支层为 1～2 层时，每根柱所受的剪力应至少取结构基底剪力的 2%；当底部框支层为 3 层及 3 层以上时，每根柱所受的剪力应至少取结构基底剪力的 3%。

② 每层框支柱的数目多于 10 根时，当底部框支层为 1～2 层时，每层框支柱承受剪力之和应至少取结构基底剪力的 20%；当框支层为 3 层及 3 层以上时，每层框支柱承受剪力之和应至少取结构基底剪力的 30%。

框支柱剪力调整后，应相应调整框支柱的弯矩及柱端框架梁的剪力和弯矩，但框支梁的剪力、弯矩、框支柱的轴力可不调整。

程序实现：SATWE 在执行本条时，只对框支柱的弯矩剪力调整，由于调整系数往往很大，为了避免异常情况，对与框支柱相连的框架梁的弯矩剪力暂不作调整（如果设计人员希望调整需要在 SATWE 参数定义的【调整信息】中勾选相关菜单 ☐ 调整与框支柱相连的梁内力 ）。

（11）水平转换柱：由设计人员自己定义（柱旁显示【SPZHZ】）。带转换层的结构，水平转换构件除采用转换梁外，还可以采用桁架、空腹桁架、箱型结构、斜撑等。根据《高层建筑混凝土结构技术规程》JGJ 3—2010 第 10.2.4 条规定：水平转换构件的水平地震作用下的计算内力应进行放大。指定后程序将自动进行内力调整。

（12）弹性板 6：

从理论上说，【弹性板 6】假定是最符合楼板的实际情况，可应用于任何工程。但是实际上，采用【弹性板 6】假定时，部分竖向楼面荷载将通过楼板的面外刚度直接传递给竖向构件，从而导致梁的弯距减小，相应的配筋也比刚性楼板假定减少。而过去所有关于梁的工程经验都是与刚性楼板假定前提下配筋安全储备相对应的。所以，建议不要轻易采用【弹性板 6】假定。【弹性板 6】假定是针对"板柱结构"以及"板柱-剪力墙结构"提出的，因为对于这类结构，采用【弹性板 6】假定既可以较真实地模拟楼板的刚度和变形，又不存在梁配筋安全储备减小的问题。

进行板柱结构或板柱-抗震墙结构分析时，首先要求在 PMCAD 交互式建模时，在假定的等代梁的位置上，布置虚梁，其次在此处把楼板定义为【弹性板 6】。

（13）弹性板 3：平面内刚度无穷大，真实计算平面外刚度。它的应用范围和【弹性板 6】是一样的，主要用于"板柱结构"以及"板柱-剪力墙结构"，尤其是楼板特别厚的时候，这种模型更复合实际结构受力特点。

【弹性板 3】假定主要是针对厚板转换层结构的转换厚板提出的。因为这类结构楼板平面内刚度都很大，其平面外刚度是这类结构传力的关键。通过厚板的平面外刚度，改变传力路径，将厚板以上部分结构承受的荷载安全地传递下去。当板柱结构的楼板平面外刚度足够大时，也可采用【弹性板3】来计算。

在SATWE中进行厚板转换层分析时，在PMCAD中输入虚梁，在此处定义【弹性板3】。此外，层高的输入有所改变，将厚板的板厚均分给上下两层，厚板下层层高为该层净空加厚板的一半厚度。

（14）弹性膜：程序真实地计算楼板平面内刚度，楼板平面外刚度不考虑（取为零）。该假定是采用平面应力膜单元真实计算楼板的平面内刚度，同时忽略楼板的平面外刚度，即假定楼板平面外刚度为0。对于空旷的工业厂房和体育场馆结构、楼板局部开大洞结构、楼板平面较长或有较大凹入以及平面弱连接结构等，楼面内刚度有较大削弱，此时采用该假定。在PMCAD定义楼板板厚为零或可定义全房间开洞，程序都默认为弹性膜。

对于斜屋面，如果没有指定，程序缺省为弹性膜，设计人员可指定为【弹性板6】或者【弹性膜】，但不允许定义为【刚性板】或【弹性板3】。

注意：最大层间位移、位移比是在刚性楼板假设下的控制参数。构件设计与位移信息不是在同一条件下的结果（即构件设计可以采用弹性楼板计算，而位移计算必须在刚性楼板假设下获得），故可先采用刚性楼板算出位移，而后采用弹性楼板进行构件分析。如果没有勾选刚性楼板假定这一项，意味着当该房间定义了板厚为零或全房间洞时，楼层就会产生"弹性节点"，普通楼面只要不开洞的楼板还是按刚性假定计算内力，即平面内刚度无限大，平面外刚度为零。在特殊构件里定义不同类型的弹性楼板和不勾选刚性楼板假定的区别是后者会自动对有楼板的房间默认为刚性楼板。

由于【刚性楼板假定】和弹性膜没有考虑楼板的平面外刚度，所以才通过【梁刚度放大系数】来提高梁平面外弯曲刚度，以弥补平面外刚度的不足，同样，也可通过【梁扭矩折减系数】来适当折减梁的设计扭矩。而【弹性板6】与【弹性板3】都是真实地考虑了楼板的平面外刚度，所以是不需要调整两个系数的，都取1就可以了。

在工程应用中，需要了解工程结构的特点，采用相应的假定。

（15）特殊节点：可指定节点的附加质量。附加质量指的是不包括在恒荷载、活荷载中，但规范中规定的地震作用计算应考虑的质量，比如吊车桥架重量等。

（16）刚性板号：这项菜单的功能是以填充的方式显示各块刚性楼板，以便于检查在弹性楼板定义中是否有遗漏。

（17）抗震等级：在该项菜单内修改个别构件的抗震等级。

（18）材料强度：在该项菜单内修改个别构件的材料强度等级。如连梁混凝土强度等级与剪力墙相同时需在此处指定。

（19）多塔定义

这是一项补充输入菜单，通过这项菜单，可补充定义结构的多塔信息。对于一个非多塔结构，可跳过此项菜单，直接执行"生成SATWE数据文件"菜单，程序隐含规定该工程为非多塔结构。对于多塔结构，一旦执行过本项菜单，补充输入和多塔信息将被存放在硬盘当前目录名为SAT_TOW.PM和SAT_TOW_PARA.PM两个文件中，以后再启动SATWE的前处理文件时，程序会自动读入以前定义的多塔信息。若想取消已经对一个工程作出的补充定义，可简单地将SAT_TOW.PM和SAT_TOW_PARA.PM两个文件删掉。

多塔定义信息与PMCAD的模型数据密切相关，若某层平面布置发生改变，则应相应修改或复核该层的多塔信息，其他标准层的多塔信息不变。若结构的标准层数发生变化，则多塔定义信息不被保留。

（20）遮挡定义

通过这项菜单，可指定设缝多塔结构的背风面，从而在风荷载计算中自动考虑背风面的影响。遮挡定义方式与多塔定义方式基本相同，需要首先指定起始和终止层号以及遮挡面总数，然后用闭合折线围区的方法依次指定各遮挡面的范围，每个塔可以同时有几个遮挡面，但是一个节点只能属于一个遮挡面。

定义遮挡面时不需要分方向指定，只需要将该塔所有的遮挡边界以围区方式指定即可，也可以两个塔同时指定遮挡边界，但要注意围区要完整包括两个塔在这个部位的遮挡边界。

（21）层塔属性

通过这项菜单可显示多塔结构各塔的关联简图，如图 3.2-22 所示。还可显示或修改各塔的有关参数，包括各层各塔的层高、梁、柱、墙和楼板的混凝土强度等级、钢构件的钢号和梁柱保护层厚度等。用户均可在程序缺省值基础上修改，也可点击属性删除，程序将删除用户自定义的数据，恢复缺省值。

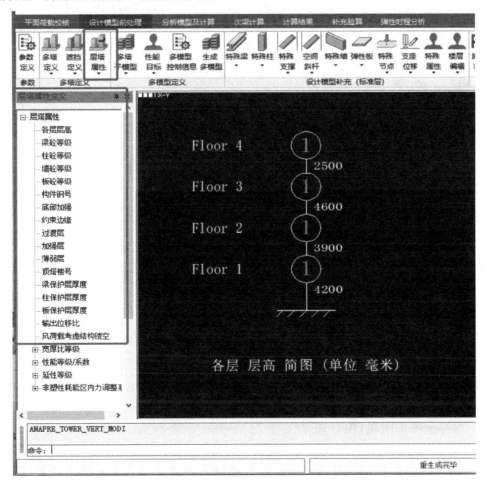

图 3.2-22　层塔属性图

各项参数的缺省值如下：

① 底部加强区，程序自动判断的底部加强区范围；

② 约束边缘构件层：底部加强区及上一层；加强层及相邻层。

3.3.11　分步计算

随着荷载类型与工况的增加，执行设计部分的耗时逐渐增长，可能达到与整体分析部分相近的程度。在方案设计或初步设计阶段，常不需要执行构件设计部分。在构件设计阶段，也可能不需要利用上次整体分析的结果，调整某些参数后重新进行构件设计。因此分析、设计可分步执行，可以为节约时间提高效率。分为：【整体指标（无构件内力）】【内力计算（整体指标＋构件内力）】和【只配筋】三步，如图 3.3-23 所示。

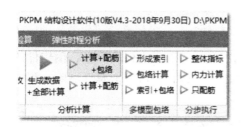

图 3.3-23　分步计算方案

注意：当未执行【生成数据＋全部计算】时，【分步执行】菜单不可用。执行【整体指标】的前提为已生成数据，执行【内力计算】的前提为已生成数据，执行【只配筋】的前提为已生成数据并执行过【内力计算】。【分步执行】计算完成后，可以到后处理中查看计算结果。不同的分步，可以查看的结果也不完全相同。如只进行【整体指标】计算，程序会计算质量、周期、刚度、位移指标、结构体系指标等。不计算构件内力、不配筋。后处理中可以查看结构振型图、位移图、楼层指标及对应文本、结果查看。

3.4　分析和设计结果查看

单击【生成数据＋全部计算】；若有次梁，单击【次梁计算】，若无，则进行【计算结果】查看。

3.4.1　构件信息

为了方便设计人员查看结果，【构件信息】功能不再区分梁、柱、支撑、墙柱和墙梁等构件类型。单击【构件信息】按钮会出现捕捉靶，通过捕捉靶点取任一构件即可以文本方式查询该构件的几何信息、材料信息、标准内力、设计内力、配筋以及有关的验算结果，如图 3.4-1 所示。

3.4.2　保存 T 图和 DWG 图

1）保存当前状态 T 图

单击左上角【保存 T 图】按钮，可以将屏幕当前显示的图形存为后缀为 .T 的图形文件，如图 3.4-2 所示。

2）保存全楼 T 图和 DWG 图

为了方便设计人员查看 T 图和 DWG 图，后处理显示在部分主菜单（如编号简图、轴压比、配筋、边缘构件、梁内力包络和梁配筋包络）中添加了【保存 T 图】和【保存 DWG 图】功能，用以生成全楼的 T 图和 DWG 图。

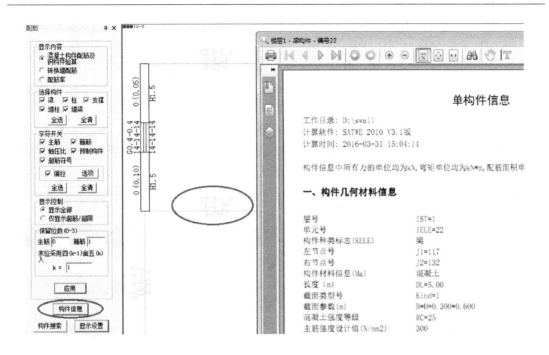

图 3.4-1　配筋及验算结果

图 3.4-2　保存 T 图

单击【保存 T 图】或【保存 DWG 图】按钮会弹出【存图设置】对话框，可以根据需要生成全楼或指定楼层的 T 图或 DWG 图，如图 3.4-3 所示。

在【存图设置】对话框中可以进行以下操作：（1）文件名修改。程序默认提供两种文件名供选择：如 WPJ＊.T（.DWG）和第＊层混凝土构件配筋及钢构件应力比简图.T(.DWG)，也可以自定义文件名，但需要保留符号【＊】（符号【＊】代表自然层号）。（2）路径修改。程序默认将生成的 T 图（DWG 图）保存在工程目录 \ 批量存 T 图（批量存 DWG 图）\SATWE（PMSAP）文件夹中，也可以通过按钮自定义存图路径。（3）选择楼层。当选择【全楼】选项时，程序将生成所有楼层的 T 图（DWG 图）；当选择【当前层】选项时，程序仅生成当前楼层的 T 图（DWG 图）；当选择【多层】选项时，可以选择指定楼层进行操作，单击【选择】按钮，会弹出【选择楼层】对话框，选择指定楼层即可生成对应的 T 图（DWG 图），如图 3.4-4 所示。

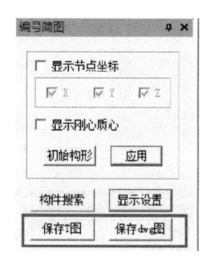

图 3.4-3　保存全楼 T 图和 DWG 图

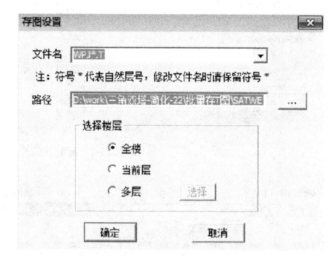

图 3.4-4　存图设置

3.5　配筋

通过此项菜单可以查看构件的配筋验算结果。该菜单主要包括混凝土构件配筋及钢构件验算、剪力墙面外及转换墙配筋等选项。为了满足设计人员的需求，改进版本后处理显示【配筋】主菜单中增加了配筋率的显示、字符开关、进位显示、超限设置、指定条件显示等功能。

【超限设置】按钮中会将所有超限类别列出，如果构件符合列表中勾选的超限条件，在配筋图中将会以红色显示。同样，如果并不想让某些超限类别在配筋图中有所体现，也可以在超限设置的列表中对此类超限取消勾选，如图 3.5-1 所示。

构件在配筋图的超限显示形式在图中进行了明确的标识。有些超限在配筋图中有明确的对应项，如主筋超筋、轴压比超限、应力比超限等，则只将此对应项显红；大部分的超限内容在配筋图中是没有对应项的，这时增加字符串并显红标识，所有超限字符串的含义会在图中下方位置有明确的说明，超限的详细信息也可在构件信息中查询，如图 3.5-2 所示。

图 3.5-1　配筋设置

图 3.5-2　超限设置

【指定条件显示】可对混凝土梁、柱、墙设定显示条件，符合条件的构件在配筋图、配筋率图中显示，不符合条件的不显示，如图 3.5-3 所示。

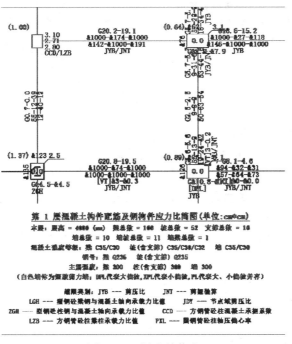

图 3.5-3　梁配筋信息

对于梁、墙梁，可指定支座主筋配筋率、跨中支座配筋率、加密区箍筋配筋率的范围；对于柱、支撑，可指定主筋配筋率、加密区箍筋配筋率的范围；对于墙柱，可指定主筋配筋率、水平分布筋配筋率的范围。如果一类构件同时控制主筋配筋率和箍筋配筋率的范围，则两个条件同时满足时才会显示。此外，针对墙柱还专门增加了【主筋为计算值】【水平分布筋为计算值】的选项，以此来过滤掉配筋为构造值的构件。

配筋图名处增加了文字标注，包括层高、构件数量、混凝土强度等级、钢号和土筋强度等信息。注：若构件材料数多于3种，将仅显示数量较多的前3种，其余用省略号表示。如：某层梁的混凝土强度等级包括C20（20根）、C30（10根）、C40（30根）、C50（5根），那么该层梁的混凝土强度等级表示为C40/C20/C30。

1. 混凝土构件配筋及钢构件验算

当选中【混凝土构件配筋及钢构件验算】时，可以查看梁、柱、支撑、墙柱、墙梁和桁杆的、配筋结果，如图3.5-4所示。注意：①若钢筋面积前面有一符号【&】，意指超筋；画配筋简图时，超筋超限均以红色提示；②【SATWE核心的集成设计】不存在【桁杆】选项。

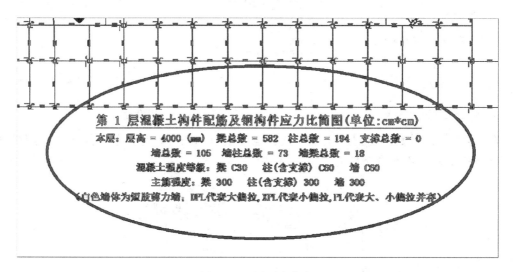

第1层混凝土构件配筋及钢构件应力比简图(单位：cm*cm)
本层：层高 = 4000 (mm)　梁总数 = 582　柱总数 = 194　支撑总数 = 0
墙总数 = 105　墙柱总数 = 73　墙梁总数 = 18
混凝土强度等级：梁 C30　柱(含支撑) C60　墙 C60
主筋强度：梁 300　柱(含支撑) 300　墙 300
(白色墙体为短肢剪力墙；DPL代表大偏拉，XPL代表小偏拉，PL代表大、小偏拉并存)

图3.5-4　梁图名信息

（1）混凝土梁的配筋标注

A_{su1}、A_{su2}、A_{su3}：梁上部左端、跨中、右端截面配筋面积（cm^2）。

A_{sd1}、A_{sd2}、A_{sd3}：梁下部左端、跨中、右端截面配筋面积（cm^2）。

GA_{sv}：梁加密区箍筋间距范围内的抗剪箍筋面积和剪扭箍筋面积的较大值。

GA_{sv0}：梁非加密区箍筋间距范围内的抗剪箍筋面积和剪扭箍筋面积的较大值。

VTA_{st}、A_{stl}：梁受扭纵筋面积和抗扭箍筋沿周边布置的单肢箍面积；如果其值都为0，则不用输入。

G、VT：箍筋和剪扭配筋标志。

（2）混凝土柱的配筋标注

A_{sc}：框架柱一根角筋的面积，采用双偏压计算时，角筋面积不应小于此值，采用单偏压计算时，角筋面积可不受此值影响（cm^2）。

A_{sx}、A_{sy}：框架柱 B 和 H 单边的配筋面积，包含角筋面积（cm^2）。

A_{svj}、GA_{sV}、A_{sv0}：柱节点域抗剪箍筋面积、加密区、非加密区斜截面抗剪箍筋面积，箍筋间距均在 S_c 范围内，其中 A_{svj} 取计算的 A_{svjx} 和 A_{svjy} 的较大值，A_{sv} 取计算 A_{svx} 和 A_{svy} 中的较大值，A_{sv0} 取 A_{svx0} 和 A_{svy0} 的较大值，如图 3.5-5 所示。

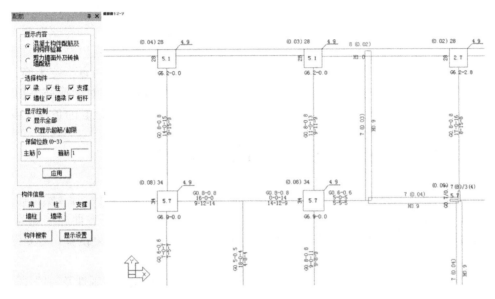

图 3.5-5　柱配筋信息

2. 优化配筋简图指定条件显示功能

SATWE 对后处理显示【配筋】主菜单中的指定条件显示功能进行优化。选择【指定条件显示】后，弹出对话框的位置也进行了优化，尽量做到不遮挡图形显示界面，如图 3.5-6 所示。

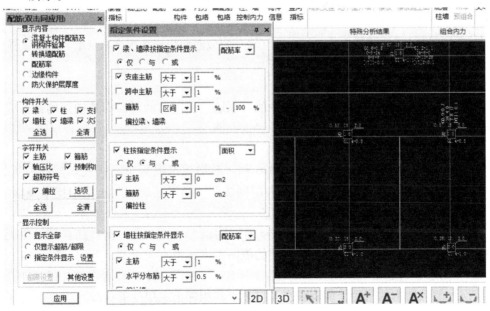

图 3.5-6　柱配筋简图

【指定条件显示】对功能进行了重新设计，可对混凝土梁、柱、墙设定显示条件，符合条件的构件配筋率图中显示，不符合条件的不显示。显示条件在【配筋率】的基础上增加【配筋面积】条件，设计人员可以自行选择显示控制条件。对于梁、墙梁，可以指定支座主筋、跨中支座、加密区箍筋的配筋率或面积，并可对三者的逻辑关系进行指定条件组合。对于配筋率和面积，设计人员可以根据需要选择大于、小于、区间三种操作，增加【偏拉梁】【墙梁】的条件选项；对于柱、支撑，可指定主筋、箍筋的配筋率或面积，并可对二者的逻辑关系进行指定条件组合，对于配筋率和面积，设计人员可以根据需要选择大于、小于、区间三种操作，增加【偏拉柱】的条件选项；对于墙柱，可以指定主筋、水平分布筋的配筋率或面积，并可对二者的逻辑关系进行指定条件组合，对于配筋率和面积，设计人员可以根据需要选择大于、小于、区间三种操作，增加【偏拉墙】的条件选项。

3.6 结构整体性能控制与 SATWE 文本输出结果

采用 SATWE 软件进行结构分析，计算控制参数着重在于【柱轴压比】【刚度比】【剪重比】【刚重比】【位移比】【周期比】【有效质量系数】【超配筋】等方面满足规范要求，来确保结构的安全。若初步验算有某些指标不满足规范要求，则需反复试算，直至结果满足要求，同时要兼顾经济性要求。

为了保证建筑结构的整体性能，在抗震设计时，首先要对结构的规则性及整体性能进行评价和判断，对于不规则结构或整体结构性能不好的结构，要依据规范条文进行相应的调整。

3.6.1 柱轴压比

柱轴压比指柱（墙）的轴压力设计值与柱（墙）的全截面面积和混凝土轴心抗压强度设计值乘积之比，反映柱（墙）的受压情况。此参数主要为控制结构的延性，轴压比不满足要求，结构的延性要求无法保证。轴压比过小，说明结构的经济技术指标较差。宜适当减少相应柱（墙）的截面面积。

轴压比不满足时的调整方法：增大柱（墙）的截面面积或者提高柱（墙）混凝土强度。

3.6.2 刚度比分析

刚度比的计算主要是用来确定结构中的薄弱层，控制结构竖向布置的规则性，或用于判断地下室的刚度是否满足嵌固要求。

1. 规范相关条文规定

《建筑抗震设计规范》GB 50011—2010 和《高层建筑混凝土结构技术规程》JGJ 3—2010 及相应的条文说明，对于形成的薄弱层则按照《高层建筑混凝土结构技术规程》JGJ 3—2010 相关条文予以加强。

（1）《建筑抗震设计规范》GB 50011—2010 附录 E.2.1 规定，简体结构转换层上下的结构质量中心宜接近重合，转换层上下层的侧向刚度比不宜大于 2。

（2）《高层建筑混凝土结构技术规程》JGJ 3—2010 第 3.5.3 条规定，A 级高度高层建筑的楼层抗侧力结构的层间受剪承载力不宜小于其相邻上一层受剪承载力的 80％，不应小于其相邻上一层受剪承载力的 65％；B 级高度高层建筑的楼层抗侧力结构的层间承载力不应小于其相邻上一层的 75%。

（3）《高层建筑混凝土结构技术规程》JGJ 3—2010 第 5.3.7 条规定，高层建筑结构计算中，当地下室的顶板作为上部结构嵌固部位时，地下一层与首层侧向刚度比不宜小于 2。

（4）《高层建筑混凝土结构技术规程》JGJ 3—2010 第 10.2.3 条规定，转换层上部结构与下部结构的侧向刚度变化应符合本规程附录 E 的规定。

（5）《高层建筑混凝土结构技术规程》JGJ 3—2010E.0.1 规定，当转换层设置在 1、2 层时，可近似采用转换层与其相邻上层结构的等效剪切刚度比表示转换层上下层结构刚度的变化，等效剪切刚度比宜接近 1，非抗震设计时等效剪切刚度比不应小于 0.4，抗震设计时等效剪切刚度比不应小于 0.5。

（6）《高层建筑混凝土结构技术规程》JGJ 3—2010 附录 E.0.2 规定，当转换层设置在第 2 层以上时，按本规程计算的转换层与其相邻上层的侧向刚度比不应小于 0.6。

2. 层刚度比的控制方法

规范要求结构各层之间的刚度比，并根据刚度比对地震力进行放大，所以刚度比的合理计算很重要，规范对结构的层刚度有明确的要求，在判断楼层是否为薄弱层、地下室是否能作为嵌固端、转换层刚度是否满足要求时，都要求有层刚度作为依据，所以层刚度计算时的准确性比较重要，程序提供了三种计算方法：

（1）楼层剪切刚度。只要计算地震作用，一般选用此计算方法。

（2）单层加单位力的楼层剪弯刚度，不计算地震作用，对于多层结构可以选择剪切层刚度算法，高层结构可以选择剪弯层刚度。

（3）楼层平均剪力与平均层间位移比值的层刚度：不计算地震作用，对于有斜支撑的钢结构可以选择剪弯层刚度算法。

算法的选择是程序依据相关规范条文指定完成，设计人员可根据需要调整。

3. 不满足时的调整方法。

（1）程序调整：程序自动在 SATWE 中将不满足要求楼层定义为薄弱层，并按照《高层建筑混凝土结构技术规程》JGJ 3—2010 第 3.5.8 条将该楼层地震剪力放大 1.25 倍。

（2）人工调整：可适当加强本层墙柱、梁的刚度，适当削弱上部相关楼层墙柱、梁的刚度，在 WAMASS.out 文件中输出层刚度比计算结果。

4. 层刚度比验算原则

层刚度比的概念用来体现结构整体的上下匀称度，但是对于一些复杂结构，如坡屋顶层、体育馆、看台、工业建筑等，此类结构或者柱、墙不在同一标高，或者本层根本没有楼板，所以在设计时可以不考虑此类结构所计算的层刚度特性。

对于错层结构或者带有夹层的结构，层刚度比有时得不到合理地计算，这是因为层的概念被广义化了，此时，需要采用模型简化才能计算出层刚度比。

按整体模型计算大底盘多塔结构时，大底盘顶层与上面一层塔楼的刚度比、楼层抗剪承载力比通常都会比较大，对结构设计没有实际指导意义，但程序仍会输出计算结果，设计人员可根据工程实际情况区别对待。

3.6.3　剪重比分析

剪重比为地震作用与重力荷载代表值的比值，主要为限制各楼层的最小水平地震剪力，确保长周期结构的安全。剪重比不满足规范要求，说明结构的刚度相对于水平地震剪力过小，但剪重比过大，则说明结构的经济技术指标较差。

1. 规范要求

《建筑抗震设计规范》GB 50011—2010 第 5.2.5 条规定，抗震验算时，结构任一楼层的水平地震剪力应符合要求，不应小于规定的楼层最小地震剪力系数值。对竖向不规则结构的薄弱层，尚应乘以 1.15 的增大系数。规范规定剪重比计算，主要是因为在长周期作用下，地震影响系数下降较快，对于基本周期大于 3.5s 的结构，由此计算出来的水平地震作用下的结构效应有可能太小，而对于长周期结构，地震动态作用下的地面运动速度可能对结构有更大的破坏作用，而振型分解反应谱法尚无法对此作出较准确的计算，出于安全考虑，该值如不满足要求，说明结构可能出现比较明显的薄弱部位。

2. 不满足时调整方法

（1）在【SATWE 分析设计】|【参数定义】的【调整信息】中勾选【按抗震规范 5.2.5 调整各楼层地震内力】，SATWE 按抗震规范 5.2.5 自动将楼层最小地震剪力系数直接乘以该层及以上重力荷载代表值之和，用以调整该楼层地震剪力，以满足剪重比要求。

（2）在【SATWE 分析设计】|【参数定义】的【调整信息】中【全楼地震作用放大系数】中输入大于 1 的系数，增大地震作用，以满足剪重比要求。

（3）在【SATWE 分析设计】|【参数定义】的【地震信息】中【周期折减系数】中适当减小系数，增大地震作用，以满足剪重比要求。

（4）当剪重比偏小且与规范限值相差较大时，宜调整增强竖向构件，加强墙、柱等竖向构件的刚度。

3.6.4 刚重比分析

刚重比是指结构的侧向刚度和重力荷载设计值之比，是影响重力二阶效应的主要参数。

1. 规范

《高层建筑混凝土结构技术规程》JGJ 3—2010 第 5.4.1 条和第 5.4.2 条及相应的条文说明，上限主要要求用于确定重力荷载在水平作用位移效应引起的二阶效应是否可以忽略不计。刚重比不满足规范上限要求，说明重力二阶效应的影响较大，应该予以考虑。规范下限主要是控制重力荷载在水平作用位移效应引起的二阶效应不至于过大，避免结构的失稳倒塌。刚重比不满足规范下限要求，说明结构的刚度相对于重力荷载过小。但刚重比过大，则说明结构的经济技术指标较差，宜适当减少墙、柱等竖向构件的截面面积。

2. 调整方法

（1）刚重比不满足规范上限要求，在【SATWE 分析设计】|【参数定义】的【设计信息】中勾选"直接几何刚度法"，程序自动计入重力二阶效应的影响。

（2）刚重比不满足规范下限要求，只能通过调整增强竖向构件，加强墙、柱等竖向构件的刚度。

（3）规范给定的刚重比的上限值是 2.7，当小于这个值时需要考虑重力二阶效应，大于此值无需考虑。

3.6.5　位移角与位移比分析

1. 规范

《高层建筑混凝土结构技术规程》JGJ 3—2010 第 3.4.5 条规定，结构平面布置应减少扭转的影响。在考虑偶然偏心影响的规定水平地震力作用下，楼层竖向构件最大的水平位移和层间位移，A 级高度高层建筑不宜大于该楼层平均值的 1.2 倍，不应大于该楼层平均值的 1.5 倍；B 级高度高层建筑、超过 A 级高度的混合结构及本规程第 10 章所指的复杂高层建筑不宜大于该楼层平均值的 1.2 倍，不应大于该楼层平均值的 1.4 倍。

2. 控制位移比的计算模型

按照规范要求的定义，位移比表示为"最大位移/平均位移"，而平均位移表示为"（最大位移＋最小位移）/2"。其中关键是最小位移，当楼层中产生 0 位移节点，则最小位移一定为 0。从而造成平均位移为最大位移的一半，位移比为 2，则失去位移比这个结构特征参数的意义，所以计算位移比时，如果楼层中产生弹性节点，应选择【全楼强制采用刚性楼板假定】。

3. 调整

SATWE 程序本身无法自动实现，只能通过调整改变结构平面布置，减小结构刚心与质心的偏心距。

3.6.6　周期比分析

周期比侧重控制的是侧向刚度与扭转刚度之间的一种相对关系，目的是使抗侧力构件的平面布置更有效更合理，使结构不至于出现相对于侧移的过大扭转效应。周期比旨在要求结构承载布局的合理性。

1. 规范

《高层建筑混凝土结构技术规程》JGJ 3—2010 第 3.4.5 条规定，结构扭转为主的第一周期与平动为主的第一周期之比，A 级高度高层建筑不应大于 0.9，B 级高度高层建筑、混合结构高层建筑及复杂高层建筑不应大于 0.85。

对于规则单塔楼结构，验算周期比如下：

（1）根据各振型的平动系数大于 0.5，还是扭转系数大于 0.5，区分出各振型是扭转振型还是平动振型。

（2）通常周期最长的扭转振型对应的就是第一扭转周期，周期最长的平动振型对应的就是第一平动周期。

（3）对照结构整体空间振动简图，考察第一扭转平动周期是否引起整体振动，如果仅是局部振动，则不是第一扭转平动周期，再考察下一个次长周期。

（4）考察第一平动周期的基底剪力比是否为最大。

（5）根据输出结果计算，看是否超过 0.9（0.85）。

2. 调整

一般只能通过调整平面布置来改善这一状况，这种改变一般是整体性的，局部的小调整往往收效甚微。周期比不满足要求，说明结构的扭转刚度相对于侧移刚度较小，总的调整原则是加强结构外圈刚度。

3.6.7　有效质量系数分析

如果计算时只取几个振型，那这几个振型的有效质量之和与总质量之比即为有效质量系数，用于判断振型数足够与否。

某些结构，需要较多振型才能准确计算地震作用，这时尤其要注意有效质量系数是否超过了90%。例如平面复杂、楼面的刚度不是无穷大、振型整体较差、局部振动明显的结构，这种情况往往需要很多振型才能使有效质量系数满足要求。

当此系数大于90%时，表示振型数、地震作用满足规范要求。

当有效质量系数小于90%时，应增加振型组合数以满足大于90%的要求，振型组合数应不大于结构自由度数（结构层数的3倍）。

3.6.8　超配筋信息

如果出现超配筋现象，首先结合【图形文件输出】中的【混凝土构件配筋及钢构件验算简图】的图形信息，找出超筋部位，分析超筋原因，然后一般按以下三种方式调整结构：

（1）加大截面，增大截面刚度，一般在建筑要求严格处，如过廊等，加大梁宽；建筑要求不严格处，如卫生间处，加大梁高或提高混凝土强度等级。

（2）点铰，以梁端开裂为代价，不宜多用，点铰对输入的弯矩进行调幅到跨中，并释放扭矩，强行点铰不符合实际情况，不安全；或者改变截面大小，让节点有接近铰的趋势，并且相邻周边的竖向构件加强配筋。

（3）力流与刚度，通过调整构件刚度来改变输入力流的方向，使力流避开超筋处的构件，加大部分力流引到其他构件，但在高烈度区，会导致其他地方的梁超筋。

第 4 章 JCCAD 基础设计

4.1 JCCAD 简介

4.1.1 JCCAD 功能及特点

基础设计软件 JCCAD 是 PKPM 系统中功能最为纷繁复杂的模块。利用它可自动或交互完成工程实践中常用几类基础设计，包括：独立基础、条形基础、筏板基础、桩基和上述多种类型基础组合起来的大型混合基础的设计，以及完成各种类型基础的施工图绘制，包括基础平面图、详图及剖面图。

4.1.2 JCCAD 主菜单及操作流程

鼠标双击桌面 PKPM 快捷图标，启动 PKPM 主界面，如图 4.1-1 所示。在界面上部的各专业板块中选择【结构】板块，单击界面左侧【SATWE 核心的集成设计】模块，在界面右上角的专业模块列表中选择【基础设计 V4】子模块。如果是新建工程项目，单击【改变目录】或单击主界面中部的一空白灰色方块，弹出【选择工作目录】对话框，指定工程路径，单击【确认】，然后在弹出的【请输入】对话框中输入工程名，即可进入 JC-CAD 主界面，如图 4.1-2 所示。如果是旧工程项目，单击当前工作目录预览图，再单击【应用】，进入 JCCAD 主界面。也可双击工作目录预览图，同样可以进入 JCCAD 主界面。

图 4.1-1 PKPM 主界面

【实例 4-1】

在第三章 SATWE 结构计算完成后，单击【基础设计 V4】，进入 JCCAD 基础设计主界面，如图 4.1-2 所示。

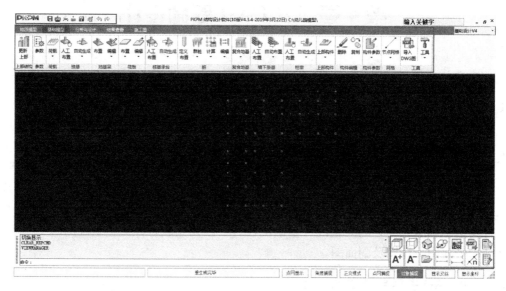

图 4.1-2　JCCAD 主界面

JCCAD 主界面左上角为图标菜单，提供基础模型数据相关命令，包括保存、存为 T 图并转 DWG、打印、恢复模型等。

JCCAD 主界面上方主菜单包括地质模型、基础模型、分析与设计、结果查看、施工图的操作命令。

JCCAD 主界面右下角为常用的快捷命令，包括平面图显示、三维线框模式、三维着色模式、三维旋转模式、导出 T 图、导出 DWG 文件、绘图选项、改字大小、点点距离、点线距离、线线间距、快捷键设置。

利用 JCCAD 软件完成各类基础设计的操作流程如下：

首先，进入 JCCAD 的【基础模型】菜单前，必须完成运行：结构的【建筑建模与荷载输入】、或砌体结构的【砌体结构建模与荷载输入】、或者钢结构的【三维模型与荷载输入】项目。如果要接力上部结构分析程序（如：SATWE、PMSAP、PK 等）的计算结果，还应该运行完成相应程序的内力计算。

然后，在 JCCAD 的【基础模型】菜单中，可以根据荷载和相应参数自动生成柱下独立基础、墙下条形基础及桩承台基础，也可以交互输入筏板、基础梁、桩基础的信息。柱下独基、桩承台、砖混墙下条形基础（以下可简称条基）等基础在本菜单中即可完成全部的建模、计算、设计工作；弹性地基梁、桩基础、筏板基础在此菜单中完成模型布置，再用后续计算模块进行基础设计。

在【分析与设计】菜单中，可以完成弹性地基梁基础、肋梁平板基础等基础的设计及独立基础（以下可简称独基）、弹性地基梁板等基础的内力配筋计算，可以完成桩承台的设计及桩承台和独基的沉降计算，可以完成各类有桩基础、平板基础、梁板基础、地基梁基础的有限元分析及设计。

在【结果查看】菜单中查看各类分析结果、设计结果，并且可以输出详细计算书及工程量统计结果。

最后在【施工图】中，可以完成以上各类基础的施工图。

4.2　基础模型

基础模型是进行基础设计必需的步骤，通过读入上部结构布置与荷载，自动设计生成或人机交互定义、布置基础模型数据，是后续基础设计、计算、施工图辅助设计的基础。单击【基础模型】，菜单如图 4.2-1 所示。

图 4.2-1　基础模型菜单

1. 主要功能

【基础模型】菜单可以根据上部结构、荷载以及相关地质资料数据，完成以下计算与设计。

（1）人机交互布置各类基础。包括柱下独立基础、墙下条形基础、桩承台基础、钢筋混凝土弹性地基梁基础、筏板基础、梁板基础以及桩筏基础等。

（2）柱下独立基础、墙下条形基础和桩承台的设计是根据给定的设计参数和上部结构计算传下来的荷载，自动计算，给出截面尺寸、配筋等。在人工干预修改后程序可进行基础验算、碰撞检查，并根据需要自动生成双柱和多柱基础。

（3）桩长计算。

（4）钢筋混凝土地基梁、筏板基础、桩筏基础是由指定截面尺寸并布置在基础平面上。这类基础的配筋计算和其他验算尚需由 JCCAD 的其他菜单完成。

（5）对平板式基础进行柱对筏板的冲切计算，上部结构内筒对筏板的冲切、剪切计算。

（6）柱对独基、桩承台、基础梁和桩对承台的局部承压计算。

（7）可由人工定义和布置拉梁和圈梁，基础的柱插筋、填充墙、平板基础上的柱墩等，以便最后汇总生成画基础施工图所需的全部数据。

2. 运行条件

【基础模型】菜单运行的必要条件如下：

（1）已完成上部结构的模型和荷载数据的输入。程序可以接以下建模程序生成的模型数据和荷载数据：PMCAD、砌体结构、钢结构 STS 和复杂空间结构建模及分析。

（2）如果要读取上部结构分析传来的荷载，还应该运行相应的内力计算程序，包括SATWE、PMSAP、PK、STS、砌体结构等程序。

（3）如果要自动生成基础插筋数据，还应运行画柱施工图程序。

本章节采用第 3 章 SATWE 计算结果，根据工程特点，本工程层数较少且地质情况较好，选用柱下独立基础。

4.2.1　更新上部

当已经存在基础模型数据，上部模型构件或荷载信息发生变更，需要重新读取时，可执行该菜单。程序会在更新上部模型信息（包括构件、网格节点、荷载等）的同时，并保留已有的基础模型信息。

注意：基础布置的时候，一些构件或者荷载信息是依托网格节点布置的，如附加点荷载布置在节点上，附加线荷载布置在网格线上，地基梁布置在网格线上，如果上部模型修改或者删除了这些节点或者网格，执行【更新上部】后 JCCAD 中布置在这些网格节点上的荷载或者基础构件会丢失。另外，通过 JCCAD 中【节点网格】菜单中布置的节点网格，执行【更新上部】后将会被删除。

4.2.2　参数

本菜单用于设置各类基础的设计参数，以适合当前工程的基础设计。可根据当前工程基础类型，修改相应的参数。一般来说，新输入的工程都要先执行【参数】菜单，并按工程的实际情况调整参数的取值。如不运行该菜单，程序自动取其默认值。

【实例 4-2】

单击【参数】，屏幕弹出分析和设计参数补充定义对话框，如图 4.2-2 所示。本工程实例的各页参数设置可参照以下各参数设置对话框。

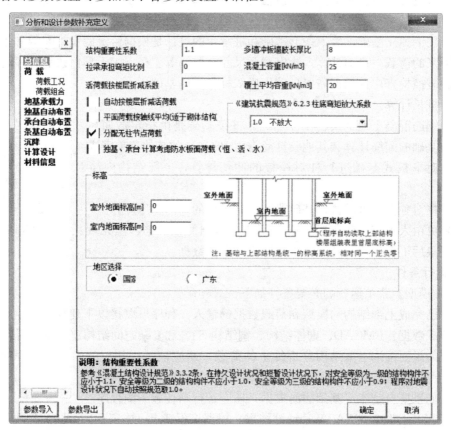

图 4.2-2　分析和设计参数补充定义对话框

在后续的【计算分析】菜单里也有参数设置菜单，该菜单不包含荷载、独基、条基、承台参数设置项，其他功能与【基础模型】里菜单设置项的功能完全一致，且两个菜单内容是联动的，即同一个参数无论在【基础模型】里设置还是在【计算分析】设置，效果一致。

1. 总信息

本菜单用于输入基础设计时一些全局性参数。各个参数含义及其用途如下：

（1）结构重要性系数

对所有混凝土基础构件有效，应按《混凝土结构设计规范》GB 50010—2010 第 3.3.2 条采用，最终影响所有混凝土构件的承载力设计结果。该值不应小于 1.0，其初始值为 1.0。

（2）多墙冲板墙肢长厚比

该参数决定"多墙冲板"时，每个墙肢的长厚比例，默认值为 8，即短肢剪力墙的尺寸要求。如果多墙的任何一个墙肢的长厚尺寸不满足该比例要求，则程序不执行多墙冲切验算命令。

（3）拉梁承担弯矩比例

指由拉梁来承受独立基础或桩承台沿梁方向上的弯矩，以减小独基底面积。基础承担的弯矩按照"1.0-拉梁承担比例"进行折减，如填 0 时拉梁不承担弯矩，填 0.5 时拉梁承担 50%，填 1.0 时拉梁承担 100% 弯矩。初始值为 0，出于保守考虑，基础设计偏于安全。通常取 10% 左右，视拉梁刚度、地基土、基础沉降等情况确定。该参数只对与拉梁相连的独基、承台有效，拉梁布置在【基础模型/上部构件】菜单里完成。

（4）《建筑抗震设计规范》GB 50011—2010 第 6.2.3 条柱底弯矩放大系数

该参数的设置主要参考《建筑抗震设计规范》GB 50011—2010 第 6.2.3 条"一、二、三、四级框架结构的底层，柱下端截面组合的弯矩设计值，应分别乘以增大系数 1.7、1.5、1.3 和 1.2。底层柱纵向钢筋应按上下端的不利情况配置"，对地震组合下结构柱底的弯矩进行放大。

注意：在 JCCAD 里，程序不区分结构是否为框架结构，只要设置了该参数放大系数项，程序会对所有柱子地震组合下的弯矩进行放大。

（5）活荷载按楼层折减系数

该参数主要是针对《建筑结构荷载规范》GB 50009—2012 第 5.1.2 条，对传给基础的活荷载按楼层折减。

注意：该参数是对全楼传基础的活荷载按相同系数统一折减。

（6）自动按楼层折减活荷载

该参数与【活荷载按楼层折减系数】作用一致，不同的是，勾选该参数，程序会自动判断每个柱、墙上面上部楼层数，然后自动按《建筑结构荷载规范》GB 50009—2012 表 5.1.2 的内容折减活荷载，所以，对于上部结构楼层数相差较大的建筑，勾选该项应该更为精确。这时查询活荷载的标准值时会发现活荷载的数值已经发生变化。

注意：SATWE 计算程序里的【传给基础活荷载】折减设置项对 JCCAD 不起作用，用 JCCAD 进行基础设计，活荷载折减设置需要在 JCCAD 完成。

（7）分配无柱节点荷载

勾选该项后，程序可将墙间节点荷载或被设置成【无基础柱】的柱子的荷载分配到节点周围的墙上，从而使墙下基础不会产生丢荷载情况。分配荷载的原则为按周围墙的长度加权分配，长墙分配的荷载多，短墙分配的荷载少。其中【无基础柱】在【基础模型/墙下条基/自动布置/无基础柱】菜单里指定。该功能主要适用于砌体结构中的构造柱不想单独布置基础，同时又保证构造柱荷载不丢失。

（8）平面荷载按轴线平均

勾选该项后，程序会将 PM 荷载中同一轴线上的线荷载做平均处理。砌体结构同一轴线上多段线荷载大小不一致，导致生成的条基宽度大小不一致，勾选该项后，同一轴线荷载平均，那么生成的条基宽度一致。

（9）混凝土容重

计算基础自重时的混凝土容重。

（10）覆土平均容重

该参数与【室内地面标高】参数相关联，用于计算独基、条基、弹性地基梁、桩承台基础顶面以上的覆土重，如果基础顶面上有多层土，则输入平均容重。

（11）室外地面标高

用于计算筏板基础承载力特征值深度修正用的基础埋置深度（d＝室外地面标高－筏板底标高）。

（12）室内地面标高

用于计算独基、条基、弹性地基梁、桩承台基础覆土荷载。该参数对筏板基础的板上覆土荷载不起作用，筏板覆土在【基础模型/筏板/布置/筏板荷载】菜单里定义。

2. 荷载工况

（1）荷载来源

该菜单用于选择本模块采用哪一种上部结构传递给基础的荷载来源，程序可读取平面荷载、SATWE、PMSAP、STWJ、PK/STS-PK3D 荷载。JCCAD 读取上部结构分析程序传来的与基础相连的柱、墙、支撑内力，作为基础设计的外荷载。

【平面荷载】：用于读取上部 PM 荷载。PM 荷载与 SATWE 荷载区别：两者导荷方式不一样，PM 荷载是荷载逐层传递，墙、柱等竖向构件仅作为传力构件；SATWE 荷载是空间分析的结果，墙、柱等竖向构件因刚度不同而影响荷载分配传递。砖混结构可选 PM 荷载，其他结构建议选 SATWE 荷载。

若要选用某上部结构设计程序生成的荷载工况，则单击左侧相应项。选取之后，在右侧的列表框中相应荷载项前显示"√"，表示荷载选中。JCCAD 读取相应程序生成的荷载工况的标准内力当作基础设计的荷载标准值，并自动按照相关规范的要求进行荷载组合。

对于每种荷载来源，程序可选择它包含的多种荷载工况的荷载标准值。

【实例 4-3】

本工程实例选用 SATWE 荷载，如图 4.2-3 所示。

注意：

① 对话框的右侧列表框中只显示运行过的上部结构设计程序的标准荷载。

② 如果本工程计算基础时不用计算某种荷载组合，则可在右侧列表框中将此种荷载作用标准值前面的"√"去掉。

【用平面荷载替换空间计算程序 SATWE 等的恒载】：读取空间分析结果荷载通常符合工程实际，但有时候一些局部的荷载导算还是想看看手工导荷的结果，同时又想兼顾空间分析的水平力及弯矩的影响，则可以勾选该项。

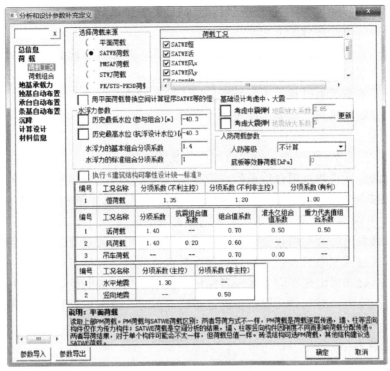

图 4.2-3　荷载工况设置对话框

（2）水浮力参数

【历史最低水位】：勾选该项，输入相应的低水位（常规水位）标高，除准永久组合外的其他所有荷载组合都将增加常规水荷载工况。

【历史最高水位】：勾选该项，输入相应的高水位（抗浮水位）标高，程序会增加两组抗浮组合（基本抗浮"1.0 恒＋1.4 抗浮水"与标准抗浮"1.0 恒＋1.0 抗浮水"）。

在参数里如果设置了常规水或者抗浮水，筏板上会自动计算并布置对应工况的水浮力荷载，在【筏板/布置/筏板荷载】菜单会自动增加常规水荷载工况或抗浮水工况，并可以查看或编辑水浮力荷载值。

【水浮力的基本组合分项系数】：勾选【历史最高水位】后，可以在此处修改基本抗浮"1.0 恒＋1.4 抗浮水"组合里水的分项系数。

【水浮力的标准组合分项系数】：勾选【历史最高水位】后，可以在此处修改标准抗浮"1.0 恒＋1.0 抗浮水"组合里水的分项系数。

（3）基础设计考虑中、大震

勾选【考虑中震弹性】或【考虑大震弹性】后，可修改对应的地震放大系数。

（4）人防荷载参数

【人防等级】：指定整个基础的人防等级后，程序会增加两组人防基本组合，【筏板荷载】菜单可以增加人防底板等效静荷载工况。

【底板等效静荷载】：交互修改筏板底人防等效静荷载，在参数里如果设置人防等级及人防底板等效静荷载，在【筏板/布置/筏板荷载】菜单会自动增加人防荷载工况，筏板上会自动布置人防底板等效静荷载，可编辑或查看该人防底板荷载。

对于有局部人防的工程，可以通过【筏板荷载】单独编辑某一区域或者某一块筏板的人防等级及底板等效静荷载的方法来实现。

人防底板等效静荷载作用方向通常向上，JCCAD 规定向上荷载为负值，所以尺寸底板等效静荷载一般输入负值。

人防顶板等效荷载通过接力上部结构柱墙人防荷载方式读取，读取后，如果填写了底板等效静荷载参数，则在荷载显示校核中可查看。

3. 荷载组合

单击【荷载组合】，程序按《建筑结构荷载规范》GB 50009—2012 相关规定默认生成各个荷载工况的分项系数及组合值系数，所有系数均可修改。具体取值参看《建筑结构荷载规范》GB 50009—2012 第 3.2.4 条、第 5.1.1 条、第 8.1.4 条和《建筑抗震设计规范》GB 50011—2010 第 5.1.3 条、第 5.4.1 条的有关规定。

荷载组合列表里的所有组合公式可以手工编辑，还可以通过【添加荷载组合】添加新的荷载，或者通过【删除荷载组合】对于程序默认的荷载组合进行删除。

天然地基基础如果出现零应力区或者锚杆、桩出现受拉的时候，可通过非线性迭代方式准确计算桩土反力，对有些工程初步确定基础方案时，或考虑计算效率问题，可以通过如图 4-10 调整非线性参数来指定某些荷载组合下不进行迭代计算。

4. 地基承载力

本项参数用于输入地基承载力的确定方式及相关系数。

1）地基承载力的计算方法

程序提供五种计算地基承载力的规范依据，如图 4.2-4 所示，分别介绍如下。

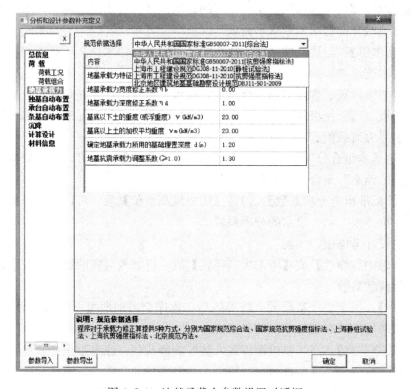

图 4.2-4　地基承载力参数设置对话框

（1）中华人民共和国国家标准 GB 50007—2011［综合法］

《建筑地基基础设计规范》GB 50007—2011 第 5.2.4 条规定：当基础宽度大于 3m 或埋置深度大于 0.5m 时，从载荷试验或其他原位测试、经验值等方法确定的地基承载力特征值，尚应按下式修正：

$$f_a = f_{ak} + \eta_b \gamma (b-3) + \eta_d \gamma_m (d-0.5)$$

式中：f_a——修正后的地基承载力特征值，kPa；

　　　f_{ak}——地基承载力特征值（kPa），按本规范第 5.2.3 条的原则确定；

　　η_b、η_d——基础宽度和埋深的地基承载力修正系数，按基底下土的类别查表 4.2-1 取值；

《建筑地基基础设计规范》表 5.2.4 承载力修正系数　　　　　表 4.2-1

土的类别		η_b	η_d
淤泥和淤泥质土		0	1.0
人工填土 e 或 I_L 大于等于 0.85 的黏性土		0	1.0
红黏土	含水比 $\alpha_w > 0.8$	0	1.2
	含水比 $\alpha_w \leqslant 0.8$	0.15	1.4
大面积压实填土	压实系数大于 0.95、黏粒含量 $\rho_c \geqslant 10\%$ 的粉土	0	1.5
	最大干密度大于 2100kg/m³ 的级配砂石	0	2.0
粉土	黏粒含量 $\rho_c \geqslant 10\%$ 的粉土	0.3	1.5
	黏粒含量 $\rho_c < 10\%$ 的粉土	0.5	2.0
e 及 I_L 均小于 0.85 的黏性土		0.3	1.6
粉砂、细砂（不包括很湿与饱和时的稍密状态）		2.0	3.0
中砂、粗砂、砾砂和碎石土		3.0	4.4

注：1. 强风化和全风化的岩石，可参照所风化成的相应土类取值，其他状态下的岩石不修正；
　　2. 地基承载力特征值按本规范附录 D 深层平板载荷试验确定时 a 取 0；
　　3. 含水比是指土的天然含水量与液限的比值；
　　4. 大面积压实填土是指填土范围大于两倍基础宽度的填土。

　　γ——基础底面以下土的重度（kN/m³），地下水位以下取浮重度；

　　b——基础底面宽度（m），当基宽小于 3m 按 3m 取值，大于 6m 按 6m 取值；

　　γ_m——基础底面以上土的加权平均重度（kN/m³），地下水位以下取浮重度；

　　d——基础埋置深度（m），一般自室外地面标高算起。在填方整平地区，可自填土地面标高算起，但填土在上部结构施工后完成时，应从天然地面标高算起。对于地下室，如采用箱形基础或筏基时，基础埋置深度自室外地面标高算起；当采用独立基础或条形基础时，应从室内地面标高算起。

基础埋置深度需根据地质资料选择合适的持力层，并考虑季节性冻土影响。《建筑地基基础设计规范》GB 50007—2011 第 5.1.1 条规定：基础的埋置深度，应按下列条件确定：建筑物的用途，有无地下室、设备基础和地下设施，基础的形式和构造；作用在地基上的荷载大小和性质；工程地质和水文地质条件；相邻建筑物的基础埋深；地基土冻胀和融陷的影响。

《建筑地基基础设计规范》GB 50007—2011 第 5.1.2 条规定：在满足地基稳定和变形要求的前提下，当上层地基的承载力大于下层土时，宜利用上层土作持力层。除岩石地基外，基础埋深不宜小于 0.5m。

《建筑地基基础设计规范》GB 50007—2011 第 5.1.8 条规定：季节性冻土地区基础埋置深度宜大于场地冻结深度。对于深厚季节冻土地区，当建筑基础底面土层为不冻胀、弱冻胀、冻胀土时，基础埋置深度可以小于场地冻结深度，基底允许冻土层最大厚度应根据当地经验确定。没有地区经验时可按本规范附录 G 查取。此时，基础最小埋深为季节冻土深度减去基础底面下允许冻土层最大厚度。

（2）中华人民共和国国家标准 GB 50007—2011［抗剪强度指标法］，即《建筑地基基础设计规范》GB 50007—2011 第 5.2.5 条规定。

《建筑地基基础设计规范》GB 50007—2011 第 5.2.5 条规定：当偏心距 e 小于或等于 0.033 倍基础底面宽度时，根据土的抗剪强度指标确定地基承载力特征值可按下式计算，并应满足变形要求：

$$f_a = M_b \gamma b + M_d \gamma_m d + M_c c_k$$

式中：　　　　　f_a——由土的抗剪强度指标确定的地基承载力特征值（kPa）；

M_b、M_d、M_c——承载力系数，按表 4.2-2 确定；

b——基础底面宽度（m），大于 6m 时按 6m 取值，对于砂土小于 3m 时按 3m 取值；

c_k——基底下一倍短边宽度的深度范围内土的黏聚力标准值（kPa）。

承载力系数　　　　　　　　　　　　　表 4.2-2

土的内摩擦角标准值 φ_k（°）	M_b	M_d	M_c
0	0	1.00	3.14
2	0.03	1.12	3.32
4	0.06	1.25	3.51
6	0.10	1.39	3.71
8	0.14	1.55	3.93
10	0.18	1.73	4.17
12	0.23	1.94	4.42
14	0.29	2.17	4.69
16	0.36	2.43	5.00
18	0.43	2.72	5.31
20	0.51	3.06	5.66
22	0.61	3.44	6.04
24	0.80	3.87	6.45
26	1.10	4.37	6.90
28	1.40	4.93	7.40
30	1.90	5.59	7.95
32	2.60	6.35	8.55
34	3.40	7.21	9.22
36	4.20	8.25	9.97
38	5.00	9.44	10.80
40	5.80	10.84	11.73

注：φ_k——基底下一倍短边宽度的深度范围内土的内摩擦角标准值（°）。

（3）上海市工程建设规范 DGJ 08-11-2010［静桩试验法］。

（4）上海市工程建设规范 DGJ 08-11-2010［抗剪强度指标法］（同《建筑地基基础设计规范》GB 50007—2011 抗剪强度指标法）。

（5）北京地区建筑地基基础勘察设计规范 DBJ 11-501-209（同《建筑地基基础设计规范》GB 50007—2011 综合法）。

一旦选定了某种方法，屏幕会显示相应参数的对话框，按实际场地地基情况输入即可。例如，当选择中华人民共和国国家标准 GB 50007—2011［综合法］或北京地区建筑地基基础勘察设计规范 DBJ 11-501-2009 后，屏幕显示如图 4.2-5 所示的参数设置对话框。

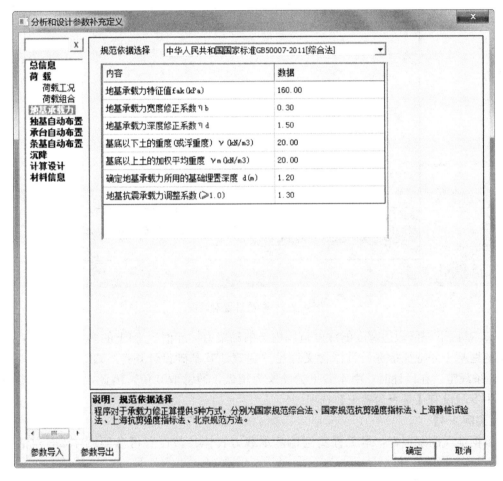

图 4.2-5 参数设置对话框

选取中华人民共和国国家标准 GB 50007—2011［抗剪强度指标法］或上海市工程建设规范 DGJ 08-11-2010［抗剪强度指标法］后，屏幕显示如图 4.2-6 所示的参数对话框。

2）地基承载力特征值 f_{ak}、基底以下土的重度（或浮重度）γ 和基底以上土的加权平均重度 γ_m：均应根据地质勘察报告填入。

3）确定地基承载力所用的基础埋置深度 d：此参数不能为负值。

4）地基抗震承载力调整系数（$\geqslant 1.0$）：初始值为 1，应根据地质勘察报告和《建筑抗震设计规范》GB 50011—2010 第 4.2.3 条确定。

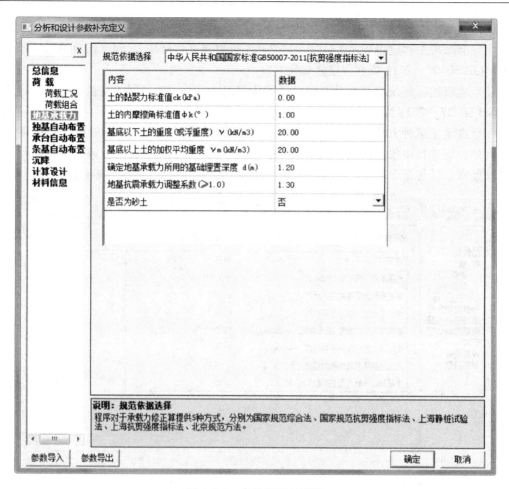

图 4.2-6　参数设置对话框

5）基底下一倍短边宽度的深度范围内土的黏聚力标准值 c_k 和土的内摩擦角 φ_k：是持力层的地基土的特征指标，具体含义详见《建筑地基基础设计规范》GB 50007—2011 第 5.2.5 条规定。在设计时，由于砂土的黏聚力很低，通常取 0 值，因此，图 4.2-6 参数对话框中专门设有【是否为砂土】选项。

【实例 4-4】

根据地质勘察报告，本工程实例地基承载力具体参数设置可参照图 4.2-5 对话框中数值。

5. 独基自动布置

用于柱下独立基础自动设计，如图 4.2-7 所示。

【独基类型】：设置要生成的独基的类型，目前程序能够生成的独基类型包括：锥形现浇、锥形杯口、阶形现浇、阶形杯口、锥形短柱、锥形高杯、阶形短柱、阶形高杯。

【独基最小高度（mm）】：指程序确定独立基础尺寸的起算高度。若冲切计算不能满足要求时，程序自动增加基础各阶的高度。其初始值为 600。

【独基底面长宽比】：用来调整基础底板长和宽的比值。其初始值为 1。该值仅对单柱基础起作用。

图 4.2-7　独基自动布置参数设置对话框

【承载力计算时基础底面受拉面积/基础底面积（0～0.3）】：程序在计算基底面积时，允许基础底面局部不受压。程序该值默认为 0，表示不允许出现基底压力为 0 的区域。有些独基底面积大小受弯矩控制，那么这里输入一定基底面积受拉面积，独基的底面积会减小。

注意：《建筑抗震设计规范》GB 50011—2010 第 4.2.4 条规定：高宽比大于 4 的高层建筑，在地震作用下基础底面不宜出现脱离区（零应力区）；其他建筑，基础底面与地基之间脱离区（零应力区）面积不应超过基础底面面积的 15%。

【受剪承载力系数】：该值默认为 0.7，双击可以修改。

【计算独立基础时考虑独立基础底面范围内的线荷载作用】：若勾选，则计算独立基础时取节点荷载和独立基础底面范围内的线荷载的矢量和作为计算依据。程序根据计算出的基础底面积迭代两次。

【刚性独基进行抗剪计算】：按《建筑地基基础设计规范》GB 50007—2011 第 8.2.9条规定：独基短边尺寸小于柱宽加两倍基础有效高度的时候，应该验算柱边或者基础变阶处的受剪承载力。程序执行这条规定的时候，还会同时检查独基长边尺寸是否也满足该条件，如果长边也满足该条件，则独基是一个刚性基础，程序默认不验算剪切承载力。只有勾选该选项，程序才执行抗剪切承载力验算。

【实例 4-5】

本工程实例选用柱下独立基础，因此只介绍独基自动布置时的参数设置。具体取值采用图 4.2-7 对话框中数值。

6. 沉降

本菜单用于输入沉降计算相关的参数。

地基的变形问题是地基基础设计的关键问题，地基变形计算主要是基础的沉降计算。所谓基础的沉降就是指地基的竖向压缩变形。建筑物的地基变形计算值，不应大于地基变形允许值。《建筑地基基础设计规范》GB 50007—2011 第 5.3.4 条给出了各类建筑物的地基变形允许值。

针对各本规范对各类建筑物不同的变形要求，JCCAD 提供了不同的沉降计算方法。目前最常用的就是分层总和法，这也是《建筑地基基础设计规范》GB 50007—2011 给出的沉降计算方法。该方法考虑因素比较全面，可以利用勘测资料中一般均有的室内压缩试验成果。

目前程序对于独基构件沉降提供两种计算方法：国家规范《建筑地基基础设计规范》GB 50007—2011 分层总和法及上海规范《地基基础设计规范》DGJ 08—11—2010 分层总和法。

注意：在布置了独基并输入地质资料后该项才可选。

【单元沉降计算方法】：程序提供了完全刚性算法和完全柔性算法，即假设整个基础为刚性基础计算沉降或柔性基础计算沉降。

【考虑相邻荷载的水平面影响范围[m]】：由于采用分层总和法进行沉降计算的公式是按弹性土体进行推导的，但实际工程中土并非是弹性的，可根据地质条件等通过此参数进行调整。

【考虑相邻桩基的水平面影响范围（几倍桩长）】和【桩基沉降计算调整系数】：根据《建筑桩基技术规范》JGJ 94—2008 第 5.5.14 条，沉降计算时可取 0.6 倍桩长为半径的水平面影响范围，鉴于桩-土作用的复杂性，可根据桩长与地质条件等进行调整。

【沉降计算调整系数】：通过该参数可以对沉降进行人为调整，该参数不等同于沉降计算公式中的经验系数，经验系数程序计算沉降时已经自动考虑。

勾选【沉降计算深度】和【计算土层厚度】后，程序会按照指定深度和厚度进行沉降计算。

【实例 4-6】

本工程依据规范，判定该建筑可不进行沉降计算，因此本项参数无需考虑。

7. 计算设计

本菜单用于输入分析设计的主要参数，如图 4.2-8 所示。

（1）计算模型

【弹性地基模型】：适用对于上部结构刚度较低的结构（如框架结构、多层框架剪力墙结构）。

【Winkler 模型】：假设土或者桩为独立弹簧，上部结果及基础作用在地基上，压缩弹簧产生变形及内力。是工程设计常用模型，虽然简单，但受力明确。当考虑上部结构刚度时将比较符合实际情况。

图 4.2-8　计算设计参数设置对话框

【Mindlin 模型】：假设土与桩为弹性介质，采用 Mindlin 应力公式求取压缩层内的应力，利用分层总和法进行单元节点处沉降计算并求取柔度矩阵，根据柔度矩阵可求桩土刚度矩阵。由于是弹性解，计算结果中会出现一些问题筏板边角处反力过大，筏板中心沉降过大，筏板弯矩过大并出现配筋过大或无法配筋等情况。

【倒楼盖模型】：为早期手工计算常采用的模型，对于上部结构刚度较高的结构（如剪力墙结构、没有裙房的高层框架剪力墙结构）。计算时不考虑整个基础的整体弯曲，只考虑局部弯曲作用。

（2）上部刚度

【上部结构刚度影响】：考虑上下部结构共同作用计算比较准确反映实际受力情况，可以减少内力节省钢筋。

【剪力墙考虑高度】：基础计算的时候，考虑上部剪力墙对基础的约束影响，将剪力墙视为深梁，剪力墙高度即为深梁高度。

【自动将防水板边缘按固端处理】：对于带防水板的工程，防水板边的嵌固方式因工程不同而有差异，可以通过本参数设置防水板边的嵌固条件，勾选为固接，否则为铰接。

（3）网格划分

【有限元网格控制边长】：设置有限元网格划分的单元边长。

【网格划分方法】：目前软件提供三种网格划分方式：铺砌法、Delaunay拟合法和分块Delaunay方法。

【使用边交换算法】：Delaunay三角剖分算法具有严格的稳定性，因此理论上所有模型都可划分成功，但由于几何计算的精度问题，还是存在例外情况，当采用Delaunay拟合法进行网格划分失败时，采用此参数有效提高网格划分成功率。

（4）计算参数

【线性方程组解法】：软件提供了PARDISO和MUMPS两种线性方程组求解器。均为大型稀疏对称矩阵快速求解方法；并支持并行计算，当内存充足时，CPU核心数越多，求解效率越高；PARDISO内存需求较MUMPS稍大，在32位下，由于内存容量存在限制，PARDISO虽相较于MUMPS求解更快，但求解规模略小。一般情况下，PARDISO求解器均能正确计算，若提示错误，可更换为MUMPS求解器。若由于结构规模太大仍然无法求解，则建议使用64位程序并增加机器内存以获取更高计算效率。

【非线性迭代控制次数】：此参数可控制沉降以及各组合计算的非线性迭代次数。

【迭代误差控制参数】：为了在允许误差范围内提高计算效率，以及基础设计自身的特点，软件按照位移差进行迭代控制，如需提高精度，可以进行修改。

（5）基床系数

【沉降反推】：点选此项后，基床系数按照预估的荷载除以相应的位移作为基床系数。此时可有多种沉降计算方法：①以整个基础作为对象进行沉降试算；②以构件作为对象进行试算；③以有限元单元作为对象进行沉降试算。

【手工指定】：点选此项后，则可根据试验或经验指定基床系数。

（6）荷载处理

【后浇带施工前加荷比例（0～1）】：这个参数与后浇带的布置配合使用，解决由于后浇带设置后的内力、沉降计算和配筋计算、取值。后浇带将筏板分割成几块独立的筏板，程序将计算有、无后浇带两种情况。并根据两种情况的结果求算内力、沉降及配筋。填0取整体计算结果，填1取分别计算结果，取中间值a计算结果按下式计算：

$$实际结果 = 整体计算结果 \times (1-a) + 分别计算结果 \times a$$

a值与浇筑后浇带时沉降完成的比例相关。

（7）设计参数

【板单元内弯矩剪力统计依据】：有两种解决方案，第一种是取单元高斯点的最大值，第二种是平均值。

【箍筋间距】：设置地基梁计算的箍筋间距。

【配筋到柱边】：勾选此项后，柱边的单元采用柱与单元交界面上内力最大值进行配筋，可有效缓解非由于网格尺寸引起的配筋差异。

【基础设计采用沉降模型桩土刚度】：当不勾选此项时，软件按照前处理中的基床系数与桩刚度直接计算内力并进行设计；勾选此项后，软件将会根据沉降结果反推基床系数，再进行内力计算及设计。

【锚杆杆体弹性模量】：对于带锚杆的工程，程序会自动计算锚杆受拉刚度，程序按照

《高压喷射扩大头锚杆技术规程》JGJ/T 282—2012 计算锚杆刚度。

【桩的嵌固系数（铰接 0～1 刚接）】：该参数在 0～1 之间变化反映嵌固状况，无桩时此项系数不出现在对话框上。其隐含值为 0。对于铰接的理解比较容易，而对于桩顶和筏板现浇在一起也不能一概按刚接计算，要区分不同的情况，对于混凝土受弯构件（或节点），需要混凝土、纵向钢筋、箍筋一起受力才能完成弯矩的传递。由于一般工程施工时桩顶钢筋只将主筋伸入筏板，很难完成弯矩的传递，出现类似塑性铰的状态，只传递竖向力不传递弯矩。如果是钢桩或预应力管桩伸入筏板一倍桩径以上的深度，就可以认为是刚接。

8. 材料信息

本菜单用于设置所有基础构件的混凝土强度等级、钢筋强度等级，保护层厚度及最小配筋率。可根据《建筑地基基础设计规范》GB 50007—2011 第 8.2.1 条、8.3.1 条和 8.4.5 条规定设置。

【实例 4-7】

本工程基础混凝土强度选用 C30，钢筋选用 HRB400，具体参照图 4.2-9 完成材料信息设置后，单击【确定】，结束参数设置对话框。

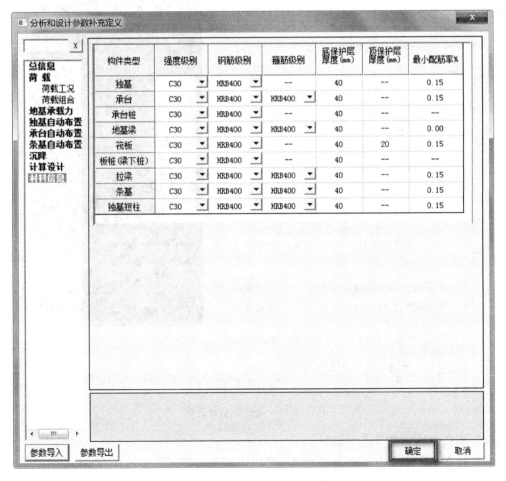

图 4.2-9　材料信息设置对话框

4.2.3 荷载

1. 上部荷载显示校核

单击【荷载/上部荷载显示校核】，屏幕弹出荷载显示对话框，如图 4.2-10 所示。本菜单用于显示校核 JCCAD 读取的上部结构柱墙荷载及 JCCAD 输入的附加柱墙荷载。当选择某种荷载组合或者荷载工况后，程序在图形区显示出该组合的荷载图。柱下节点荷载通常包括五项内容：N、M_x、M_y、V_x、V_y，其中 N 为轴力，向下为正值（压力），向上为负值（拉力），当轴力为负值的时候，程序显示所有荷载字体颜色为紫色，否则为绿色；M_x、M_y 分别为 X 向弯矩及 Y 向弯矩，弯矩方向按右手螺旋法则确定；V_x、V_y 分别为沿 X 轴方向的剪力及沿 Y 轴方向剪力，方向为沿轴正向为正值，沿轴负向为负值。同时在左下角命令行显示该组合或者是工况下的荷载总值、弯矩总值、荷载作用点坐标，便于查询或打印。

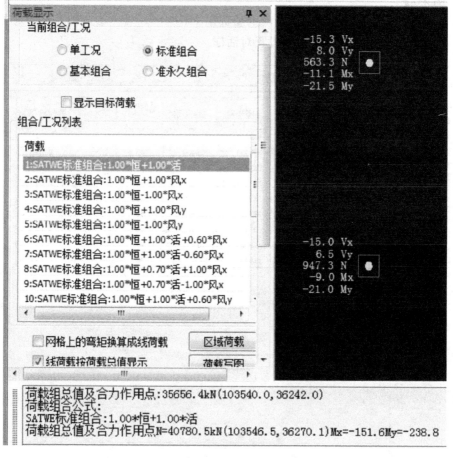

图 4.2-10　荷载显示对话框

（1）网格上弯矩换算成线荷载

对于线荷载，如果有平面内弯矩时，可以通过该选项将弯矩导算为相应的梯形线荷载显示。

（2）线荷载按荷载总值显示

轴线上线荷载默认按荷载总值显示，如果希望按每延米显示，则可不勾选该选项。

（3）按柱形心显示节点荷载

对于柱子上的节点荷载，程序默认按局部坐标系显示，即显示在柱形心上并考虑柱的偏心和转角。如果希望将该荷载按全局坐标系显示，则可不勾选该选项，这时程序将节点荷载显示在柱对应的节点上。局部坐标系与全局坐标系转换时，节点荷载轴力值 N 不变，弯矩值和剪力值需要根据柱转角及柱相对节点偏心值进行坐标变换。

（4）区域荷载

对于具体的荷载组合有效，显示每个荷载组合下指定区域内的荷载总值及荷载作用点。程序将在平面图上输出相应区域内对应组合的合力作用点及荷载总值，同时输出合力作用点的坐标。【区域荷载】的 T 图结果程序自动保存在当前工程目录下的"基础模型"文件夹里。

（5）荷载写图

单击【荷载写图】，弹出如图 4.2-11 所示对话框，利用该菜单可将荷载图输出为 T 图，既可以批量输出，也可以按选择的荷载组合输出。此外，也可以利用屏幕右下角工具栏中的【导出 T 图】或【导出 DWG 文件】，如图 4.2-12 所示，将荷载图导出保存。

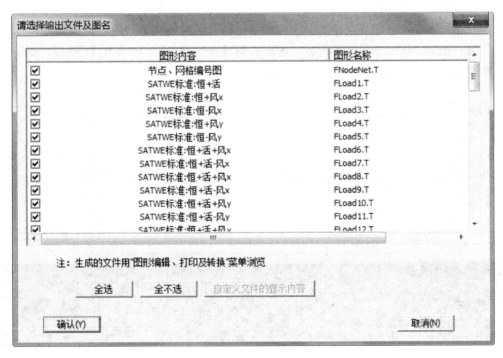

图 4.2-11　荷载写图对话框

【实例 4-8】

参照图 4.2-10，光标选择某组荷载组合，勾选【线荷载按荷载总值显示】，勾选【按柱形心显示节点荷载】，图形区则显示出该组合的荷载图，荷载显示默认按局部坐标系显示，即考虑柱的偏心和转角显示在柱形心。在命令栏显示该组合下的荷载总值、弯矩总值、荷载作用点坐标，以方便荷载校核。

TACD
DWG

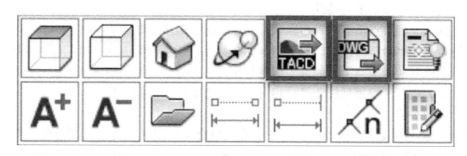

图 4.2-12　工具栏中的【导出 T 图】和【导出 DWG 文件】

2. 上部结构荷载编辑

（1）编辑点荷载

本菜单可以用于编辑上部结构的点荷载。这里的荷载是作用点在节点上的，而屏幕显示的荷载可能是作用在柱形心上（由图形管理菜单中显示内容参数控制）。在此情况下，当柱有偏心或转角时，二者值不同，二者按矢量平移原则互相换算。

【实例 4-9】

单击【荷载/上部结构荷载编辑】，再单击【编辑点荷载】后，根据命令提示单击需要修改的节点，屏幕弹出此节点在某工况荷载下的轴力、弯矩和剪力的对话框，如图 4.2-13 所示。单击相应的数值即可修改荷载，选择右侧【布置荷载】，再单击【应用】，即可修改平面布置图上的节点荷载。

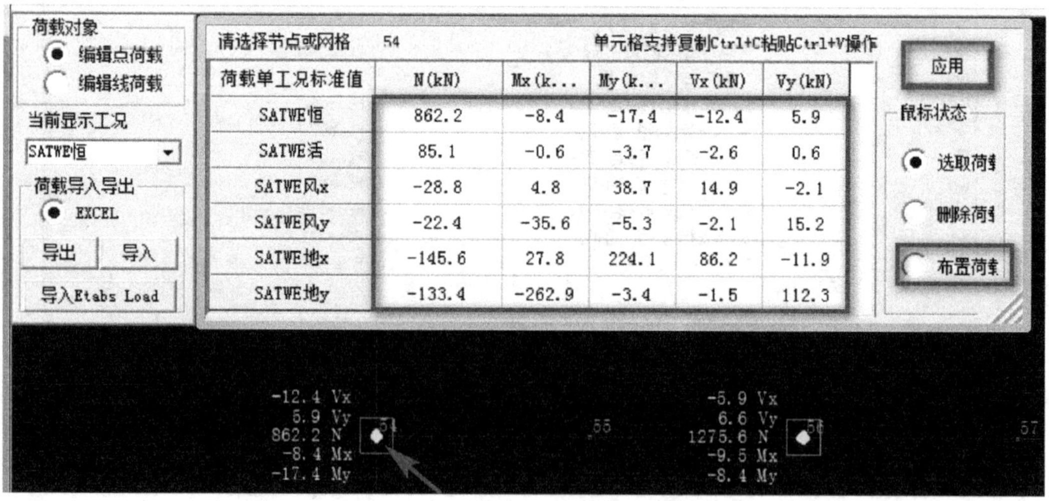

荷载对象
编辑点荷载
编辑线荷载
当前显示工况
SATWE恒
荷载导入导出
EXCEL
导出
导入
导入Etabs Load
请选择节点或网格　54
单元格支持复制Ctrl+C粘贴Ctrl+V操作
荷载单工况标准值 | N(kN) | Mx(k... | My(k... | Vx(kN) | Vy(kN)
SATWE恒 | 862.2 | -8.4 | -17.4 | -12.4 | 5.9
SATWE活 | 85.1 | -0.6 | -3.7 | -2.6 | 0.6
SATWE风x | -28.8 | 4.8 | 38.7 | 14.9 | -2.1
SATWE风y | -22.4 | -35.6 | -5.3 | -2.1 | 15.2
SATWE地x | -145.6 | 27.8 | 224.1 | 86.2 | -11.9
SATWE地y | -133.4 | -262.9 | -3.4 | -1.5 | 112.3
应用
鼠标状态
选取荷载
删除荷载
布置荷载
-12.4 Vx
5.9 Vy
862.2 N
-8.4 Mx
-17.4 My
54
55
-5.9 Vx
6.6 Vy
1275.6 N
-9.5 Mx
-8.4 My
56
57

图 4.2-13　点荷载编辑对话框

（2）编辑线荷载

单击【编辑线荷载】后，再单击要修改网格线，屏幕弹出此网格线现行各工况荷载的线荷载 q 和弯矩 M 对话框，单击相应的数值即可修改荷载。

（3）荷载导入、导出

通过荷载【导出】功能将已经读取或者手工输入的荷载导出为固定格式的 EXCEL 文本，同时可以将已经保存过的 EXCEL 荷载文件导入到基础模型中。导出的 EXCEL 文件默认分两页，一页为点荷载，一页为墙梁荷载。

荷载文件的输出内容包括：节点编号及其节点荷载的作用点坐标（如果是墙梁荷载则输出网格编号及网格对应的起点和终点的节点坐标）、荷载分量值（两个方向的水平剪力、轴力、两个方向的弯矩）、SATWE（或者 PMSAP 等空间分析程序）的恒载标准值、活载标准值，X 向风荷载标准值、Y 向风荷载标准值、X 向地震荷载、Y 向地震荷载、竖向地震荷载，PM（或者砌体 QITI 程序）的平面恒载、平面活载，输入的附加恒载、附加活载，吊车荷载（共 8 组）。为便于只对一部分荷载数据进行编辑，导入导出的荷载形式可以进行预先选择，在图 4.2-13 所示的对话框中对于需要导入导出的荷载项进行勾选即可。

3. 附加柱墙荷载编辑

本菜单用于输入柱墙下附加荷载，允许输入点荷载和线荷载。附加荷载包括恒载效应标准值和活载效应标准值。若读取了上部结构荷载，如 PK 荷载、SATWE 荷载、平面荷载等，则附加荷载会与上部结构传下来的荷载工况进行同工况叠加，然后再进行荷载组合。

通过【附加墙柱荷载编辑】菜单，实现对于附加荷载的编辑。点荷载按全局坐标系输入，弯矩的方向遵循右手螺旋法则，即轴力方向向下为正，剪力沿坐标轴方向为正，线荷载按网格的局部坐标系输入。

一般来说，框架结构首层的填充墙或设备重荷，在上部结构建模时没有输入。当这些荷载是作用在基础上时，就应按附加荷载输入。筏板上的设备面荷载可以在筏板荷载菜单输入。

对独立基础来说，如果在独立基础上设置了拉梁，且拉梁上有填充墙，则应将填充墙和拉梁的荷载折算为节点荷载直接输入到独基上。因为拉梁不能导荷和计算，填充墙如作为均布荷载输入，荷载将丢失。

在【布置荷载】状态下，勾选【附加点荷载】或【附加线荷载】荷载类型，可以用于在网格点上加点荷载和加线荷载。

在【删除荷载】状态下，勾选【附加点荷载】或【附加线荷载】荷载类型，可以用于删除网格点上的附加点荷载和附加线荷载。

【实例 4-10】

单击【荷载/附加柱墙荷载编辑】，在屏幕出现的对话框（图 4.2-14）中选【附加点荷载】。本工程中拉梁与柱铰接，填充墙的荷载首先以均布荷载形式传递给拉梁，然后再以集中荷载的形式按其重量的一半折算到基础上。计算外墙基础节点集中荷载按照与该点相连的基础梁总长度与作用其上的线荷载乘积的一半近似考虑。在对话框中的【恒载标准值】一栏中的 N（kN）下方输入填充墙和拉梁荷载的折算值，然后选中右侧【布置荷载】，按轴线或窗口方式将荷载布置到相应柱节点上，按同样方式可将其他填充墙荷载等效后布置到相应柱节点上，最后单击鼠标右键结束附加柱墙荷载布置。

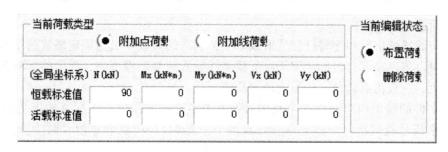

图 4.2-14　附加柱墙荷载编辑对话框

4. 自定义荷载编辑

本菜单用于在 JCCAD 输入新的荷载工况，通过本菜单，可以定义、布置、编辑新的荷载工况。例如增加了 JJ 工况，单击【增加工况】，荷载类型选择【自定义】，输入自定义工况名称 JJ，确定，选中新建立的工况，点【新增荷载】，输入 1000，确定。

定义并且布置新的荷载工况后，程序会默认在荷载组合里增加一组标准组合 1.0＋1.0*自定义工况及基本组合 1.2 恒＋1.4*自定义工况，如果需要增加或者修改荷载组合，可以在【参数/荷载组合】里做相应操作。

5. 读 PK 文件荷载

单击【荷载/读取单榀 PK 荷载】，可单击【选择 PK 文件】按钮，在选取 PK 程序生成的柱底内力文件* jcn 后，接着在屏幕上显示的平面布置图中，单击该榀框架所对应的轴线。

在完成 PK 的柱底内力文件*.jcn 与平面布置图中的轴线匹配之后，在对话框中，选定 PK 的柱底内力文件*.jcn，就会在对话框的右侧列表框中，显示出其对应的轴线号。只有经过本菜单设定后，才能在【读取荷载】菜单的选择荷载类型对话框中单击【PK荷载】。

单击对话框中的【清除文件】和【清除轴线】按钮，程序将清除所有*.jcn 和所有轴线号，用于重新设定。

4.2.4　独立基础

独立基础是一种分离式的浅基础。它承受一根或多根柱或者墙传来的荷载，基础之间可用拉梁连接在一起以增加其整体性。

本菜单用于独立基础模型输入，并提供根据设计参数和输入的荷载自动计算独基几何尺寸功能，也可人工定义布置。

本菜单可实现功能如下：

（1）可自动将所有读入的上部荷载效应，按《建筑地基基础设计规范》GB 50007—2011 要求选择基础设计时，需要的各种荷载组合值，并根据输入的参数和荷载信息自动生成独立基础数据。程序自动生成的基础设计内容包括：地基承载力计算、冲剪计算、底板配筋计算。

（2）当程序生成的基础的角度和偏心与设计人员的期望不一致时，程序可按照修改的基础角度、偏心或者基础底面尺寸，重新验算。

（3）剪力墙下自动生成独基时，程序会将剪力墙简化为成柱子，再按柱下自动生成独基的方式生成独基，柱子的截面形状取剪力墙的外接矩形。

（4）程序对布置的独立基础提供图形文本两种方式验算结果。

（5）对于多柱独立程序提供上部钢筋计算功能。

注意：

① 当选中的柱上没有荷载作用（即柱所在节点上无任何节点荷载）时，执行程序【自动生成】菜单，程序将无法生成柱下独基，如需要则可用【独基布置】菜单交互生成。

② 若设计的基础为混合基础时，如在柱下独基自动生成前布置了地基梁，程序将不再自动生成位于地基梁端柱下的独基。

1. 人工布置

本菜单用于人工布置独基。人工布置独基之前，要布置的独基类型应该已经在类型列表中，独基类型可以是手工定义，也可以是通过【自动生成】方式生成的基础类型。

单击【人工布置】菜单程序会同时弹出基础构件定义管理菜单及基础布置参数对话框，如图 4.2-15 所示。

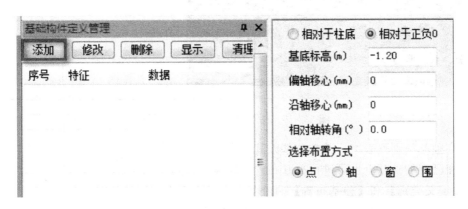

图 4.2-15　基础构件定义管理及基础布置参数对话框

基础布置参数对话框中的【基底标高】是相对标高，其相对标准有两个，一个是相对柱底，即输入的基础底标高相对柱底标高而言，假如在 PMCAD 里，柱底标高输入值为 -6m，生成基础时选择【相对于柱底】，且基础底标高设置为 -1.5m，则此时真实的基础底标高应该是 -7.5m；另一个标准是相对正负 0，即如果在 PMCAD 里输入的柱底标高 -6m，生成基础时基础底标高选择【相对于正负 0】，且输入 -6.5m，那么此时生成的基础真实底标高就是 -6.5m。

单击基础构件定义管理中【添加】，弹出柱下独立基础定义对话框（图 4.2-16）。定义完基础参数，单击【确认】后将在【基础构件定义管理】对话框中显示已定义的基础，然后在【基础布置参数对话框】选择某种布置方式将基础布置到平面图中。

对于人工布置的独基，程序自动验算该独基是否满足设计要求，在基础平面图上输出每个独基的地基承载力、冲切剪切验算结果。

注意：

① 柱下独基有 8 种类型，分别为锥形现浇、锥形杯口、阶形现浇、阶形杯口、锥形短柱、锥形高杯口、阶形短柱、阶形高杯口。

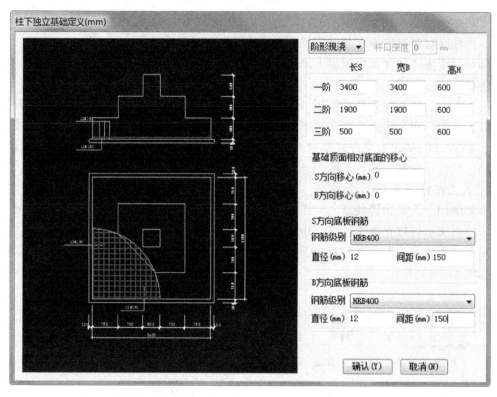

图 4.2-16　柱下独立基础定义对话框

② 在独基类别列表中，某类独基以其长宽尺寸显示。

③ 在已有的独基上也可进行独基布置，这样已有的独基被新的独基代替。

④【定义类别】和【独基布置】两个菜单也可用于人工设计独基。

⑤ 在基础构件定义管理对话框中，若某类独基被删除，则程序也删除其相应的柱下独基（即基础平面图上相应的柱下独基也消失）。如删除所有独基类别，则等同于删除所有柱下独基。

⑥ 短柱或高杯口基础的短柱内的钢筋，程序没有计算，需另外补充。

2. 自动生成

本菜单用于独基自动设计。在平面图上选取需要程序自动生成基础的柱、墙。

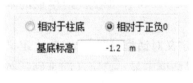

图 4.2-17　单柱基础对话框

（1）单柱基础

单击【自动布置/单柱基础】后，屏幕弹出如图 4.2-17 所示的对话框。输入基底标高后，按照命令提示在平面图上选取需要自动生成基础的柱、墙，选定后，程序将自动进行这类独基的设计，并在图形区域显示独基形状。

注意：

① 基础平面图上柱下独基以黄线显示。

② 柱下独基平面图中，将光标移动到某个独基上可显示其类别、形状和尺寸。如：【独基】编号：74；类型：1；尺寸：（1）3600 * 3600（2）600 * 600；X 向偏心：0.；Y

156

向偏心：0.，转角：0.；底标高：−1.50；覆土重：21；地基承载力特征值：180.00；承载力宽度修正系数：0.00；承载力深度修正系数：1.00；承载力基础埋置深度：1.20。

③ 在已布置承台桩的柱下，不自动生成独基。

【实例 4-11】

单击【自动布置/单柱基础】，屏幕弹出如图 4.2-17 所示的单柱基础对话框，同时按命令栏提示选择要生成柱下独基的节点进行直接布置。将基底标高设置为−1.2m，按【Tab】键切换到按窗口选择方式，窗选所有柱节点后，屏幕显示出独立基础平面简图（图 4.2-18）。

图 4.2-18　采用【单柱基础】命令生成的独立基础平面简图

（2）双柱基础

该菜单可以对指定的双柱生成双柱独基。如图 4.2-18 所示，由于两根柱间的距离比较近，导致各自生成的独立基础发生相互碰撞，在这种情况下，可以用【双柱基础】菜单在两根柱下生成一个独立基础，即双柱基础。

生成双柱独基的时候，程序会先将双柱简化为一个【单柱】，简化的【单柱】截面形状取的是双柱的外接矩形，荷载取两个柱子轴力、剪力、弯矩叠加，弯矩叠加双柱轴力产生的附加弯矩。独基冲剪验算的时候也是按简化后的柱子及叠加后荷载计算。

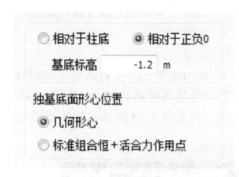

图 4.2-19　生成双柱基础参数输入对话框

【实例 4-12】

单击【自动布置/双柱基础】，屏幕弹出生成双柱基础参数输入对话框（图 4.2-19）。双柱基础的底面形心可以与两根柱的外接矩形中心重合，也可以与恒十活荷载组合的合力作用点重合。选择【按柱的几何形心】后，依次单击需要生成双柱基础的两根柱，则程序会根据这两根柱所在节点上的荷载情况以及输入的独基计算参数等内容生成双柱基础，生成的独立基础平面简图如图 4.2-20所示。

图 4.2-20　采用【双柱基础】命令生成的独立基础平面简图

（3）多柱墙基础

该菜单用于自动生成多柱、多墙、多柱墙下独基。生成多柱墙独基的时候，程序会先将多柱、多墙、多柱墙简化为一个单柱，简化的单柱截面形状取的是多柱、多墙、多柱墙的外接矩形，荷载取柱子、墙的轴力、剪力、弯矩叠加，弯矩叠加柱墙轴力产生的附加弯矩。独基冲剪验算的时候也是按简化后的柱子及叠加后荷载计算。

独基布置方向，如果是多柱独基则按简化后的单柱方向布置，如果是多柱墙基础或者是多墙基础，则独基按最长墙肢方向布置。

注意：程序限定自动生成的独基长宽尺寸不能超过 30m。

双柱独基、多柱墙独基生成的还可以设置独基底面形心位置是按简化后的单柱形心布置还是按叠加后的合力作用点布置。通常来说，按荷载合力作用点布置受力更合理更经济。

双柱、多柱墙独基程序自动计算基础顶面钢筋：程序将上部多柱荷载及基底反力作用于独基，每个方向按等间距取 10 个不利截面计算该方向基础顶部钢筋，最后单方向取包络值。

（4）独基归并

利用本菜单输入相应的归并差值尺寸，程序根据输入的尺寸对独基进行归并。

【实例 4-13】

单击【自动布置/独基归并】，在弹出的对话框中输入相应的归并差值尺寸，如图 4.2-21 所示，按照命令提示栏选择需要归并的独基，则程序对已有的独基进行归并。如基础平面边长≤500 和基础总高度≤100，表示两个独基的基础平面边长相差在 500mm 以内和基础总高度在 100mm 以内，则这样的独基将归并成一个独基。同时，为了安全考虑，归并的时候都是较小的基础归并到较大的基础。

图 4.2-21　归并差值尺寸

（5）单独基计算书

单击【自动布置/单独基计算书】，选择需要出计算书的独基构件，程序自动输出该基础的详细计算过程。单独基计算书内容包括设计资料（独基类型、材料、尺寸、荷载、覆土、承载力、上部构件信息、参考规范），独基底面积计算过程，独基冲剪计算过程，独基配筋计算过程。

独基单独计算程序默认输出每项计算内容里起控制作用的荷载组合的计算过程，如果想看所有荷载组合的计算过程，可以点右下角工具栏的【输出控制】菜单，将【计算结果文件简略输出】项不勾选。

（6）总独基计算书

本菜单用于输出所有独基的验算结果。单击【自动布置/总独基计算书】，屏幕弹出独基计算结果文件独基总计算书.out（图 4.2-22），可作为计算书存档。文件内容包括平均反力、最大反力、受拉区面积百分比、冲切系数、剪切系数，并输出所有校核是否满足要求，各荷载工况组合。其中独基受拉区百分比如果超过【参数/独基自动布置】参数里设定的允许受拉区百分比的话，程序会提示不满足。冲切安全系数及剪切安全系数大于等于 1 表示满足要求，小于 1 则不满足要求。

注意：

① 因为独基计算结果文件的文件名是固定的，再次计算时该文件将被覆盖，所以如果要保留该文件，可将其另存为其他文件名；

② 该文件必须在执行【自动布置】菜单后再打开才有效，否则有可能是其他工程或

本工程的其他条件下的结果。

独基总计算书.OUT - 记事本

文件(F) 编辑(E) 格式(O) 查看(V) 帮助(H)

独 基 计 算 结 果 文 件

工程名称:
计算日期:　2020- 2-18
计算时间:　20:31:15
计算内容:　独基计算汇总

序号	节点号	中心点X	Y(MM)	FA(KPA)	PAVG	PMAX	受拉区	冲切系数	剪切系数	结论
1	1	88839.	14278.	241.	82.(7)	138.(21)	0.00(1)	2.10(42)	50.00(0)	满足
2	3	95039.	14278.	236.	144.(11)	232.(18)	0.00(1)	1.60(41)	50.00(0)	满足
3	5	101239.	14278.	182.	145.(11)	226.(21)	0.00(1)	1.58(44)	50.00(0)	满足
4	7	107439.	14278.	236.	107.(6)	209.(18)	0.00(1)	1.79(41)	50.00(0)	满足
5	8	88839.	20878.	236.	145.(7)	241.(19)	0.00(1)	1.53(42)	50.00(0)	满足

图 4.2-22　独基计算结果文件

（7）删除独基

用于删除基础平面图上某些柱下独基。单击【删除独基】后，在基础平面图上用围区布置、窗口布置、轴线布置和直接布置等方式选取柱下独基即可删除。

4.2.5　地基梁

地基梁（也称基础梁或柱下条形基础）是整体式基础。设计过程是先定义基础尺寸，然后到后面计算分析菜单计算，从而判断基础截面是否合理。基础尺寸选择时，不但要满足承载力的要求，更重要的是要保证基础的内力和配筋要合理。

本菜单用于输入各种钢筋混凝土基础梁，包括普通交叉地基梁、有桩无桩筏板上的肋梁、墙下筏板上的墙折算肋梁、桩承台梁等。

1. 布置

用于定义各类地基梁尺寸和布置地基梁。可用【添加】【修改】按钮来定义和修改地基梁类型。可用【删除】按钮删除已有的某类地基梁。

当要布置地基梁时，可选取一种地基梁类型，再在平面图上用围区布置、窗口布置、轴线布置、直接布置等方式沿着网格线布置地基梁。布置时，若勾选【随墙】，则地基梁按墙或者柱中心布置；若勾选【偏轴】，则地基梁沿网格线布置，此时可以通过设置【偏轴移心】来设定地基梁偏轴距离，实现偏心布置。

2. 编辑

（1）延伸到板

对于梁板基础，板边梁端通常齐平布置，程序默认布置的梁的梁端不会与板边对齐，可以通过本菜单将梁端自动延伸到板边。

注意：如果梁端到板边已经布置了网格线，则【延伸到板】的命令无效，可以通过直接在已有网格线上布置地梁的方式来实现梁端与板边齐平。

（2）翼缘宽度

用于程序根据荷载的分布情况，基础梁肋宽、肋高信息自动生成基础梁翼缘宽度，在考虑这些情况之后，程序对在同一轴线上基础梁肋宽、高相同的梁生成相同宽度的翼缘。单击后先输入翼缘放大系数，程序自动计算得到的翼缘宽度乘以放大系数后得到最终翼缘宽度。由于承载力计算并不是确定翼缘宽度的唯一因素，因此这里通常要输入一个大于 1.0 的系数，让生成的翼缘宽度有一定的安全储备。

另外，由于考虑实际工程一般地梁基础翼缘宽度都不会大于 5m，因此，如果计算出来的翼缘宽度大于 5m，则程序不自动生成翼缘宽度，并且提示翼缘宽度大于 5m。

（3）翼缘删除

用于删除【翼缘宽度】菜单生成的基础梁翼缘信息，只保留梁肋信息。

本菜单主要是为了便于反复试算【翼缘宽度】而设定的。生成的翼缘宽度不满足要求时，可以用其删除翼缘数据，再调整基础梁肋尺寸（可以改变归并结果），然后再生成翼缘宽度。

4.2.6 筏板

本菜单用于布置筏板基础，并进行有关筏板计算，可以完成如下功能：定义并布置筏板、子筏板、修改板边挑出尺寸、定义布置相应荷载。

注意：

① 筏板可以是有桩筏板、无桩筏板、带肋筏板、墙下筏板和柱下平板；

② 在图上常规筏板以白色边线围成的多边形表示，防水板以蓝色边线表示；

③ 子筏板与大筏板间的关系尽量是包含与被包含全子集关系；

④ 筏板内的加厚区、下沉的集水坑和电梯井都称之为子筏板。子筏板应该在原筏板的内部。在每块筏板内，允许设置加厚区；

⑤ 集水坑、电梯井、加厚区的设置采用与布置筏板相同的方法输入。

1. 布置

（1）筏板防水板

用于布置各类筏板及防水板。筏板底标高按相对标高输入。筏板属性可以设置为【普通筏板】或者是【防水板】。对于普通天然地基筏板，程序会在后续【分析计算】菜单给出板底基床系数建议值，对于属性设置为防水板的基础及桩筏基础，程序默认将板底基床系数设置为 0，即筏板底没有土反力。

筏板的布置有两种方式：

①【挑边布置】：依托网格生成筏板。围区布置筏板对网格线的要求：筏板布置需要参照网格线，采用围区方式生成。要使给定的围区能形成筏板，那一定要满足所围区域内的网格线能形成闭合区域的要求。当网格线不能满足闭合要求时，用户需要补充网格线使其闭合。在筏板布置对话框【挑出宽度】中，只提供一项挑出宽度参数，这是按一般情况下的筏板要求设置的，即假定多边线筏板的每一边挑出网线的距离是一样的。当实际工程的筏板周边挑出的宽度不同时，用户可以通过之后的【修改板边】菜单项，修改筏板边的挑出宽度。挑出宽度可以输入正值（板边向外挑），也可以输入负值（板边向内收缩）。

②【自由布置】：可以在屏幕上按任意多边形布置筏板。输入筏板厚度和板底标高后，点【确认】按钮则生成或修改一种筏板类型。

（2）筏板局部加厚

本菜单用于对已有筏板布置局部加厚区，加厚方式可以【上部加厚】及【下部加厚】，加厚值 h 表示在已有板厚的基础上增加的厚度。加厚区之间尽量不要局部搭接重叠。加厚区的荷载要重新布置，加厚区后续计算的时候基床系数默认取大板的基床系数。

（3）筏板局部减薄

本菜单用于对已有筏板布置局部布置减薄区域，减薄区域可以是【上部减薄】及【下部减薄】，减薄值 h 表示在已有板厚的基础上减少的厚度。减薄区之间尽量不要局部搭接重叠。如果筏板减薄值 h 大于等于筏板厚度，那么减薄区域程序自动按开洞处理。减薄区的荷载要重新布置，减薄区后续计算的时候基床系数默认取大板的基床系数。

（4）电梯井、集水坑

本菜单用于在筏板上布置电梯井及集水坑，可以设置井底及坑底的筏板厚度及板底标高，可以像普通筏板一样设置电梯井或者集水坑的挑出宽度。

（5）筏板开洞

本菜单用于在筏板上布置洞口。

（6）后浇带

本菜单用于在基础上布置后浇带，后浇带可以不封闭。

（7）筏板荷载

通过本菜单定义、布置、编辑筏板上的荷载。荷载包括恒荷载、活荷载、覆土、水浮力、人防荷载。荷载布置方式可以是以整板为单位布置，也可以以围区网格为单位布置，还可以按自由围区的方式布置荷载。

板面荷载布置的时候，如果布置方式选择【点选筏板满布】，那么荷载是替换关系，如果选择【网格围区布置】或者【自由围区布置】，则荷载是叠加关系。

覆土荷载布置的时候，可以通过勾选【挑出单独布置】，程序自动形成筏板的挑边局部区域，每个挑边区域内的覆土荷载可以通过荷载【荷载修改】菜单单独修改。操作时【点选筏板满布】，并且勾选【挑檐单独修改】，覆土荷载布置后，单击荷载修改选项，点选或框选需要修改覆土的挑边范围，鼠标右键，在弹出的荷载值输入框里输入新的覆土荷载。计算时该区域荷载值与筏板满布值叠加处理。

对于水浮力与人防荷载，需要在【参数/荷载工况】菜单里，勾选相应的设置项。勾选【历史最低水位】，并且输入相应的水位标高，程序会在【筏板荷载】菜单中自动生成水浮力-常规的荷载工况，可以在筏板上按工程实际布置并且编辑该荷载工况。勾选【历史最高水位】，并且输入相应的水位标高，程序会在【筏板荷载】菜单中自动生成水浮力-抗浮的荷载工况。对于同一个工程，抗浮水位标高不一样得到情形（如坡地上水位不一样的情形），则可以在【筏板荷载】菜单中定义不同水浮力-抗浮工况荷载值，并且布置到相应区域即可。

对于同一工程局部人防荷载不一样的情况，需要在【参数/荷载工况】菜单里勾选【人防等级】，在【筏板荷载】菜单中会自动生成人防底板等效静荷载的荷载工况，可以通过删除面载、荷载修改功能调整人防底板等效静荷载值和布置的区域，从而实现筏板局部人防的功能。

2. 编辑

（1）综合编辑

通过本菜单可以对已经布置的筏板进行编辑修改，包括修改板边挑出、对筏板进行增补和切割，同时对已经布置的筏板还可以进行镜像、复制、移动。

对于筏板上已经布置的板面荷载，筏板的镜像、复制、移动功能同样有效，进在镜像、复制、移动筏板的同时，筏板上的荷载也是随着一起镜像、复制、移动的。

（2）改板信息

用于对已经布置筏板的板厚、板底标高及筏板的类型进行修改。

（3）重心校核

通过本菜单可以查看任何荷载组合下上部荷载作用点与基础形心的偏移。同时还可以查看准永久组合下的偏心距比值是否符合规范要求。同时本菜单会显示每个组合下的荷载总值，筏板的最大反力、最小反力及平均反力（这里的反力是假设整个板是刚性板，没有变形计算出的反力值），对于初步校核基础承载力是否满足《建筑地基基础设计规范》GB 50007—2011 第 8.4.2 条的要求有一定参考价值。重心校核的结果可以以 Word 格式输出文本计算书，同时在基础平面图上输出校核结果。图形结果自动保存在工程文件件下的"地基基础"文件夹里。

（4）板抗浮验算

通过本菜单验算抗浮稳定性是否满足设计要求，并可以 Word 文本格式输出计算书，为方便整理计算书。《建筑地基基础设计规范》GB 50007—2011 第 5.4.3 条要求：建筑物基础存在浮力作用时应进行抗浮稳定性验算。单击该项后，选择相应的筏板，在对话框中输入相应的【水头标高】，程序会按照规范计算基础是否满足稳定性要求。

注意：在【参数】菜单中勾选【历史最高水位】，方可进行抗浮计算。

4.2.7 上部构件

本菜单用于输入基础上的一些附加构件，以便程序自动生成相关基础或者绘制相应施工图之用。

1. 拉梁

本菜单用于在两个独立基础或独立桩基承台之间设置拉结连系梁，可定义各类拉梁尺寸和布置拉梁。柱下独立基础之间一般要设置拉梁，拉梁主要有以下几方面的作用：

① 增加基础的整体性，拉梁使独立基础之间联系在一起，防止个别基础水平移动产生的不利影响。

② 平衡柱底弯矩，对于受大偏心荷载作用的独立基础，基底尺寸通常是由偏心距控制的，设置拉梁后柱弯矩会降低，荷载偏心距随之减少，从而减小独立基础的底面尺寸；可以在【分析和设计参数补充定义】中设置拉梁承担弯矩比例。

③ 托填充墙：填充墙荷载通过拉梁作用到独基上。起该作用的拉梁可以在上部结构建模中输入，也可在基础建模中输入。通过基础中的拉梁计算模块完成荷载倒算，平衡弯矩和拉梁配筋的工作。

单击【拉梁】，屏幕同时弹出基础构件定义管理对话框和拉梁布置参数对话框（图 4.2-23），可用采用【添加】【修改】【删除】按钮来定义、修改和删除拉梁类型。当要布置拉梁时，可选取一种拉梁类型，在拉梁布置参数对话框中，视需要输入梁顶标高、偏轴移心以及附加恒载和活载，再在平面图上选取相关网格线布置拉梁。布置完毕后，可在其网格线位置双击拉梁，从而快速编辑已有拉梁信息。

163

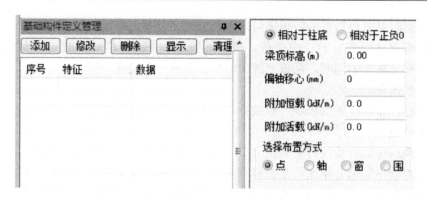

图 4.2-23　拉梁对话框

2. 填充墙

本菜单用于输入基础上面的底层填充墙。单击【填充墙】，可用采用【添加】【修改】【删除】按钮来定义、修改和删除填充墙类型。当要布置填充墙时，可选取一种填充墙类型，在弹出的输入移心值对话框中，视需要输入偏轴移心值，再在平面图上选取相关网格线布置填充墙。布置完毕后，可在其网格线位置双击填充墙，从而快速编辑已有填充墙信息。

注意：对于框架结构，如果底层填充墙下需要设置条基，应先输入填充墙，再用【基础荷载/附加荷载】菜单将填充墙荷载布置在相应位置上，这样程序会画出该部分完整的施工图。

3. 导入柱筋、定义柱筋

（1）导入柱筋

用于导入上部施工形成的柱插筋。

（2）定义柱筋

用于定义各类柱筋的数据和布置柱筋，作为柱下独立基础施工图绘制之用。

【实例4-14】

单击【定义柱筋】，屏幕弹出基础构件定义管理对话框，可采用【添加】【修改】【删除】按钮来定义、修改和删除柱筋类型。单击【添加】按钮，屏幕出现框架柱钢筋定义对话框（图4.2-24）。依据上部结构底柱的柱底配筋情况，输入角筋、B向和H向主筋（根数、直径和钢筋级别）、箍筋（直径和钢筋级别）后，点【确认】即生成一种框架柱钢筋类型。

注意：若已完成了柱施工图绘制并将结果存入钢筋库，则这里可自动读取已存的柱钢筋数据，不需要再定义柱筋。

4.2.8　构件编辑

本菜单用于删除基础构件及对基础构件复制布置。

1. 删除

本菜单用于删除已经布置的基础构件，可以通过弹出的选择对话框指定删除的构件类型。

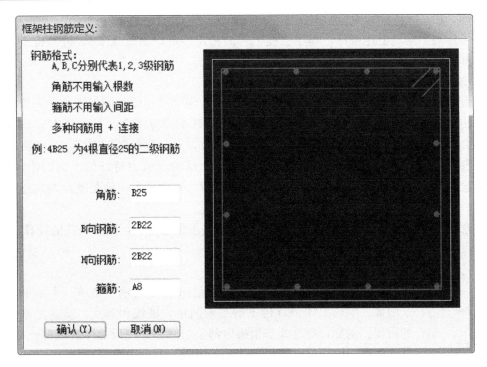

图 4.2-24　框架柱钢筋定义对话框

2. 复制

本菜单用于对已经布置的基础进行复制布置。点【复制】，然后在基础平面图上选择需要复制布置的基础，被选中的基础类型将被选中，然后在相应的位置布置被选中的基础类型。布置基础时，如果布置的位置已有基础，则程序先将已有基础删除后再布置新的基础类型，本菜单功能类似于拾取布置。

注意：筏板的复制需要在【编辑/综合编辑】菜单里完成。

4.2.9　构件参数

本菜单用于调整布置的基础构件计算设计参数（覆土、标高、承载力等）。

1. 改覆土重

利用本菜单可手工修改已布置基础的单位面积覆土重。单位面积覆土重一般是指基础及基底以上回填土的平均重度。

执行该菜单后，程序会在基础平面图上显示单位面积覆土重，同时用文字提示该覆土重是程序自动计算还是手工输入。一般设计有地下室的条基、独基时，宜采用人工填写【单位面积覆土重】，且计算高度应从地下室室内地坪算起。其他类型自动计算即可。

2. 修改标高

利用本菜单可以修改基础底标高。其中【独基、承台自动与筏板对齐】主要是针对独基、桩承台加防水板的工程。JCCAD 对于独基（桩承台）+防水板工程，要求独基（桩承台）总高度必须大于等于板的厚度，且独基（桩承台）底标高必须小于等于板底标高，独基（桩承台）顶标高应该大于等于板顶标高，否则计算的时候独基（桩承台）将不能一起考虑在内。

如果标高不满足上述条件，程序会提示标高错误。可以通过【工具/模型检查】菜单检查独基、承台标高是否有问题。

3. 改承载力

通过本菜单修改修正前地基承载力特征值及用于深度修正的基础埋深。在弹出的对话框里输出修正前的地基承载力特征值以及修正用的基础埋置深度，并选择需要修改的基础，那么被选中基础的修正前的承载力特征值会修改，并且自动做深度修正，否则程序默认取【参数/地基承载力】的承载力参数作为相应地基的承载力特征值。执行本菜单时，程序会显示基础的修正前承载力特征值及修正深度 d，并会提示该值是随总参数还是手工修改。

注意：此处的【基础埋置深度 d】仅仅用于地基承载力修正，不影响其他计算。

图 4.2-25 节点
网格子菜单

4.2.10 节点网格

单击【节点网格】后，弹出如图 4.2-25 所示子菜单。本菜单功能用于增加、编辑 PMCAD 传下的平面网格、轴线和节点，以满足基础布置的需要。例如，弹性地基梁挑出部位的网格、筏板加厚区域部位的网格、删除没有用的网格，对筏板基础的有限元划分很重要。

4.2.11 工具

1. 导入 DWG 图

对于一些基础比较复杂的工程，部分可能更习惯于在 AUTOCAD 里绘制基础平面图，为节约的建模时间，提高效率，程序支持通过导入 DWG 图的方式来建立基础模型。

目前程序能导入的基础形式包括：桩、承台、独基、筏板、地质孔点、柱墩。导入基础的时候，可以初步设定基础参数，如桩的承载力特征值、桩长、基础的平面尺寸及高度等信息。如果基础类型较大，可以在导入的时候初步设定，导入完成后到相应的布置菜单下再修改基础的具体参数值。

程序对于导入的基础形式通过一些属性来识别，如圆桩导入的时候，程序默认 DWG 图里的属性是【圆】的图素都是圆桩，导入的时候所有被选择中【圆】将导成桩。方桩、独基、承台、筏板、柱墩要求是多义线绘制的密闭多边形。如果 DWG 图符合上述要求，程序会自动做相应处理，如程序会自动将 DWG 图里的图块炸开成图素，会将不封闭的多边形在一定误差范围内自动处理生成密闭多边形。

导入的时候，为了提高导图效率及导入准确性，建议尽量将 DWG 格式的基础平面图简化处理，将与基础布置无关的一些图层或者图素删除，如尺寸标准一般对基础导入没有影响，则可将基础标准的相关图层删除。同时，可以通过【导图范围】命令选择需要导入的基础范围，也可以提高导图效率。

2. 工具

本菜单包含一些基础模型输入时的辅助工具菜单，包括定时存盘、模型检查、衬图和关闭衬图。

（1）定时存盘

点【定时存盘】菜单，在命令行输入设定定时存盘的时间间隔（单位：分钟），并且执行任何一项操作命令，在规定的时间间隔内，程序将基础数据自动存盘并保留最近使用的 9 份备份。可以通过总菜单下【恢复模型】功能恢复已经保存过的备份文件。

（2）模型检查

在退出基础建模程序时，程序会自动运行模型检查功能，方便对输入的基础模型正确进行校核。

（3）衬图

基础模型输入的时候可以将已有的 DWG 图作为衬图参考，在本菜单里选择要插入的参考图。单击【衬图】，程序弹出衬图选择及管理对话框。对于已经插入过的衬图，程序会保存插入记录及插入过的衬图路径，方便多次使用，如果衬图记录较多，可以通过【删除记录】功能删除不关注的衬图记录。

点【插入衬图】选择要插入的 DWG 图，程序提示是否整张图示插入还是选择区域插入，根据具体工程情况选择。指定插入区域后，需要在 DWG 衬图上指定插入的几点，然后将衬图插入基础平面图。此时程序会弹出衬图调整对话框，可以交互指定衬图插入基点坐标及衬图插入点对应的基础平面位置插入点坐标，可以指定衬图的旋转角度及缩放比例。对于插入图层，可以通过【衬图图层开关】关闭不需要的图层。衬图使用后，如果想关闭衬图，可直接通过【工具/关闭衬图】命令关闭衬图。

4.3　分析设计

分析设计模块对在建模模块中输入的基础模型进行处理并进行分析与设计，界面如图 4.3-1 所示，该模块主要功能如下：

生成设计模型：读取建模数据进行处理生成设计模型，并提供设计模型的查看与修改。

生成分析模型：对设计模型进行网格划分并生成进行有限元计算所需数据；查看分析模型的单元、节点、荷载等；查看与修改桩土刚度。

有限元计算：进行有限元分析，计算位移、内力、桩土反力、沉降等。

基础设计：对独基、承台按照规范方法设计；对各类采用有限元方法计算的构件根据有限元结果进行设计。

图 4.3-1　分析设计模块界面

4.3.1 参数

本菜单包括总信息、地基承载力、沉降、计算设计和材料信息，此处参数设置和【基础模型/参数】设置相同，此处不再赘述。

4.3.2 设计模型

单击【分析与设计/模型信息】，在弹出的对话框中，根据需求点选构件设计模型需要显示的信息。

单击【分析与设计/计算内容】，在弹出的对话框中选择构件的算法，然后点选需要计算的构件，右键【确认】结束。图中红色圆圈表示有限元、规范两种方法计算。

单击【分析与设计/布筋方向】，根据需求选择配筋角度。

4.3.3 分析模型

单击【分析与设计/生成数据】，程序将自行计算，得到分析模型计算简图，如图 4.3-2 所示。同时分析模型、基床系数、桩刚度、荷载查看菜单由灰色显示变为黑色显示，表明此时可进行操作。

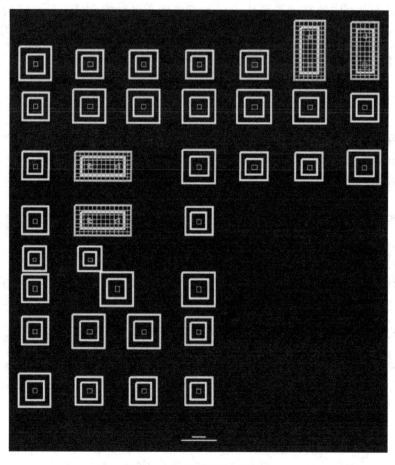

图 4.3-2　分析模型计算简图

【分析与设计/分析模型】可以查看分析模型下的一些模型信息。

【分析与设计/基床系数】用于查看、修改基床系数。

注意：在添加新的基床系数时，需要先在【基床系数】输入框内输入要修改的数值，然后再单击【添加】，此时列表内便会显示新添加的基床系数。

【分析与设计/桩刚度】用于查看、修改桩、锚杆刚度、群桩放大系数。

【分析与设计/荷载查看】用于查看校核基础模型的荷载是否读取正确。

4.3.4　计算

单击【分析与设计/生成数据＋计算设计】或【分析与设计/计算设计】，软件将自动进行计算，完成后，命令栏提示完成基础设计。

4.4　结果查看

单击【结果查看】，程序自动读取模型数据，屏幕出现基础计算简图，如图 4.4-1 所示。

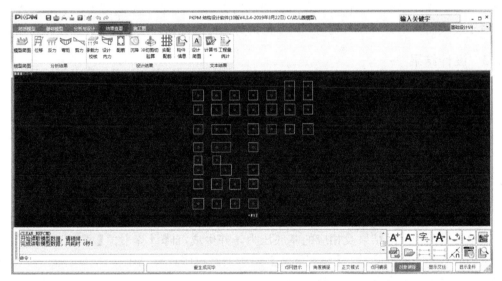

图 4.4-1　基础计算简图

利用本菜单可以查看各种有限元分析结果，包括【位移】【反力】【弯矩】【剪力】；同时可查看各种设计结果，主要包括【承载力校核】【设计内力】及【配筋】【沉降】【冲切剪切】和【实配钢筋】；另外，还可查看文本结果：【计算书】和【工程量统计】。

4.4.1　模型简图

单击【结果查看/模型简图】可查看计算模型的参数信息及基础构件信息。

4.4.2　分析结果

（1）位移

本菜单可以查看所有单工况下及荷载组合下基础位移图。通过查看位移图，查看基础变形是否合理，通常对于基础计算，内力大小与变形差大小有关，所以基础位移是评判基础分析结果合理性的重要指标。

（2）反力图

本菜单可以查看所有单工况下及荷载组合下的基础底部反力。水平力比较大的荷载组合，可以通过反力图查看判断基础底部是否有零应力区。对于水浮浮力组合，通过反力图查看判断基础底部水浮力是否大于上部荷载，从而判断是否存在抗浮问题。

（3）弯矩

本菜单可以查看所有单工况下及荷载组合下的基础弯矩。弯矩查看可以只单方向查看，也可以同时显示 X、Y 方向的弯矩值，可以按单元查看单元平均弯矩，也可以查看单元节点弯矩。同时显示 X、Y 两个方向弯矩的时候有，上部为 X 向弯矩，下部为 Y 向弯矩，对于筏板而言，弯矩方向规则等同于梁的弯矩方向规则，即板底受拉为正，板顶受拉为负，板弯矩是按单位米给出。

（4）剪力

本菜单可以查看所有单工况下及荷载组合下的基础剪力。剪力查看可以只看单方向查看，也可以同时显示 X、Y 方向的剪力值，可以按单元查看单元平均剪力，也可以查看单元节点剪力。同时显示 X、Y 两个方向剪力的时候有，上部为 X 向剪力，下部为 Y 向剪力，对于筏板而言，剪力方向规则等同于梁的剪力方向规则，板剪力是按单位米给出。

4.4.3 设计结果

（1）承载力校核

用于查看地基土与桩的承载力验算结果。

（2）设计内力

用于查看起控制作用的基础内力。

（3）配筋

用于查看基础配筋。看配筋结果时，可选择是否显示构造配筋。

（4）沉降

菜单提供两种沉降结果及相应的基底压力，并生成沉降计算书。【两点沉降差】用于查询基础两点之间的沉降量。【清理屏幕】用于清除沉降计算结果。计算沉降必须要输入地质资料，否则结果查看没有沉降值。

（5）冲切剪切验算

用于验算已经布置基础的冲切剪切结果，以校核布置基础的厚度是否满足规范要求，如果布置有柱墩，同时还可验算柱墩加筏板的厚度是否满足要求及柱墩本身对板冲切剪切是否满足要求。同时该菜单提供局压验算功能。《建筑地基基础设计规范》GB 50007—2011 第 5.2.4 条规定：对于扩展基础，当基础的混凝土强度等级小于柱的混凝土强度等级时，尚应验算柱下基础顶面的局部受压承载力。若局部承压验算不够，可通过提高基础混凝土强度或者增大基础顶面面积来改善基础的局压能力。

（6）实配钢筋

菜单采用分区均匀配筋方式对计算配筋进行处理，并给出实配钢筋。

（7）构件信息

用于输出构件的基本信息、配筋结果、冲切剪切结果、承载力验算结果等。

（8）设计简图

用于查看基础设计简图。

4.4.4 文本结果

（1）生成计算书

单击【计算书/生成计算书】，程序弹出计算书生成设置对话框，如图 4.4-2 所示。根据工程实际可进行计算书封面、内容、布局、页眉页脚、文字、表格、图形设置和输出设置。然后单击对话框右下角的【生成计算书】按钮，则会以当前的计算书设置一键生成计算书，计算书有 Word、PDF 和 TXT 三种输出格式。

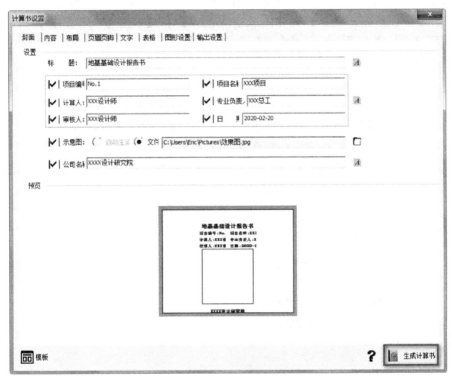

图 4.4-2 计算书生成设置对话框

单击【计算书/打开计算书】，会直接弹出《地基基础设计报告书》。

（2）工程量统计

单击【工程量统计】，根据需求选择参与工程量统计的构件类型以及输出内容，单击【确定】即可。

4.5 基础施工图

基础施工图菜单（图 4.5-1）可以承接基础建模程序中构件数据绘制基础平面施工图，也可以接 JCCAD 软件基础计算程序绘制基础梁平法施工图、基础梁立剖面施工图、筏板施工图、基础大样图（桩承台独立基础墙下条基）、桩位平面图等施工图。程序将基础施工图的各个模块（基础平面施工图、基础梁平法、筏板、基础详图）整合在同一程序中，实现在一张施工图上绘制平面图、平法图、基础详图功能，减少了有时逐一进出各个模块的操作。

图 4.5-1　基础施工图菜单

4.5.1　图层线型

本菜单用于完成当前的施工图的线型、图层、文字、标注设置等相关设置。

【图层线型/图纸模式设置】有【图纸空间模式】和【模型空间模式】两种施工图模式。图面每单位长度在【图纸空间模式】下相当于图纸上的 1mm，如选【模型空间模式】则相当于工程模型中的 1mm。

4.5.2　绘图

单击【参数设置】菜单后，程序弹出如图 4.5-2 所示的绘图参数设置对话框，包括平面图参数和独基设置参数，在完成参数修改并按【确定】按钮后，程序将根据最新的参数信息，重新生成弹性地基梁的平法施工图，并根据参数修改重绘当前的基础平面图。

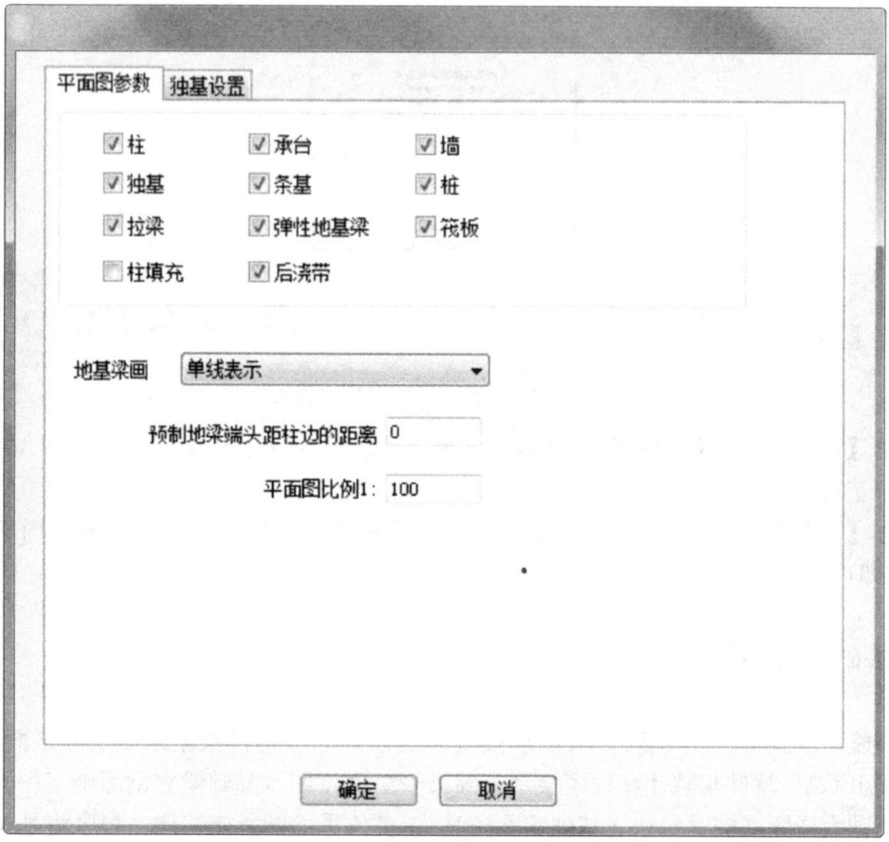

图 4.5-2　绘图参数设置对话框

4.5.3　底图

（1）绘新图

用来重新绘制一张新图，如果有旧图存在时，新生成的图会覆盖旧图。

（2）编辑旧图

可以打开旧的基础施工图文件，程序承接上次绘图的图形信息和钢筋信息，继续完成绘图工作。通过下面的对话框来进行选择要编辑的旧图。

4.5.4　标注

（1）轴线

利用本菜单标注各类轴线（包括弧轴线）间距、总尺寸、轴线号等。单击【轴线】，屏幕弹出如图 4.5-3 所示子菜单。各子菜单的功能与 PMCAD 的操作一致，在此不再赘述。

【实例 4-15】

单击【轴线/自动标注】，屏幕弹出自动标注轴线对话框（图 4.5-4），按照对话框勾选后，单击【确定】。

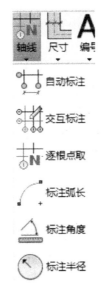

图 4.5-3　轴线子菜单　　　　图 4.5-4　自动标注轴线对话框

（2）尺寸

本菜单实现对所有基础构件的尺寸与位置进行标注。单击【尺寸】，屏幕弹出如图 4.5-5 所示子菜单。

现将所有子菜单的使用方法和功能介绍如下：

【条基尺寸】用于标注条形基础和上面墙体的宽度，使用时只需用光标单击任意条基的任意位置即可在该位置上标出相对于轴线的宽度。

【柱尺寸】用于标注柱子及相对于轴线尺寸，使用时只需用光标单击任意一个柱子，光标偏向哪边尺寸线就标在那边。

图 4.5-5　尺寸子菜单

【拉梁尺寸】用于标注拉梁的宽度以及与轴线的关系。

【独基尺寸】用于标注独立基础及相对于轴线尺寸，使用时只需用光标单击任意一个独立基础，光标偏向哪边尺寸线就标在那边。

【承台尺寸】用于标注桩基承台及相对于轴线尺寸，使用时只需用光标单击任意一个桩基承台，光标偏向哪边尺寸线就标在那边。

【地梁长度】用于标注弹性地基梁（包括板上的肋梁）长度，使用时首先用光标单击任意一个弹性地基梁，然后再用光标指定梁长尺寸线标注位置。一般此功能用于挑出梁。

【地梁宽度】用于标注弹性地基梁（包括板上的肋梁）宽度及相对于轴线尺寸，使用时只需用光标单击任意一根弹性地基梁的任意位置即可在该位置上标出相对于轴线的宽度。

【标注加腋】用于标注弹性地基梁（包括板上的肋梁）对柱子的加腋线尺寸，使用时只需用光标单击任意一个周边有加腋线的柱子，光标偏向柱子哪边就标注那边的加腋线尺寸。

【筏板剖面】用于绘制筏板和肋梁的剖面，并标注板底标高。使用时须用光标在板上输入两点，程序即可在该处画出该两点切割出的剖面图。

【标注桩位】用于标注任意桩相对于轴线的位置，使用时先用多种方式（围区、窗口、轴线、直接）选取一个或多个桩，然后光标单击若干同向轴线，按【Esc】键退出后再用光标给出画尺寸线的位置即可标出桩相对这些轴线的位置。如轴线方向不同，可多次重复选取轴线、定尺寸线位置的步骤。

【标注墙厚】用于标注底层墙体相对轴线位置和厚度。使用时只需用光标单击任意一道墙体的任意位置即可在该位置上标出相对于轴线的宽度。

【实例 4-16】

单击【尺寸/独基尺寸】，屏幕弹出独基尺寸布置参数对话框，如图 4.5-6 所示。参照对话框选择独基尺寸标注方式，然后根据命令提示选择需要标注的基础。

（3）编号

本菜单的主要功能是标注写出柱、梁、独基、承台等的编号和在墙上设置、标注预留洞口。单击【编号】，屏幕弹出如图 4.5-7 所示的子菜单。

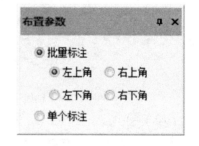

图 4.5-6　独基尺寸布置参数对话框

主要子菜单的使用方法和功能说明如下：

【注柱编号】【拉梁编号】【独基编号】【承台编号】【柱墩编号】这五个菜单分别是用于写柱子、拉梁、独基、承台、柱墩编号的，使用时先用光标单击任意一个或多个目标（应在同一轴线上），然后按【Esc】键中断，再用光标拖动标注线到合适位置，写出其预先设定好的编号。

【输入开洞】菜单用于在底层墙体上开预留洞。使用时先用光标单击要设洞口的墙体，然后输入洞宽和洞边距左下节点的距离（m）。

【标注开洞】菜单用于标注上个菜单画出的预留洞，使用时先用光标单击要标注的洞口，接着输入洞高和洞下边的标高，然后再用光标拖动标注线到合适的位置。

【地梁编号】菜单提供自动标注和手工标注两种方式，自动标注的用途是把按弹性地基梁元法计算后进行归并的地基连续梁编号，自动标注在各个连梁上，使用时只要单击本菜单即可自动完成标注。手工标注将输入的字符标注在指定的连梁上。

【实例 4-17】

单击【编号/独基编号】，屏幕弹出选择编号标注方式参数对话框（图 4.5-8），选择【自动标注】。完成上述操作后，即可生成基础平面图（见第 7 章）。

图 4.5-7　编号子菜单　　　　图 4.5-8　选择编号标注方式对话框

4.5.5　平法

通过此菜单，程序可以自动完成【独基】【承台】【柱墩】【地基梁】的平法施工图。平法规则详细规定请查《混凝土结构施工图平面整体表示方法制图规则和构造详图（独立基础、条形基础、筏形基础、桩基础）》16G101-3。

4.5.6　编辑

此菜单包括【移动标注】和【标注换位】，用于移动集中标注和原位标注的字符，调整字符位置。

图 4.5-9　地梁改筋子菜单

4.5.7　地梁改筋

单击【地梁改筋】菜单，屏幕弹出如图 4.5-9 所示的子菜单：

（1）连梁改筋

采用表格方式修改连梁的钢筋。单击【连梁改筋】按钮，程序提示选取地基梁，当用鼠标左键选取地基梁后，程序弹出修改钢筋界面。图上显示为地基梁当前跨左中右截面的剖面图，初值为第一跨，可以通过编辑下部分的表格来修改钢筋信息。按【Enter】键程序关闭对话框，完成本连梁一次修改操作。

（2）单梁改筋

采用手动选择连梁梁跨的修改方式，可以选择多个梁跨修改相应的钢筋。程序可以只修改选中的梁跨的单项钢筋，如：当选取的多个梁的顶部钢筋要改为相同值时，只要在【顶部钢筋】项中输入钢筋信息，然后，单击【修改】即可完成修改工作。

（3）原位改筋

手动选择要修改的原位标注钢筋进行修改。

（4）分类改筋

用于修改基础不同部位的钢筋。

（5）附加箍筋

程序自动计算附加箍筋，并生成附加箍筋标注。

（6）删除附加箍筋

手动选择要已经标注的附加箍筋，删除钢筋。

（7）附箍全删

一次性全部删除图中已经标注的附加箍筋。

4.5.8　详图

1. 选梁画图

利用本菜单进行连梁立剖面图的绘制，单击【选梁画图】，弹出如图 4.5-10 所示子菜单。

单击【选画梁图】，交互选择要绘制的连续梁，程序用红线标示将要出图的梁，一次选择的梁均会在同一张图上输出。由于出图时受图幅的限制，一次选择的梁不宜过多，否则布置图面时，软件将会把剖面图或立面图布置到图纸外面。选好梁后，按下鼠标右键或【Esc】键，结束梁的选择。之后，屏幕弹出如图 4.5-11 所示的【立剖面参数】对话框，可根据需求输入参数。

单击【参数修改】菜单可出现同样的对话框，在对话框中输入图纸号、立面图比例、剖面图比例等参数，程序依据这些参数进行布置图面和画图。

参数定义完后，就可以正式出图。程序首先要进行图面布置的计算。布图过程中可能会出现某些梁长度过长超出图纸范

图 4.5-10　选梁画图子菜单

围的情况，这时软件会提示是否分段。如果选择【分段】：则程序会将此梁分为几段绘制，如果选【不分段】，则此梁会超出原来选定的图纸范围。布置计算完成后，按程序提示输入图名，然后程序会自动绘制出施工图。

如果觉得自动布置的图面不满足要求，则可使用【参数修改】菜单重新设定绘图参数，或使用【移动图块】和【移动标注】菜单来调整各个图块和标注的位置，得到自己满意的施工图。

2. 基础详图

本菜单的功能是在当前图中或者新建图中添加绘制独立基础、条形基础、桩承台和桩的大样图。单击【基础详图】，屏幕弹出如图 4.5-12 所示子菜单，各子菜单功能介绍如下。

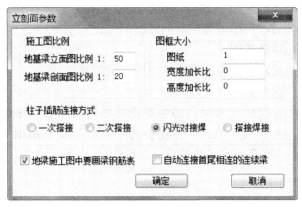

图 4.5-11　立剖面参数对话框　　　　　图 4.5-12　基础详图子菜单

（1）绘图参数

单击【绘图参数】，屏幕弹出绘图参数设置对话框（图 4.5-13），根据需求输入参数。

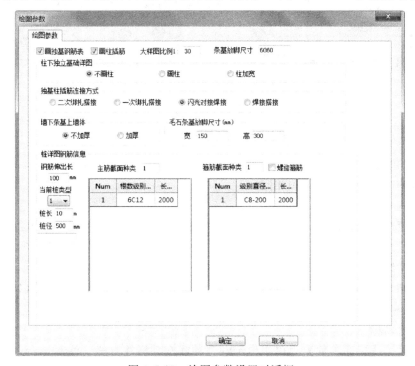

图 4.5-13　绘图参数设置对话框

图 4.5-14　选择基
础详图对话框

（2）插入详图

单击【插入详图】，弹出选择基础详图对话框，如图 4.5-14 所示。在对话框中列出了应画出的所有大样名称，独基以"DJPM-"字母开头。单击某一详图名称后，屏幕会出现该详图，并且会随光标移动，移动到合适位置后，单击鼠标左键或【Enter】键，即可将该图块放在图面上。详图名称后面的"√"表示该详图已画过。

（3）删除详图

用来将已经插入的详图从图纸中去掉。具体操作：单击【删除详图】，再单击要删除的详图即可。

（4）移动详图

用来移动调整各详图在平面图上的位置。

（5）钢筋表

用于绘制独立基础和墙下条形基础的底板钢筋表。使用时只要用光标指定位置，程序会将所有柱下独立基础和墙下条形基础的钢筋表画在指定的位置上。钢筋表按每类基础分别统计。

4.5.9　桩位平面图

本菜单可以将所有桩的位置和编号标注在单独的一张施工图上以便施工操作。单击【桩位平面图】，弹出子菜单如图 4.5-15 所示。主要子菜单功能介绍如下。

图 4.5-15　桩位平面图子菜单

（1）绘图参数

本菜单的内容与基础平面图相同。

（2）标注参数

用于设定标注桩位的方式。单击【标注参数】，在弹出的对话框中按照各自的习惯设定相应的值。

（3）参考线

用于控制是否显示网格线（轴线）。在显示网格线状态中，可以看清相对节点有移心的承台。

（4）承台名称

本菜单可按【标注参数】菜单中设定的自动或交互标注方式，注写承台名称。当选择自动方式时，单击本菜单后，程序将标注所有承台的名称；当选择交互标注时，单击菜单后，还要用鼠标单击要标注名称的承台和标注位置。

（5）承台偏心

用于标注承台相对于轴线的移心。可按【标注参数】中设定的自动或交互方式进行标注。

（6）注群桩位

用于标注一组桩的间距以及与轴线的关系。单击本菜单后，需要先选择桩（选择方式可按【Tab】键转换），然后选择要一起标注的轴线。如果选择了轴线，则沿轴线的垂直方向标注桩间距，否则要指定标注角度。先标注一个方向后，再标注与前一个正交方向的桩间距。

（7）桩位编号

用于将桩按一定水平或垂直方向编号。单击【桩位编号】，在弹出的对话框中指定桩起始编号，然后选择桩，再指定标注位置。

（8）写图名

用于指定【桩位布置图】图名在图面上的书写位置。

（9）返回平面图

用于返回基础平面图。

4.5.10 筏板钢筋图

本菜单用于筏板施工图的绘制。单击【筏板钢筋图】，程序将自动检查该模块的数据信息（对当前工程而言）是否已经存在。如果存在，则在屏幕上弹出数据文件选择对话框，如图 4.5-16 所示。

选择【读取旧数据文件】，表示此前建立的信息仍然有效；选择【建立新数据文件】，表示初始化本模块的信息，此前已经建立的信息都无效。单击【确认】按钮后，在屏幕上将显示出本模块程序的工作界面，如图 4.5-17 所示。简述各子菜单的功能如下。

图 4.5-16 数据文件选择对话框

图 4.5-17 筏板钢筋图子菜单

（1）网线编辑

本菜单不是必须操作的。为了方便筏板钢筋的定位，可能需要对基础平面布置图的网线信息进行一些编辑处理。只要编辑的网线信息与已布置的钢筋无关，则经过网线编辑后，已布置的钢筋信息仍然有效。

（2）取计算配筋

通过本菜单，可选择筏板配筋图的配筋信息来自何种筏板计算程序的结果。为使该菜单能正常运行，在此之前，应在筏板计算程序中执行【钢筋实配】或【交互配筋】。

（3）布置钢筋参数

这些参数只对将要布置的钢筋起作用，也就是说，它的改变不会自动改变已布置的钢筋信息。

（4）钢筋显示参数

用来确定钢筋在图面上显示的方式和位置。

（5）校核参数

用来设定钢筋校核时的表示方法。

（6）剖面图参数

用于绘制筏板剖面图。

（7）统计钢筋量参数

用于统计筏板的钢筋量。包括【钢筋搭接方式及定长】和【钢筋统计】。

（8）改计算配筋

本菜单不是必须执行的，它有三个用途：其一，可在具体绘钢筋图之前，查看读取的配筋信息是否正确；其二，可对计算时生成的筏板配筋信息进行修改；其三，也可在此自定义筏板配筋信息。

（9）画计算配筋

利用本菜单，可把【取计算配筋】或【改计算配筋】中的筏板钢筋信息直接绘制在平面图上。

（10）布板上筋

用于编辑筏板板面钢筋，钢筋的信息（钢筋直径、间距、级别等）与筏板计算结果不相关联。

（11）布板中筋

用于编辑筏板板厚中间层位置的钢筋。

（12）布板下筋

用于编辑筏板的板底钢筋。

（13）展开-收回

该项菜单用于切换画钢筋方式。同一次布置的钢筋遇到边界变化或有子筏板时会有多种钢筋形式出现，程序可以按照一根标注，也可以按照多根标注。

（14）画施工图

用于生成筏板配筋施工图。

4.5.11　验算裂缝

当单击该菜单后，程序根据板的实际配筋量，计算出板边界和板跨中的裂缝宽度，并在图上标出。

注意：只有梁板式的筏板才有该项功能。

4.5.12　其他

（1）大样图

单击【大样图】，程序将基础中的一些常用剖面图的绘制命令放置在本菜单中，与基础相关的模块有：电梯井、地沟、拉梁、隔墙基础四类详图的绘制菜单。

【电梯井】用于参数化定义电梯井的详图（平面大样和剖面大样），并按将其插入施工图中。

【地沟】用于参数化定义地沟的详图（平面大样和剖面大样），并按将其插入施工图中。

【拉梁】用于参数化定义拉梁剖面详图，并将其插入施工图中。拉梁的截面尺寸依次选取基础输入时的数据，而钢筋数据需要在这里补充。在输入钢筋数据时，A 表示一级钢，B 表示二级钢。

【隔墙基础】用于参数化定义隔墙基础，并将其插入施工图中。该类基础在基础数据输入时并不出现，一般也不需要进行承载力和基础内力计算。

（2）绘图工具

通过此菜单可绘制图框、标注图名和楼层标高。

【实例 4-18】

按照以上步骤操作，得本例最终基础平面布置图及详图，具体见第 7 章。

第 5 章　混凝土结构施工图设计

5.1　混凝土结构施工图简介

PKPM 软件【砼结构施工图】模块的功能特点与使用方法，如图 5.1-1 所示。

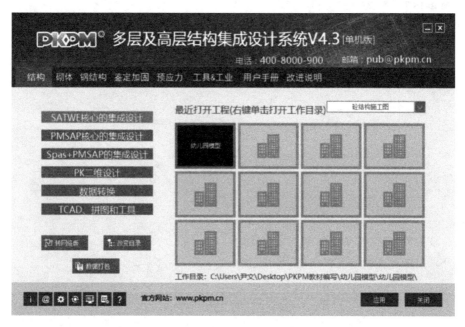

图 5.1-1　混凝土结构施工图

【砼结构施工图】是 PKPM 设计系统的主要组成部分之一，其主要功能是辅助用户完成上部结构各种混凝土构件的配筋设计，并绘制施工图。该模块包括梁、柱、墙、板及组合楼板、层间板等多个子模块，用于处理上部结构中最常用到的各大类构件。这些模块功能相近，风格统一，设计思路近似，故都集中在本节中进行介绍。

【砼结构施工图】是 PKPM 软件的后处理模块，需要接力其他 PKPM 软件的计算结果进行计算。其中板施工图模块需要接力【结构建模】软件生成的模型和荷载导算结果来完成计算；梁、柱、墙施工图模块除了需要【结构建模】生成的模型与荷载外，还需要接力结构整体分析软件生成的内力与配筋信息才能正确运行。施工图模块可以接力计算的结构整体分析软件包括空间有限元分析软件 SATWE 和特殊多高层计算软件 PMSAP。

板、梁、柱、墙模块的设计思路相似，基本都是按照划分钢筋标准层、构件分组归并、自动选筋、钢筋修改、施工图绘制、施工图修改的步骤进行操作。其中必须执行的步骤包括划分钢筋标准层、构件分组归并、自动选筋、施工图绘制，这些步骤软件会自动执行，用户可以通过修改参数控制执行过程。如果需要进行钢筋修改和施工图修改，用户可以在自动生成的数据基础上进行交互修改。

施工图绘制是本模块的重要功能。软件提供了多种施工图表示方法，如平面整体表示法、柱、墙的列表画法、传统的立剖面图画法等。其中最主要的表示方法为平面整体表示法，软件缺省输出平法图，钢筋修改等操作均在平法图上进行。软件绘制的平法图符合《混凝土结构施工图平面整体表示方法制图规则和构造详图（现浇混凝土框架、剪力墙、梁、板）》（16G101-1）（后文简称为 16G101-1）的要求。

软件使用 PKPM 自主知识产权的图形平台 TCAD 绘制施工图。绘制成的施工图后缀为 .T，统一放置在工程路径的【\施工图】目录中。已经绘制好的施工图可以在各施工图模块中再次打开，重复编辑。施工图模块提供了编辑施工图时使用的各种通用命令（如图层设置、线型设置、图素编辑等）和专业命令（如构件尺寸标注、大样图绘制、层高表绘制等）。这些命令统一放置在屏幕上方的公用选项卡和工具栏中，具体使用方法在第 5.2节中有介绍。

也可使用独立的 T 图编辑软件 TCAD 来编辑施工图，TCAD 的使用方法请参考相关技术资料。TCAD 提供了 T 图转 AutoCAD 图的接口，熟悉 AutoCAD 的用户可以将软件生成的 T 图转换成 AutoCAD 支持的 DWG 图进行编辑。

5.2　梁施工图

梁施工图模块的主要功能为读取计算软件【SATWE】或【PMSAP】的计算结果，完成钢筋混凝土连续梁的配筋设计与施工图绘制。具体功能包括连续梁的生成、钢筋标准层归并、自动配筋、梁钢筋的修改与查询、梁正常使用极限状态的验算、施工图的绘制与修改等。图 5.2-1 为梁施工图的主菜单。

【梁】选项卡的菜单命令主要为专业设计的内容，包括【设置】【配筋绘图】【连梁修改】【标注修改】【校核】等内容。

图 5.2-1　梁施工图模块主菜单

梁施工图软件可以接整体分析软件（【SATWE】或【PMSAP】）的内力和配筋计算结果进行自动配筋并绘制施工图。

如果模型中包含次梁，还必须经过整体分析程序中的【次梁计算】，生成次梁内力配筋文件 CILIANG.PK。如果不做次梁计算就使用梁施工图软件，所有次梁将按构造配筋进行选配。

5.2.1　连续梁的生成与归并

【SATWE】【PMSAP】等空间结构计算完成后，做梁柱施工图设计之前，要对计算配筋的结果作归并，从而简化出图。梁（包括主梁及次梁）归并规定把配筋相近，截面尺寸相同，跨度相同，总跨数相同的若干组连梁的配筋，归并为一组，简化画图输出。根据用户给出的归并系数，程序在归并范围内自动计算归并出需画图输出的连梁有多少组，用户只要把这几组连梁画出就可表达几层或全楼的梁施工图。

连续梁生成和归并的基本过程大致如下：

（1）划分钢筋标准层，确定哪几个楼层可以用一张施工图表示。

（2）根据建模时布置的梁段位置生成连续梁，判断连续梁的性质属于框架梁还是非框架梁。

（3）在同一个标准层内对几何条件（包括性质、跨数、跨度、截面形状与大小等）相同的连续梁归类，相同的程序称作"几何标准连续梁类别"相同，找出几何标准连续梁类别总数。

（4）对属于同一几何标准连续梁类别的连续梁，预配钢筋，根据预配的钢筋和用户给出的钢筋归并系数进行归并分组。

（5）为分组后的连续梁命名，在组内所有连续梁的计算配筋面积中取大值，配出实配钢筋。

实际设计中，存在若干楼层的构件布置和配筋完全相同的情况，可以用同一张施工图代表若干楼层。在软件中，可以将这些楼层划分为同一钢筋标准层，软件会为各层同样位置的连续梁给出相同的名称，配置相同的钢筋。读取配筋面积时，软件会在各层同样位置的配筋面积数据中取大值作为配筋依据。

第一次进入梁施工图时，会自动弹出对话框，要求用户调整和确认钢筋标准层的定义。程序会按结构标准层的划分状况生成默认的梁钢筋标准层。用户应根据工程实际状况，进一步将不同的结构标准层也归并到同一个钢筋标准层中，只要这些结构标准层的梁截面布置相同。因为在新的钢筋标准层概念下，定义了多少个钢筋标准层，就应该画多少层的梁施工图。因此，用户应该重视钢筋标准层的定义，使它既有足够的代表性，省钢筋，又足够简洁，减少出图数量。

在施工图编辑过程中，也可以随时通过菜单的【设钢筋层】命令来调整钢筋标准层的定义。

调整钢筋标准层的界面如图5.2-2所示。

左侧的定义树表示当前的钢筋层定义情况。单击任意钢筋层左侧的"⊞"号，可以查看该钢筋层包含的所有自然层。右侧的分配表表示各自然层所属的结构标准层和钢筋标准层。

钢筋层的增加、改名与删除均可由用户控制。左侧树形结构下方有四个按钮：【增加】【更名】【清理】和【合并】。【增加】按钮可以增加一个空的钢筋标准层。【更名】按钮用于修改当前选中的钢筋标准层的名称。【合并】按钮可以将选中的多个钢筋层合并为一个。（按住【Ctrl】或【Shift】键可以选中多个钢筋层）。比较特殊的是【清理】，由于含有自然层的钢筋标准层不能直接删除（不然会出现没有钢筋层定义的自然层），所以想删除一个钢筋层只能先把该钢筋层包含的自然层都移到其他钢筋层去，将该钢筋层清空，再使用【清理】按钮，清除空的钢筋层。

有两种方法可以调整自然层所属的钢筋标准层：

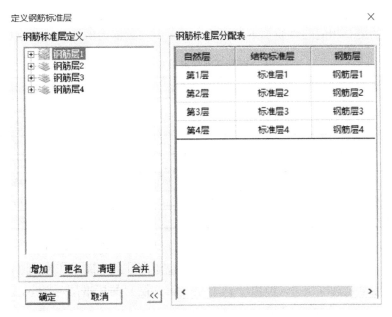

图 5.2-2　钢筋标准层定义界面

（1）在左侧树表中将要修改的自然层拖放到需要的钢筋层中去（图 5.2-3a）。

（2）在右侧表格中修改自然层所属的钢筋标准层（图 5.2-3b）。可以按住【Ctrl】或【Shift】键选中多个钢筋层进行相同修改。两种方法的效果相同，用户可以任选一种使用。

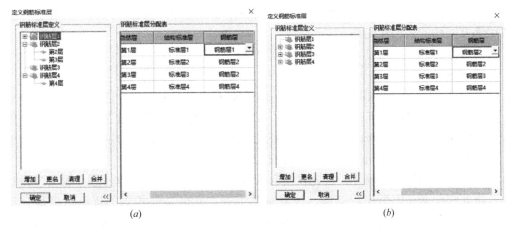

　　　　　　　　（a）　　　　　　　　　　　　　　　　　（b）

图 5.2-3　修改钢筋标准层

钢筋标准层的概念与 PM 建模时候定义的结构标准层相近但是有所不同。一般来讲，同一钢筋标准层的自然层都属于同一结构标准层，但是同一结构标准层的自然层不一定属于同一钢筋标准层。用户可以将两个不同结构标准层的自然层划分为同样的钢筋层，但应保证两自然层上的梁几何位置全部对应，完全可以用一张施工图表示。

软件根据以下两条标准进行梁钢筋标准层的自动划分：

（1）两个自然层所属结构标准层相同；

（2）两个自然层上层对应的结构标准层也相同。

符合上述条件的自然层将被划分为同一钢筋标准层。

本层相同，保证了各层中同样位置上的梁有相同的几何形状；上层相同，保证了各层中同样位置上的梁有相同的性质。下面以表5.2-1中的数据为例详细说明规则的运作：

钢筋层与标准层关系　　　　　　　　　　　　　　　　　　　　表5.2-1

自然层	结构标准层	钢筋标准层
第1层	标准差1	钢筋层1
第2层	标准层1	钢筋层2
第3层	标准层2	钢筋层3
第4层	标准层2	钢筋层3
第5层	标准层2	钢筋层3
第6层	标准层2	钢筋层4
第7层	标准层3	钢筋层5

第3层与第4层都被划分到钢筋层3，是因为它们的结构标准层相同（都属于标准层2），而且上层（第4层和第5层）的结构标准层也相同（也都属于标准层2）。而第6层的结构标准层虽然也是标准层2，但由于其上层（第7层）的标准层号为3，因此不能与第3、4、5层划分在同一钢筋标准层。

此处的"上层"指楼层组装时直接落在本层上的自然层，是根据楼层底标高判断的，而不是根据组装顺序判断的。

钢筋标准层所起的作用与梁归并程序中的竖向强制归并功能类似：

（1）竖向强制归并即使自然层不连续，也可以划分为同样的钢筋标准层。

（2）归并是无条件的按平面位置，同一钢筋标准层内的自然层，只要平面位置相同的连续梁都有同样的名称和配筋。

梁名称是分钢筋层编号，各钢筋层都是从KL-1开始编号。

连续梁的归并规则：

归并仅在同一钢筋标准层平面内进行。程序对不同钢筋标准层分别归并。

首先根据连续梁的几何条件进行归类。找出几何条件相同的连续梁类别总数。几何条件包括连续梁的跨数、各跨的截面形状、各支座的类型与尺寸、各跨网格长度与净跨长度等。只有几何条件完全相同的连续梁才被归为一类。

接着按实配钢筋进行归并。首先在几何条件相同的连续梁中选择任意一根梁进行自动配筋，将此实配钢筋作为比较基准。接着选择下一个几何条件相同的连续梁进行自动配筋，如果此实配钢筋与基准实配钢筋基本相同（何谓基本相同见下段阐述），则将两根梁归并为一组，将不一样的钢筋取大作为新的基准配筋，继续比较其他的梁。

每跨梁比较4种钢筋：左右支座、上部通长筋、底筋。每次需要比较的总种类数为跨数 $*4$。每个位置的钢筋都要进行比较，并记录实配钢筋不同的位置数量。最后得到两根梁的差异系数：差异系数＝实配钢筋不同的位置数÷（连续梁跨数×4）。如果此系数小于归并系数，则两根梁可以看作配筋基本相同，可以归并成一组。

从上面的归并过程可以看出，归并系数是控制归并过程的重要参数。归并系数越大，则归并出的连梁种类数越少。归并系数的取值范围是0～1，缺省为0.2。如果归并系数取0，则只有实配钢筋完全相同的连续梁才被分为一组，如果归并系数取1，则只要几何条件相同的连续梁就会被归并为一组。

5.2.2　自动配筋

梁施工图模块的自动配筋的基本过程是：（1）选择箍筋；（2）选择腰筋；（3）选择上部通长钢筋和支座负筋；（4）选择下筋；（5）其他钢筋的选择和调整。

下面介绍各步操作过程的具体做法。如图 5.2-4 所示。

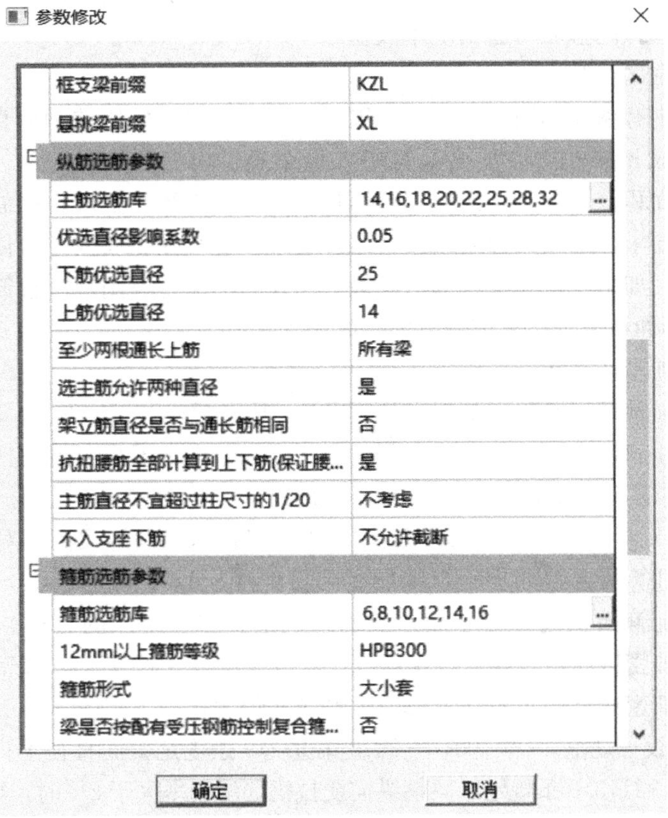

图 5.2-4　选择界面

5.2.2.1　选择箍筋

计算软件输出的各种箍筋计算面积，包括各截面的配箍面积包络 A_{stv}、距支座 $1.5h_0$ 处的配箍面积 A_{stm}、抗扭单肢箍筋面积 A_{st1} 等，施工图软件根据这些数据和连续梁特性选配加密区箍筋和非加密区箍筋。选配箍筋的具体过程如下：

（1）确定最小箍筋直径

箍筋的最小直径根据梁的抗震等级和性质（是否框架梁）确定。根据《混凝土结构设计规范》GB 50010—2010 第 11.3.6 条的规定，一级抗震的框架梁箍筋最小直径为 10mm，二、三级抗震框架梁箍筋最小直径为 8mm。根据《混凝土结构设计规范》GB 50010—2010 第 9.2.9 条的规定，对四级抗震、非抗震框架梁及非框架梁，如果梁高 $h>800mm$，箍筋最小直径为 8mm，如果梁高 $h \leqslant 800mm$，箍筋最小直径为 6mm。如有必要，还根据 A_{st1} 对最小直径进行放大。如果抗扭单肢箍筋面积 A_{st1} 大于单根最小直径钢筋的面积，则放大最小直径，直到单根最小直径钢筋的面积大于 A_{st1} 为止。

（2）确定箍筋最小肢数

最小箍筋肢数根据梁宽和最大箍筋肢距确定。根据《混凝土结构设计规范》GB 50010—2010 第 11.3.8 条，一级抗震的框架梁箍筋最大肢距为 max（200，20d），二、三级抗震的框架梁箍筋最大肢距为 max（250，20d），其他梁箍筋最大肢距为 300，d 为箍筋的直径。软件据此计算最小肢数 $N=(b-2c)/v$，其中 b 为梁宽，c 为保护层厚度，v 为箍筋最人肢距。选筋时用最小肢数作为初始肢数，如果最小肢数为单数，则初始肢数会自动加一以保证自动选择的箍筋不会出现单肢箍。

（3）选择加密区箍筋

在配筋参数中有箍筋选筋库，用户可以限定配箍筋时所使用的钢筋直径。加密区的箍筋间距程序固定取 min（100，$h/4$），其中 h 为梁高。根据已取得的直径、肢数、间距可以计算实配箍筋面积，如果小于计算配箍面积，则放大直径。如果直径放大到选筋库中的最大值仍不满足要求，则放大箍筋肢数。通常通过调整直径和肢数即可使配箍面积满足要求，特殊情况下，如果直径和肢数都已经最大面积仍不满足，则减小箍筋间距，每次减小25mm，直到箍筋面积满足要求或箍筋间距减小到 25mm 为止。

（4）选择非加密区箍筋

加密区长度通常按《混凝土结构设计规范》GB 50010—2010 第 11.3.6 条选取。一级抗震框架梁加密区长度取 max（2h，500），二至四级抗震框架梁加密区长度取 max（1.5h，500）。对框支、底框梁，如果上部支撑的墙上有开洞，则箍筋全长加密；否则，加密区长度取 max（0.2L_n，1.5h），其中 L_n 为梁净跨长，h 为梁高。对非框架梁、非抗震框架梁，如果计算需要箍筋加密，则加密区长度按 max（1.5h，500）计算。非加密区箍筋计算面积取配箍面积包络在非加密区的最大值。非加密区的直径、肢距与加密区相同，间距取 2 倍加密区间距。如果实配面积小于计算面积，则减小非加密区间距，直到实配面积满足或非加密区箍筋间距等于加密区箍筋间距为止。

《混凝土结构设计规范》GB 50010—2010 第 9.2.9 条规定箍筋直径不得小于受压纵向钢筋直径的 0.25 倍。11.3.6 条规定，梁端纵向受拉钢筋配筋率大于 2% 时，箍筋最小直径应增大 2mm。软件会在选择主筋后验算这两条规定，如果不满足要求，则会放大箍筋直径，重新选择箍筋。

5.2.2.2　选择腰筋

根据是否参与受力的不同，腰筋分构造腰筋与抗扭腰筋两种。程序根据计算软件输出的抗扭纵筋面积 A_{stt} 是否大于 0，判断腰筋的性质并给出配筋。

构造腰筋的选择方法遵循《混凝土结构设计规范》GB 50010—2010 第 9.2.13 条的规定：当梁的腹板高度 $h_w \geqslant 450$mm 时，在梁的两个侧面应沿高度配置纵向构造钢筋，每侧纵向构造钢筋（不包括梁上、下部受力钢筋及架立钢筋）的间距不宜大于 200mm，截面面积不应小于腹板截面面积 bh_w 的 0.1%。除此之外，软件还设置了腰筋最小直径的参数，即腰筋最小选择 12mm，用户可以自行修改。

框支、底框梁的构造腰筋选择还应满足《建筑抗震设计规范》GB 50010—2010 第 7.5.8 条要求：沿梁高应配置腰筋，数量不小于 2ϕ14，间距不大于 200mm。

抗扭腰筋的选择方法基本同构造腰筋，但有两点需要注意：首先，如果需要纵筋抗扭，则一定选配至少 2 根腰筋，即不考虑 $h_w \geqslant 450$mm 才配腰筋的规定。其次，如果根据构造选出的腰筋面积小于抗扭纵筋面积 A_{stt}，软件不会增加腰筋根数或直径，而是直接将多出来的那部分抗扭纵筋面积分配到顶筋和底筋上。

此处应注意腹板高度 $h_w = h_0 - h_f$，其中 h_0 为截面的有效高度，h_f 为上部翼缘厚度，如果梁两侧有现浇板，则 h_f 为两侧板厚的较大值。

【最小腰筋直径】是新加的配筋参数。用户可以通过此参数控制腰筋的选择。

5.2.2.3 纵筋的选择方法

程序中有两个参数：【下筋优选直径】和【上筋优选直径】，也就是将纵筋细分为下筋和上筋，相应的纵筋选择方法与以前的版本有所不同。本节介绍纵筋的选择方法及参数"优选直径"的含义。

选择纵筋的基本原则是尽量使用优选直径，尽量不配多于两排的钢筋。首先根据箍筋肢数确定最小的单排根数，根据《混凝土结构设计规范》GB 50010—2010 第 9.2.1 条确定最大的单排根数（钢筋直径假定为主筋优选直径），然后用计算配筋面积除以优选直径的面积得到优选钢筋根数。如果优选钢筋根数大于最小单排根数且小于等于 2 * 最大单排根数，则选筋完毕。如果优选钢筋根数过小（小于等于最小单排根数），说明计算配筋面积小，需要减小钢筋直径。如果优选钢筋根数过大（大于 2 * 最大单排根数），说明计算配筋面积大，需要增大钢筋直径。如果使用主筋选筋库中的最大直径仍然不能满足计算配筋面积，说明计算配筋面积过大，两排配筋已经不能满足要求，则将钢筋直径固定为最大直径，增大钢筋根数直到满足要求。

从上面的配筋过程可以看出，大部分梁的自动配筋均使用优选直径。这样就减少了钢筋种类数，降低了施工难度。常用钢筋直径为 18mm、20mm、22mm、25mm。为施工方便，钢筋直径不宜过多。如图 5.2-5 所示。

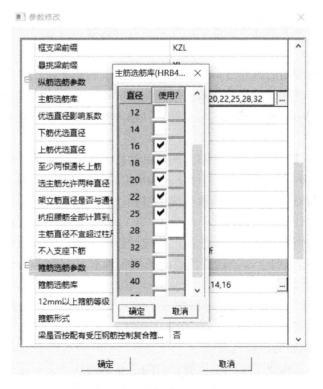

图 5.2-5　上、下筋优选直径，调整

5.2.2.4 选择通长筋与支座负筋

根据一般的施工习惯，梁的上部钢筋在支座是连通的，且有部分上筋是通长延伸多跨。因此梁上部钢筋并不是分跨选配，而需要考虑整根连续梁的情况。

考虑到连续梁各跨可能出现偏心、高差、截面尺寸不同等情况，并不是每个支座处的左右负筋都能够连通。软件在自动配筋时，首先找到有上述情况的支座进行分段，将上筋分成一段一段进行配筋。如果连续梁中没有上述情况，则整根连续梁作为一段进行配筋。

分好段后，对每段梁按下列四步进行配筋：

（1）选择钢筋直径。由于每段梁的上筋都至少有一部分是连通各跨的，所以各跨支座配筋都应该使用统一的直径。程序的做法是将整段梁的各个支座都配一遍钢筋，然后在所有支座配筋中选择直径最大的作为此段梁上筋使用的统一直径。

（2）根据统一的直径计算配筋面积反算各支座需要的钢筋根数。

（3）根据配筋包络图及相关构造要求确定各跨需要连通的钢筋根数，配出跨中通长钢筋。

（4）调整支座负筋直径。如果将支座负筋的某几根钢筋直径减小仍能满足配筋面积要求，则使用较小直径的钢筋以减少实配钢筋量。出于受力合理的考虑，减小的钢筋直径与初选钢筋直径的差异不会大于5mm。如果参数【选主筋允许两种直径】选择了【否】，则此步跳过不做。

一、二抗震等级框架梁，《混凝土结构设计规范》GB 50010—2010 第 11.3.7 条规定通长纵筋面积不应少于梁两端支座负筋较大截面面积的 1/4。软件执行此项规定。

5.2.2.5 选择下筋

下筋根据配筋面积和前面所叙述的配筋方法进行选取，但是需要注意下筋的配筋面积可能经过调整。

程序选配纵筋时使用的纵筋计算配筋面积（包括上筋和下筋）按如下过程选取：

（1）程序读取计算软件输出的各截面计算配筋面积作为纵筋计算面积的初始值。

（2）如果 PM 中输入的钢筋等级与计算软件输入的钢筋强度不能对应，软件要做相应的等强度代换。

（3）乘上用户在【配筋参数】中输入的【上筋放大系数】或【下筋放大系数】。

（4）如果腰筋不满足抗扭要求，将腰筋不能承担的配筋面积分配到主筋的计算面积上。

以上是上筋下筋通用的计算配筋面积读取过程。对于抗震框架梁，其下筋面积还需要根据《混凝土结构设计规范》GB 50010—2010 第 11.3.6 条做出调整：框架梁梁端截面的底部和顶部纵向受力钢筋截面面积的比值，除按计算确定外，一级抗震等级不应小于 0.5，二、三级抗震等级不应小于 0.3。需要注意此条规定针对实配钢筋面积。这也是软件配完上筋才能配下筋的原因所在。

为配合 16G101-1 的做法，软件可以输入不伸入支座的负筋。但是在自动配筋时，软件不会自动生成不入支座的负筋。

5.2.2.6 其他钢筋的选择与调整

纵筋、箍筋和腰筋构成了梁的主体骨架，除这些钢筋外，梁中还包含架立筋、腰筋拉接筋等其他构造钢筋。对于这些钢筋软件也会给出自动配筋结果。

架立筋根数应该等于箍筋肢数减去通长负筋的根数。因此通长筋和箍筋确定后，架立筋的根数就确定了。程序只需选择架立筋直径。《混凝土结构设计规范》GB 50010—2010 第 9.2.6 条规定：梁内架立筋的直径，当梁跨度小于 4m 时，不宜小于 8mm，当梁跨度 4～6m 时，不宜小于 10mm，当梁跨度大于 6m 时，不宜小于 12mm。为了方便绘图和施工，将【架立筋直径】作为参数提供给用户，如果用户选择【按混规 9.2.6 计算】，则不同梁跨会选出不同直径的架立筋。架立筋选择如图 5.2-6 所示。

腰筋拉结筋按 16G101-1 规定选择。当梁宽大于 350mm 时，使用直径 6mm 的拉筋；当梁宽不大于 350mm 时，使用直径 8mm 的拉筋。拉筋间距取两倍箍筋间距。拉筋等级与箍筋等级相同。

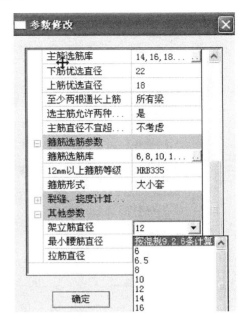

图 5.2-6　架立筋直径

5.2.3　正常使用极限状态验算

根据实配钢筋和计算内力进行梁的正常使用极限状态验算是梁施工图模块的重要功能之一。钢筋混凝土结构的正常使用极限状态验算主要包括两种指标的计算：挠度和裂缝。

（1）挠度图与挠度计算

梁钢筋模块可以进行梁的挠度计算，并将计算结果以挠度曲线的形式绘出（图 5.2-7）。

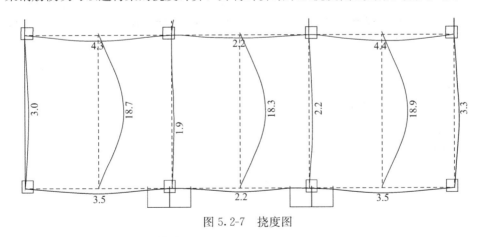

图 5.2-7　挠度图

用户可以查询各连续梁的挠度。

钢筋混凝土受弯构件的挠度是可按结构力学方法计算。在等截面构件中，可假定各同号弯矩区段内刚度相等，并取用该区段内最大弯矩处的刚度。

除计算挠度必填的参数【活荷载准永久值系数】外，软件还有三个可选参数，如图 5.2-8 所示。

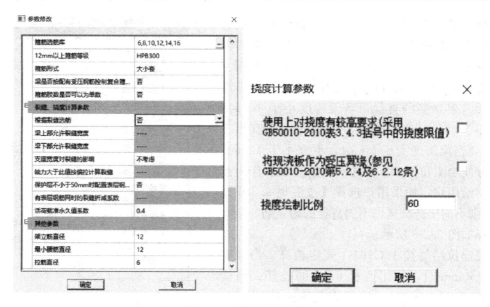

图 5.2-8　挠度参数选择

对于挠度超限的梁跨，软件用红字标出。依据《混凝土结构设计规范》GB 50010—2010 表 3.4.3，程序可以自动计算各跨梁的挠度限值。如果勾选【使用上对挠度有较高要求】，则软件采用《混凝土结构设计规范》表 3.4.3 中括号中的数值作为挠度现值。

与梁相邻的现浇板在一定条件下可以作为梁的受压翼缘，而受压翼缘存在与否对不同梁的挠度计算有不同的影响。程序的处理方法是：由用户决定是否将现浇板作为受压翼缘。如果勾选【将现浇板作为受压翼缘】，则软件按《混凝土结构设计规范》GB 50010—2010 第 6.2.12 条及 5.4.2 条计算受压翼缘宽度。

挠度图界面中的【计算书】命令，可以输出挠度计算的各种中间结果，包括各工况内力、准永久组合、长期刚度、短期刚度等。对于有疑问的梁跨，可以使用计算书进行复核。如图 5.2-9 所示。

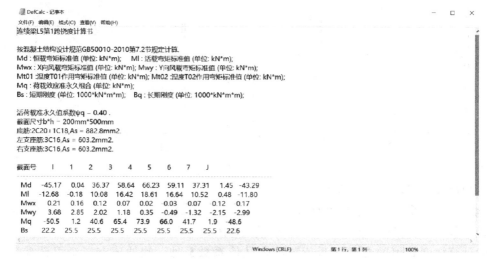

图 5.2-9　挠度计算书

（2）裂缝图与裂缝计算

裂缝宽度限值见《混凝土结构设计规范》GB 50010—2010 第 3.4.5 条要求，见表 5.2-2。

裂缝限值要求（mm）　　　　　　　　　　　　　　　　　　表 5.2-2

环境类别	钢筋混凝土结构		预应力混凝土结构	
	裂缝控制等级	裂缝限值	裂缝控制等级	裂缝限值
一	三级	0.30	三级	0.20
二 a		0.20		0.10
二 b			二级	—
三 a、三 b			一级	—

软件可根据裂缝选择纵筋。如图 5.2-10 所示。如果选择了【根据裂缝选筋】，则软件在选完主筋后会计算相应位置的裂缝（下筋验算跨中下表面裂缝，支座筋验算支座处裂缝）。如果所得裂缝大于允许裂缝宽度，则将计算面积放大 1.1 倍重新选筋。重复放大面积、选筋、验算裂缝的过程，直到裂缝满足要求或选筋面积放大 10 倍为止。

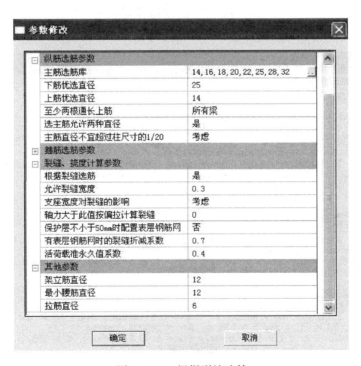

图 5.2-10　根据裂缝选筋

【梁裂缝图】命令可以计算并查询各连续梁的裂缝，绘制好的裂缝图如图 5.2-11 所示。图 5.2-11 上标明各跨支座及跨中的裂缝。梁的裂缝采用荷载准永久组合。

裂缝计算参数有三个，一个是【裂缝限值】，另一个是【考虑支座宽度对裂缝的影响】，【拉力超过此值是按偏拉构件计算裂缝】，其界面如图 5.2-12 所示。

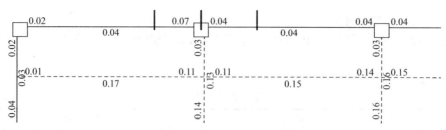

图 5.2-11　裂缝图（部分）

图 5.2-12　裂缝计算参数界面

【裂缝限值】由用户填写，如果计算得到的裂缝宽度大于此值，在图面上将以红色显示。如果勾选了参数【考虑支座宽度对裂缝的影响】，程序在计算支座处裂缝时会对支座弯矩进行折减。

由于计算软件计算时不考虑柱截面尺寸，而计算支座裂缝需要的是柱边缘的弯矩，所以进行以上折减。如果计算软件考虑了节点刚域的影响，则计算时不宜再考虑此项折减。

与挠度图类似，软件同样提供了裂缝计算书的查询功能，可以使用计算书对有问题的梁跨进行复核。裂缝计算书的界面如图 5.2-13 所示。

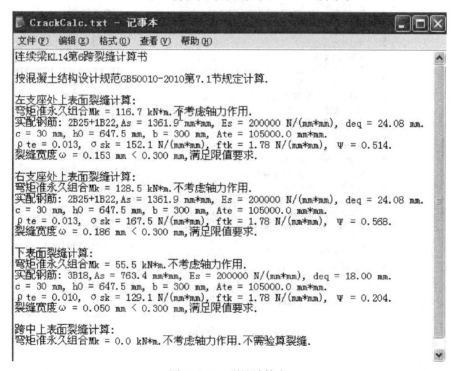

图 5.2-13　裂缝计算书

5.2.4　梁施工图的表示方式

梁施工图模块可以输出平法图、立剖面图、三维示意图等多种形式的施工图。本节主要介绍平法施工图的特点以及与施工图相关的功能。

（1）施工图的管理

软件加强了施工图的管理功能，所有模块的施工图均放在【工程目录\施工图】路径下，其中【工程目录】是当前工程所在的具体路径。梁平法施工图的缺省名称为 PL＊.T，其中的星号"＊"代表具体的自然层号。每次进入软件或切换楼层时，系统会在施工图目录下搜寻相应的缺省名称的 T 图文件，如果找到，则打开旧图继续编辑，如果没有找到，则生成已缺省名称命名的 T 图文件。

如果模型已经更改或经过重新计算，原有的旧图可能与原图不符，这时就需要重新绘制一张新图。【绘新图】命令即是实现此功能。点此命令后，会弹出如图 5.2-14 所示的对话框，用户可以选择绘新图时所进行的操作。各相关选项的含义如下：

① 如果选择【重新选筋并绘制新图】，则系统会删除本层所有已有数据，重新归并选筋后重新绘图，此选项比较适合模型更改或重新进行有限元分析后的施工图更新。

② 如果选择【使用已有配筋结果绘制新图】，则系统只删除施工图目录中本层的施工图，然后重新绘图。绘图时使用数据库中保存的钢筋数据，不会重新选筋归并。此选项适合模型和分析数据没变，但是钢筋标注和尺寸标注的修改比较混乱，需要重新出图的情况。

③【取消重绘】选项与点右上角小叉一样，都是不做任何实质性操作，只是关掉窗口，取消命令。

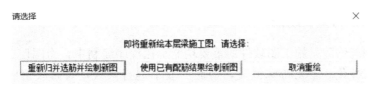

图 5.2-14　绘制新图时的对话框

软件还提供了【打开旧图】的命令，用户可以通过此命令反复打开修改编辑过的施工图。单击此命令后，软件会搜索施工图目录下所有 T 图文件，如果发现有已经生成的梁平法施工图，则弹出对话框如图 5.2-15 所示，用户可选取想要打开的施工图文件进行编辑。打开旧图后，软件会自动根据图形上的标注位置更新图面，让用户继续编辑。

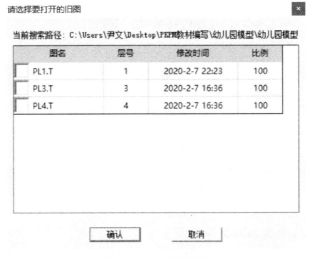

图 5.2-15　打开旧图

（2）平法图的绘制

平面整体表示法施工图，简称平法图，已经成为梁施工图中最常用的标准表示方法。该法具有简单明了，节省图纸和工作量的优点。因此梁施工图软件一直把平法作为软件最主要的施工图表示法。

软件绘制的平法施工图完全符合 16G101-1。主要采用平面注写方式，分别在不同编号的梁中各选一根梁，在其上使用集中标注和原位标注注写其截面尺寸和配筋具体数值。

在配筋参数，软件提供了钢筋等级符号使用国标符号还是英文字母的选项（图 5.2-16）。

参数修改		×
绘图参数		
平面图比例	100	
剖面图比例	20	
立面图比例	50	
钢筋等级符号使用	国标符号	▼
详细标注中是否标明钢筋每排根数	是	

图 5.2-16　钢筋等级符号的选择

5.2.5　钢筋修改与查询功能

钢筋的查询与修改是施工图软件的重要功能。在程序编制中，力图使钢筋设计和图面修改更简捷和人性化。若无特殊情况，钢筋一般不进行修改，若修改钢筋，要有明确依据，为什么要进行修改。修改时一般考虑等强度、等面积进行修改，修改后需进行验算，满足正常使用使用极限状态要求。

（1）原位标注功能

双击钢筋标注即可进行修改。能够修改的项目包括所有的原位标注和集中标注。如图 5.2-17 所示。

图 5.2-17　双击即可进行标注修改

具体操作方法是双击任意钢筋标注（集中标注或原位标注均可），在系统弹出的编辑框修改钢筋，按回车确认修改并退出对话框。也可在编辑状态双击其他标注继续编辑。

（2）连梁修改功能

连梁修改功能基本界面如图 5.2-18 所示。

连梁修改功能主要是修改连续梁的集中标注信息，包括箍筋、顶筋、底筋、腰筋等。

修改的原则与前版软件基本相同：当钢筋发生修改后（例如底筋由 2B20 改为 2B22），所有与原来钢筋相同的梁跨和标注为空的梁跨均被修改（例如所有原来底筋为 2B20 的梁跨和没有底筋的梁跨底筋变为 2B22）。

软件的界面中增加了修改梁名称的文本框，修改钢筋的同时就可以修改梁名称，方便了用户操作。但需要注意的是这里只能修改一组梁的名称，不能修改单根梁的名称。

（3）单跨修改功能

单跨修改功能主要用于单跨梁的各种配筋标注信息的修改。如图 5.2-19 所示。

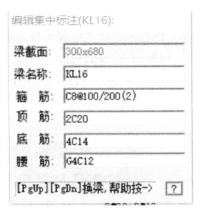

图 5.2-18　连梁修改功能

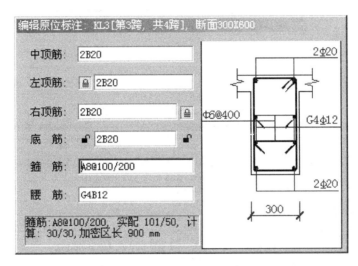

图 5.2-19　单跨修改界面

左右顶筋及底筋输入框旁边的四个按钮。左顶筋旁的按钮代表左顶筋是否与左跨的右顶筋连通，右顶筋旁的按钮代表右顶筋是否与右跨的左顶筋连通，底筋左右的按钮则分别代表底筋是否与左右邻跨连通。单击按钮可以改变连通状态，代表与邻跨钢筋连通，修改本跨钢筋的同时邻跨对应钢筋也被修改；代表主筋锚入支座的状态，此时修改本跨钢筋与邻跨对应钢筋无关。如果钢筋不能被连通（比如端跨或两跨截面不同），则按钮被禁用，处在 "📄" 的状态。

在此对话框中，按【PageUp】【PageDown】可以换梁，按上下箭头可以换跨，软件换梁顺序是按连续梁名称顺序进行的。随着输入项目的不同，提示区会给出不同的详细提示。提示内容大致包括钢筋规格、实配面积、计算面积等。如图 5.2-20 所示就显示了加密区和非加密区箍筋的实配面积、计算面积以及加密区长度等信息。依靠这些信息用户可以直观迅速地判断输入的钢筋是否合理。右侧的剖面示意图绘制的得与实际的剖面图完全相同。该图可以随输入内容的变换而更新，图形还可平移或缩放。

平移示意图的具体方法是：单击示意图，使输入焦点放在示意图上，按住鼠标中键拖动，图形也随之平移。

缩放示意图的具体方法是：单击示意图，使输入焦点放在示意图上，推动鼠标滚轮，图形即以鼠标所在位置为基点进行缩放。

（4）表式改筋功能

除可修改钢筋外，表格中还增加了修改加密区长度、支座负筋截断长度、支座处理方式等功能，这些单元格平时都是折叠起来的，需要时可以展开修改。如图 5.2-20所示。

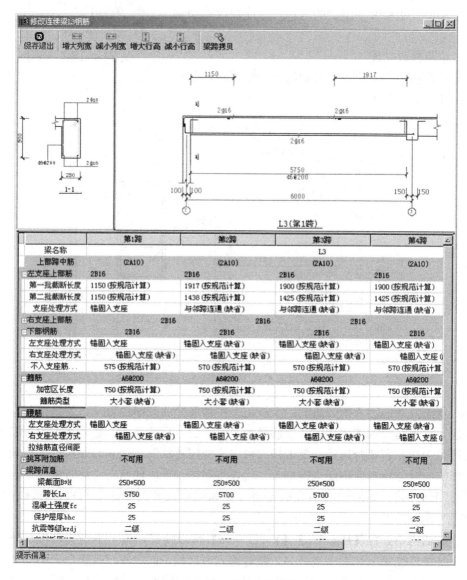

图 5.2-20　表式改筋界面

在输入钢筋时使用斜线【/】进行分排一样可以起到调整单排钢筋根数的作用。梁跨信息除提供截面尺寸及跨长外，还增加了混凝土强度、保护层厚度、抗震等级等信息，提示更完整。

提示信息栏给出与单跨改筋界面类似的详细提示信息。

图形区域是与修改实时联动更新的详细立剖面图，与单跨修改界面中的剖面图一样，表式修改中的立剖面图也可以随时缩放平移。

（5）详细的动态提示

软件给出的动态提示不仅仅是梁的截面尺寸，鼠标在一跨梁上停留片刻，即可看到此跨梁详细的配筋及配筋面积信息（图 5.2-21）。

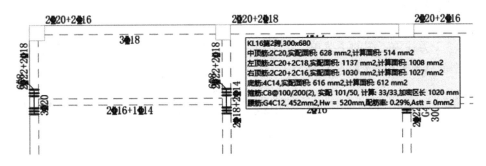

图 5.2-21　详细的动态提示功能

（6）分类细致的标注开关

软件中提供的【标注开关】功能可以控制梁配筋信息的隐现。【按平面位置】命令控制水平梁标注的开关；【按立面位置】命令控制竖直梁标注的开关。【按连续梁性质】可以按梁类型控制梁标注的隐藏/显示，如图 5.2-22 所示。次梁的箍筋与吊筋要在此处选择，否则不能正常显示。

图 5.2-22　标注开关命令的对话框

（7）配筋面积查询功能

为方便用户修改钢筋，软件提供了配筋面积查询功能。单击【配筋面积】即可进入配筋面积查询状态。图 5.2-23 即为配筋面积查询的界面。

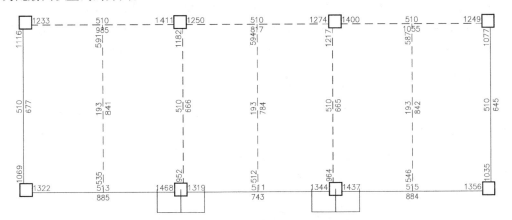

图 5.2-23　配筋面积查询（部分）

软件既可查询计算配筋面积又可查询实配钢筋面积。第一次进入配筋面积查询状态时显示的是计算配筋面积。单击【计算面积】和【实配面积】即可在两种配筋面积中切换。

需要注意计算配筋面积是在所有归并梁中取较大值，因此可能与 SATWE 等计算软件显示的配筋面积不一致。

从图上可以看到，每跨梁上有四个数，其中梁下方跨中的标注代表下筋面积，梁上方左右支座处的标注分别代表支座钢筋面积，梁上方跨中的标注则代表上部通长筋的面积。

5.3 柱施工图

图 5.3-1 为柱施工图的主菜单。该菜单主要为专业设计的内容，包括【配置】【配筋绘图】【钢筋修改】【柱表】等内容。

图 5.3-1 柱施工图主菜单

5.3.1 柱钢筋的全楼归并与选筋

柱钢筋的归并和选筋，是柱施工图最重要的功能。程序归并选筋时，自动根据用户设定的各种归并参数，并参照相应的规范条文对整个工程的柱进行归并选筋。柱选筋参数设置的对话框详见第 5.2 节的参数修改。

连续柱是柱配筋的基本单位。连续柱就是将上下层相互连接的柱段串成一根连续的柱串，把水平位置重合，柱顶和柱底彼此相连的柱段串起来，就形成了连续柱。连续柱的归并主要是水平归并。

水平归并在不同连续柱之间进行。布置在不同节点上的多根连续柱，如果其几何信息相同，配筋面积相近，可以归并为一组进行出图，这就是柱的水平归并。软件通过【归并系数】等参数控制水平归并的过程。

同一楼层不同的柱之间可以进行归并。为了减少柱种类，简化出图，一般会把几何条件相同，受力配筋相似的柱归为一类。这个分类的过程称为水平归并。对柱作几何归并，只有几何信息完全相同的柱才能归并为一组。这种归并与梁的归并原则一致。

5.3.2 柱施工图的多种绘制表示方式

软件在总结归纳 PKPM 多年的开发成果以及各地的施工图绘制方法的基础上，为了满足不同地区对施工图表示方法的不同需求，提供了七种不同的画法（图 5.3-2）。点取屏幕上端工具条中【表示方法】框，选择所需画法。

（1）平法截面注写 1（原位）

平法截面注写 1 参照 16G101-1，分别在同一个编号的柱中选择其中一个截面，用更大比例在该截面上直接注写截面尺寸、具体配筋数值的方式来表达柱配筋。程序增加了多种柱截面类型的绘制，适用的范围更广。如图 5.3-3 所示。

平法原位截面注写
平法集中截面注写
平法列表注写
A PKPM原位截面注写
PKPM集中截面注写
PKPM剖面列表
广东柱表

图 5.3-2 柱画法选择

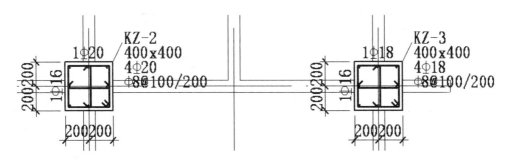

图 5.3-3　平法截面注写 1

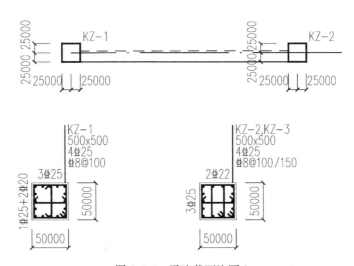

图 5.3-4　平法截面注写 2

（2）平法截面注写 2（集中）

平法截面注写 2 参照 16G101-1，在平面图上原位标注归并的柱号和定位尺寸，如图 5.3-4 所示，截面详图在图面上集中绘制，也可以采取表格的形式和集中绘制，表格绘制方式参照 5.3.3【画柱表】有关说明。

（3）平法列表注写

平法列表注写参照图集 16G101-1。该法由平面图和表格组成，表格中注写每一种归并截面柱的配筋结果，包括该柱各钢筋标准层的结果，注写了它的标高范围、尺寸、偏心、角筋、纵筋、箍筋等。如图 5.3-5 所示。

程序还增加了 L 形、T 形和十字形截面的表示方法。适用范围更广。

（4）PKPM 截面注写 1（原位标注）

将传统的柱剖面详图和平法截面注写方式结合起来，在同一个编号的柱中选择其中一个截面，用比平面图放大的比例直接在平面图上柱原位放大绘制详图。如图 5.3-6 所示。

（5）PKPM 截面注写 2（集中标注）

在平面图上柱原位只标注柱编号和柱与轴线的定位尺寸，并将当前层的各柱剖面大样集中起来绘制在平面图侧方，图纸看起来简洁，并便于柱详图与平面图的相互对照。如图 5.3-7 所示。

柱号	标高	b×h(b₁×b₂)(圆柱直径D)	b₁	b₂	h₁	h₂	全部纵筋	角筋	b边一侧中部筋	h边一侧中部筋	箍筋类型号	箍筋
KZ-1	0.000~4.200	500×500	250	250	250	250		4Φ25	3Φ25	1Φ25+2Φ20	1.(3×3)	Φ8@100
	4.200~8.100	500×500	250	250	250	250		4Φ25	2Φ20	2Φ22	1.(4×4)	Φ8@100
	8.100~12.700	500×500	250	250	250	250		4Φ22	2Φ20	2Φ20	1.(4×4)	Φ8@100
KZ-2	0.000~4.200	500×500	250	250	250	250		4Φ25	2Φ22	3Φ25	1.(4×3)	Φ8@100/150
	4.200~8.100	500×500	250	250	250	250		4Φ25	2Φ20	2Φ25	1.(4×4)	Φ8@100/200
	8.100~12.700	500×500	250	250	250	250		4Φ18	2Φ16	3Φ18	1.(4×3)	Φ8@100/150
KZ-3	0.000~4.200	500×500	250	250	250	250		4Φ25	2Φ22	3Φ25	1.(4×3)	Φ8@100/150
	4.200~8.100	500×500	250	250	250	250		4Φ25	2Φ20	3Φ25	1.(4×3)	Φ8@100/150
	8.100~12.700	500×500	250	250	250	250		4Φ16	2Φ16	3Φ16	1.(4×3)	Φ8@100/150
	0.000~4.200	500×500	250	250	250	250		4Φ25	2Φ25	3Φ25	1.(4×3)	Φ8@100

图 5.3-5　列表注写

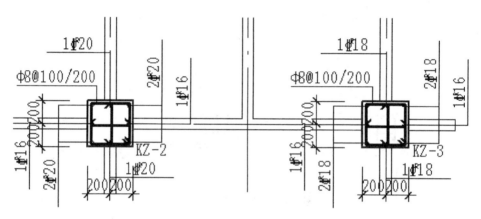

图 5.3-6　PKPM 截面注写 1

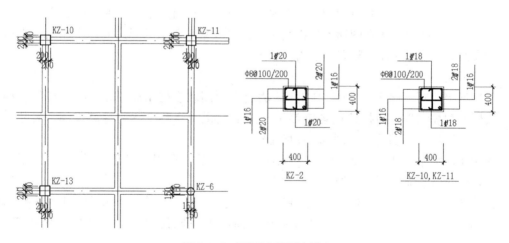

图 5.3-7　PKPM 截面注写 2

（6）PKPM 剖面列表法

PKPM 柱表表示法，是将柱剖面大样画在表格中排列出图的一种方法。表格中每个竖向列是一根纵向柱各钢筋标准层的剖面大样图，横向各行为自下到上的各钢筋标准层的内容，包括标高范围和大样。平面图上只标注柱名称。这种方法平面标注图和大样图可以分别管理，图纸标注清晰。如图 5.3-8 所示。

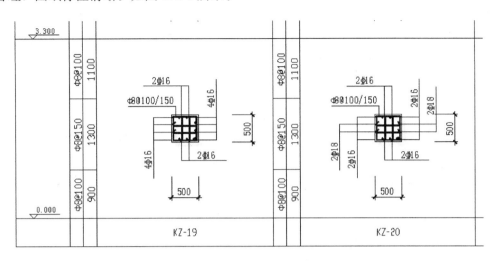

图 5.3-8　PKPM 剖面列表法

5.3.3　菜单说明

柱施工图的各菜单大致按照工程人员绘制施工图的工作顺序排列的。绘制柱施工图时，一般需要先进行参数设置和设置钢筋标准层，然后进行归并计算，再绘制新图，再根据需要对钢筋进行修改，最后绘制柱表或按照平法出图。

下面将各菜单功能及操作逐一进行介绍。

（1）设计参数

① 柱筋参数包括【图面布置】【绘图参数】【选筋归并参数】及【选筋库】。【绘图参数】如图 5.3-9 所示。

图 5.3-9　绘图参数

【平面图比例】：设置当前图出图打印时的比例，设定不同的平面图比例，当前图面的文字标注、尺寸标注等的大小会有所不同。当前图面上显示的文字标注、尺寸标注的大小是由【标注设置】中设定的文字、尺寸大小和平面图比例共同控制的。

【剖面图比例】：用于控制柱剖面详图的绘制比例。

【施工图表示方法】：用于进行施工图表示方法的选择，有七种施工图绘制方法。

【生成图形时考虑文字避让】：施工图绘制方式采用"平法截面标注方式1"时可以自动考虑图面上的其他图素，可减少文字标注与其他图素打架现象的出现。由于图面的复杂程度不尽相同，用户应根据实际情况选择此项操作。

②【绘图参数】如图5.3-10所示。

绘图参数	
图名前缀	ZPF
钢筋间距符号	@ ▼
箍筋拐角形状	1-直角 ▼
纵筋长度取整精度(mm)	5
箍筋长度取整精度(mm)	5
弯钩直段示意长度(mm)	0.0
图层设置...	设置...

图5.3-10　绘图参数

【钢筋间距符号】：软件提供两种间距符号【@】和【-】供选择。

【箍筋拐角形状】：软件提供两种箍筋拐角形状供选择：直角和圆角。

【纵筋长度取整精度mm】：纵筋长度取整精度默认值为5mm，可以修改。

【箍筋长度取整精度mm】：箍筋长度取整精度默认值为5mm，可以修改。

③【选筋归并参数】

【配筋计算结果】：下拉菜单会列出当前工程计算分析时采用过的所有计算程序（SATWE、PMSAP）选项，用户可以选择不同的配筋计算结果进行归并选筋，程序默认的计算结果采用当前子目录中最新的一次计算分析结果。

图5.3-11　选择内力计算结果

【内力计算结果】：单击右侧按钮弹出内力计算结果选择对话框如图5.3-11所示，用户可以选择当前工程计算分析采用过的计算程序（SATWE、PMSAP）作为内力计算结果进行双偏压验算。

【连续柱归并编号方式】：软件提供两种方式供选择，按全楼归并编号和按钢筋标准层归并编号。

【归并系数】：归并系数是对不同柱作归并的一个系数，与梁归并类似。如图5.3-12所示。

【主筋放大系数】：只能输入≥1.0的数，如果输入的系数<1.0，程序自动取为1.0。程序在选择纵筋时，会把读到的计算配筋面积×或乘以放大系数后再进行实配钢筋的选取。

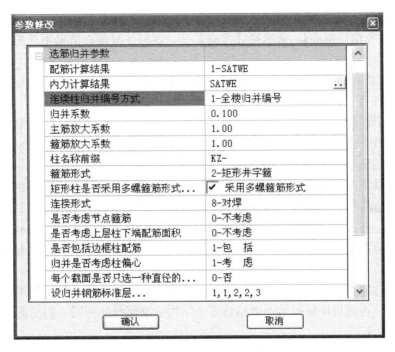

图 5.3-12 选筋归并参数

【箍筋放大系数】：只能输入≥1.0 的数，如果输入的系数＜1.0，程序自动取为 1.0。程序在选择箍筋时，会把读到的计算配筋面积×或乘以放大系数后再进行实配钢筋的选取。

【柱名称前缀】：程序默认的名称前缀为 KZ-，用户可以根据施工图的具体情况修改。

图 5.3-13 箍筋形式

【箍筋形式】：对于矩形截面柱共有 4 种箍筋形式供用户选择，程序默认的是矩形井字箍。对其他非矩形、圆形的异形截面柱这里的选择不起作用，程序将自动判断应该采取的箍筋形式，一般多为矩形箍和拉筋井字箍（图 5.3-13）。

【矩形柱是否采用多螺箍筋形式】：当在方框中选择对勾时，表示矩形柱按照多螺箍筋的形式配置箍筋。

【连接形式】：提供如图 5.3-14 所示的 12 种连接形式，主要用于立面画法，用于表现相邻层纵向钢筋之间的连接关系。

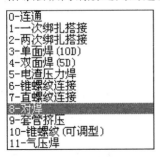

图 5.3-14 连接形式

【是否考虑节点箍筋】：因节点箍筋的作用与柱端箍筋不同，软件提供"考虑"和"不考虑"两种选项。

【是否考虑上层柱下端配筋面积】：详见后面"上下柱钢筋面积的考虑"有关说明。

【是否包括边框柱配筋】：可以控制在柱施工图中是否包括剪力墙边框柱的配筋，如果不包括，则剪力墙边框柱就不参加归并以及施工图的绘制，这种情况下的边框柱应该在剪力墙施工图程序中进行设计；如果包括边框柱配筋，则程序读取的计算配筋包括与柱相连的边缘构件的配筋，应用时应注意。

【归并是否考虑柱偏心】：若选择【考虑】项，则归并时偏心信息不同的柱会归并为不同的柱。

【每个截面是否只选一种直径的纵筋】：用户如果需要每个不同编号的柱子只有一种直径的纵筋，选择【是】选项。

【设归并钢筋标准层】：用户可以设定归并钢筋标准层。程序默认的钢筋标准层数与结构标准层数一致。用户也可以修改钢筋标准层数多于结构标准层数或少于结构标准层数，如设定多个结构标准层为同一个钢筋标准层。

设归并钢筋标准层对用户是一项非常重要的工作，因为在钢筋标准层概念下，原则上对每一个钢筋标准层都应该画一张柱的平法施工图，设置的钢筋标准层越多，应该画的图纸就越多。另一方面，设置的钢筋标准层少时，虽然画的施工图可以简化减少，但由于程序将一个钢筋标准层内所有各层柱的实配钢筋归并取大，使其完全相同，有时会造成钢筋使用量偏大。

将多个结构标准层归为一个钢筋标准层时，用户应注意，多个结构标准层中的柱截面布置应该相同，否则程序将提示不能够将多个结构标准层归并为同一钢筋标准层。

④【选筋库】

如图 5.3-15 所示。

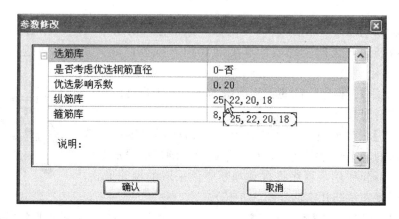

图 5.3-15　选筋库

【是否考虑优选钢筋直径】：如果选择【是】，程序可以根据用户在【纵筋库】和【箍筋库】中输入的数据顺序优先选用排在前面的钢筋直径进行配筋。

【优选影响系数】：与归并系数类似，用户可以根据需要设定。

【纵筋库】：用户可以根据工程的实际情况，设定允许选用的钢筋直径，程序可以根据用户输入的数据顺序优先选用排在前面的钢筋直径，如 20，18，25，16，……，20mm 的直径就是程序最优先考虑的钢筋直径。

【箍筋库】：用户可以设定允许选用的箍筋直径，程序可以根据用户输入的数据顺序优先选用排在前面的箍筋直径，如 8，10，12，6，14，……，8mm 的直径就是程序最优先考虑的箍筋直径。

参数修改中的归并参数修改后，程序会自动提示用户是否重新执行【归并】命令。由于重新归并后配筋将有变化，程序将刷新当前层图形，钢筋标注内容将按照程序默认的位置重新标注。

参数修改如果只修改了"绘图参数"（如比例、画法等），用户应执行【绘新图】命令刷新当前层图形，以便修改生效。

（2）【绘新图】

选择要绘制的自然层号，根据归并结果和绘图参数的设置绘制相应的柱施工图。如图 5.3-16 所示。

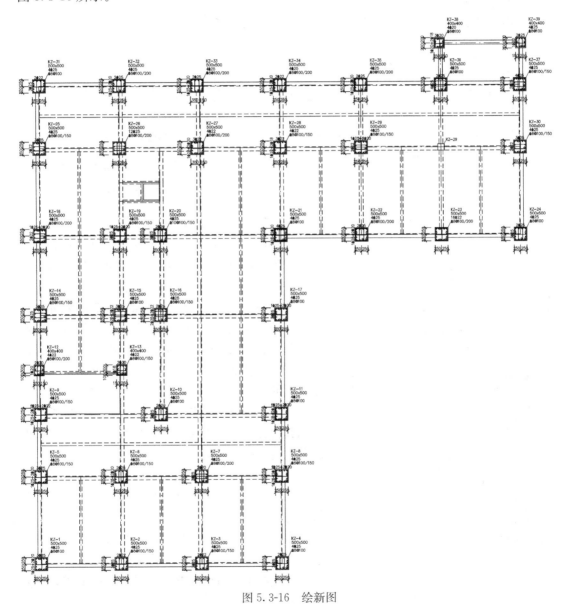

图 5.3-16　绘新图

（3）【打开旧图】

用户编辑过的柱施工图可以通过此命令反复打开修改，原来的数据可自动提取，如钢筋的各种数据（柱名、纵筋、箍筋），以及钢筋的标注位置。如图 5.3-17 所示。

（4）【修改柱名】

一般情况下柱的名称是由程序自动生成的，由【设计参数】中【柱名称前缀】＋归并号组成，用户也可以对柱名进行修改，不同归并号的柱不能修改为相同的柱名。用户可以根据需要指定框架柱的名称，对于配筋相同的同一组柱子可以一同修改柱子的名称。如图 5.3-18 所示。

图 5.3-17　打开旧图

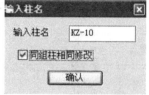

图 5.3-18　修改柱名

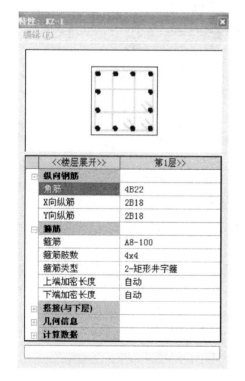

图 5.3-19　平法录入

（5）【平法录入】

用户可以利用对话框的方式修改柱钢筋，在对话框中不仅可以修改当前层柱的钢筋，也可以修改其他层的钢筋。另外该对话框包含了该柱的其他信息，如几何信息、计算数据。如图 5.3-19 所示。

纵筋的修改：对于矩形柱，纵向钢筋分为三部分角筋、X 向纵筋、Y 向纵筋；圆柱和其他异形柱，只输入全部纵筋，程序会根据截面的形状自动布置纵筋。

箍筋的修改：矩形柱可以修改箍筋的肢数，圆柱和其他异形柱不能修改箍筋肢数，程序根据截面的形状自动布置箍筋。

箍筋加密区长度：箍筋加密区长度包括上下端的加密区长度，程序默认的箍筋加密区长度数值为【自动】，程序自动计算。

纵筋与下层纵筋的搭接起始位置，程序默认的数值是【自动】，用户可以根据实际工程情况进行修改。修改钢筋时应注意：满足最小配筋率、最大配筋率要求。

（6）【连柱拷贝】

选择要拷贝的参考柱和目标柱后，程序将根据对话框中的选项，拷贝相应选项的数据。两根柱只有同层之间数据可以相互拷贝。如图 5.3-20 所示。

（7）【层间拷贝】

选择拷贝的原始层号，可以是当前层，也可以是其他层，程序默认是当前层；拷贝的目标层可以是一层，也可以是多层。点选【确认】后，根据选项（如只选择纵筋或箍筋，或纵筋＋箍筋等），自动将同一个柱原始层号的钢筋数据拷贝到相应的目标层。如图 5.3-21 所示。

图 5.3-20　连柱拷贝选项

图 5.3-21　层间拷贝

（8）【立面改筋】

在全部柱子的立面线框图上显示柱子的配筋信息，准许进行修改配筋的操作方式。包括修改钢筋、钢筋拷贝、重新归并、修改应用。

修改钢筋：一种修改方式是，先点取【修改钢筋】菜单，再单击需要修改的钢筋字符，在小对话框里修改钢筋信息，或者可以用鼠标双击钢筋字符，同样会出现小对话框，修改后单击关闭对话框即可。如图 5.3-22 所示。

另一种修改的方式是：先点取【修改钢筋】菜单，再单击需要修改的黄颜色的柱线，会出现【特性】对话框，可以修改一根柱子一层的钢筋信息，包括纵向钢筋、箍筋、搭接（与下层）的信息，而几何信息、计算数据和绘图参数在此处不准许修改。如图 5.3-23 所示。

钢筋拷贝：可以拷贝一根柱子一层的钢筋信息到另一根柱子的任意一层上，层号可不对应，包括纵向钢筋、箍筋、搭接（与下层）的信息可一起拷贝过来。

重新归并：根据修改后的柱子配筋重新进行一次归并。

修改应用：退出当前界面返回到上一层菜单。

图 5.3-22　直接单击钢筋字符的方式修改钢筋

（9）【柱查询】

此功能可以快速定位柱子在平面中的位置，单击柱查询菜单，在出现的对话框中单击需要定位的柱名称，软件会用高亮闪动的方式显示查询到的柱子。如图 5.3-24 所示。

209

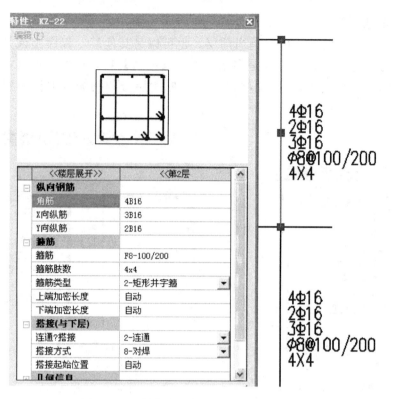

图 5.3-23　单击黄颜色的柱线方式修改钢筋

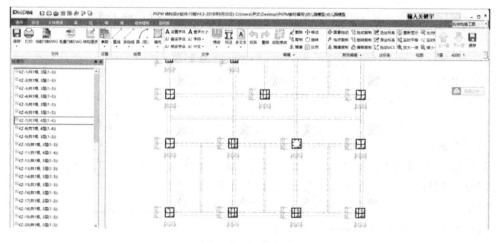

图 5.3-24　柱查询

（10）【柱表】

【柱表绘制】：绘制新图只绘制了柱施工图的平面图部分，【平法柱表】【截面柱表】【PKPM 柱表】【广东柱表】等表式画法，需要交互选择要表示的柱、设置柱表绘制的参数，然后出柱表施工图。

【柱表说明选项】，有三个选项【第一个画】【全画】【全不画】。

【柱表插入位置】，有二个选项【当前图面】和【打开新图】，选择【当前图面】时，用户需要指定柱表在当前图面的插入位置，此时用户可以修改柱表的绘制比例，以便与当前图面上的其他图形协调比例，并且【图文件名称】选项不可用；选择【打开新图】时，程序自动根据用户输入的【图文件名称】绘制一张新图，比例自动取为 100。如图 5.3-25 所示。

（11）【立剖面图】

选择要绘制立剖面图的柱，然后根据对话框的提示，修改相应的参数。如图 5.3-26 所示。

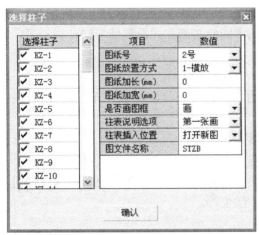

图 5.3-25　选择柱　　　　　　　　　　图 5.3-26　立剖面图参数

【插入位置】，有两个选项。选择【当前图面】时，用户需要指定立剖面图在当前图面的插入位置，此时【图文件名称】选项不可用；选择【打开新图】时，程序自动根据用户输入的【图文件名称】绘制一张新图。

【框架顶角处配筋】，有柱筋入梁和梁筋入柱两种方式可供选择。

【画钢筋表】和【另一侧钢筋】，程序默认画钢筋表，不画另一侧钢筋。

【柱底标高】，可设置所画柱的底标高。

当同时选择画多根柱的立剖面时：

【柱排布】，可选择分开画或一起画两种方式；

【剖面序号】和【钢筋编号】，可选择连续编号或分开编号。

注：从【墙梁柱施工图】主菜单进入【柱立、剖面施工图】，也可以直接绘制柱的立剖面。

这种情况下，平面表示只能以【平法截面注写】方式绘制，不能选择其他画法。

（12）【大样移位】

此命令可以将相同编号柱的标注内容（详细标注和简化标注）的标注位置互换，可以

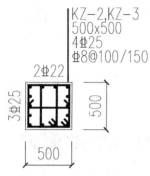

图 5.3-27 移动标注

解决标注相互重合或打架的问题。

（13）【移动大样】

整体移动当前图面上同一个局部内的所有实体，如剖面图大样等。

（14）【移动标注】

可以根据图素的特性，以不同的方式移动选择的实体或相关内容的实体。如：柱截面注写方式中的集中标注实体，选中其中任何一个实体，则所有的集中标注内容可以一起互动。也可以转换成 DWG 格式在 CAD 里修改。如图 5.3-27 所示。

（15）【配筋校核】|【双偏压】

用户选完柱钢筋后，可以直接执行【双偏压】检查实配结果是否满足承载力的要求。程序验算后，对于不满足承载力要求的柱，柱截面以红色填充显示。对于不满足双偏压验算承载力要求的柱，用户可以直接修改实配钢筋，再次验算直到满足为止。由于双偏压、拉配筋计算本身是一个多解的过程，所以当采用不同的布筋方式得到的不同计算结果，它们都可能满足承载力的要求。

（16）【右键菜单】

在操作屏幕上直接点选鼠标右键，会弹出图 5.3-28 所示菜单，该菜单上命令与【柱】选项卡菜单的命令基本相同。

不同的两条命令有【修改标注】【同类实体修改】。

【修改标注】，修改与柱钢筋标注相关的所有文字标注，如集中标注、原位标注。

【同类实体修改】，选择该命令后将弹出同类实体编辑器，可修改当前图中属性相同图素的属性，如线条的颜色，线宽；字体的大小，颜色等。

（17）【原位修改】

直接用鼠标左键双击当前图面上的文字标注（包括尺寸标注），都会弹出一个小对话框供用户修改文字标注，钢筋字符的编辑采用快捷输入方式，使用相应的英文字母代替，对应关系如图 5.3-29 所示。

图 5.3-28 右键菜单

钢筋牌号	字母	图面显示
HPB300	A	Φ
HRB335	B	Φ
HRB400	C	Φ
HRB500	D	Φ
CRB550	E	ΦR
HPB235	F	ϕ

图 5.3-29 钢筋牌号与字母对应表

5.4　板施工图

5.4.1　楼板计算和配筋参数

【板】选项卡菜单如图 5.4-1 所示，可用光标点取相应选择项。

图 5.4-1　主菜单

（1）【绘新图】

如果该层没有执行过画结构平面施工图的操作，程序直接画出该层的平面模板图。如果原来已经对该层执行过画平面图的操作、当前工作目录下已经由当前层的平面图，则执行【绘新图】命令后，程序提供两个选项，如图 5.4-2 所示。

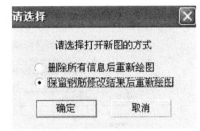

图 5.4-2　绘新图

其中：【删除所有信息后重新绘图】是指将内力计算结果，已经布置过的钢筋，以及修改过的边界条件等全部删除，当前层需要重新生成边界条件，内力需要重新计算。

【保留钢筋修改结果后重新绘图】是指保留内力计算结果及所生成的边界条件，仅将已经布置的钢筋施工图删除，重新布置钢筋。

（2）计算参数及配筋参数

① 计算参数

计算参数如图 5.4-3 所示。

双向板计算方法：现浇板弹性理论就是假设楼板变形是弹性，而塑性理论则假设楼板变形为塑性，通常是指带裂缝工作，由于楼板带裂缝工作的，此时楼板刚度已经发生变化，出现了内力的重新分布。弹性理论偏安全，但不经济，塑性理论，比较接近实际受力情况，所以按塑性理论计算的楼板承载力要高于弹性，但多数设计人员不愿承担楼板出现裂缝的责任而采用弹性理论，某些设计单位习惯采用塑性算法。边缘梁、剪力墙算法：按固端或简支计算。有错层楼板算法：支座按固端或简支计算。

裂缝计算：按照允许裂缝宽度选择钢筋（是否选用），如选择按照允许裂缝宽度选择钢筋，则程序选出的钢筋不仅满足强度计算要求，还将满足允许裂缝宽度要求。

人防计算时板跨中弯矩折减系数：根据《人民防空地下室设计规范》GB 50038—2005 第 4.10.4 条之规定，当板的周边支座横向伸长受到约束时，其跨中截面的计算弯矩值可乘以折减系数 0.7，……。根据此条的规定，用户可设定跨中弯矩折减系数。

近似按矩形计算时面积相对误差：由于平面布置的需要，有时候在平面中存在这样的房间，与规则矩形房间很接近，如规则房间局部切去一个小角、某一条边是圆弧线，但此圆弧线接近于直线等。对于此种情况，其板的内力计算结果与规则板的计算结果很接近，可以按规则板直接计算。

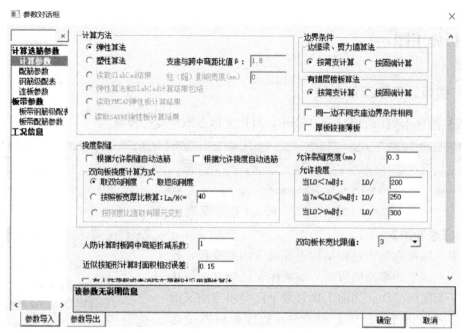

图 5.4-3　板钢筋计算参数

配筋参数如图 5.4-4 所示。

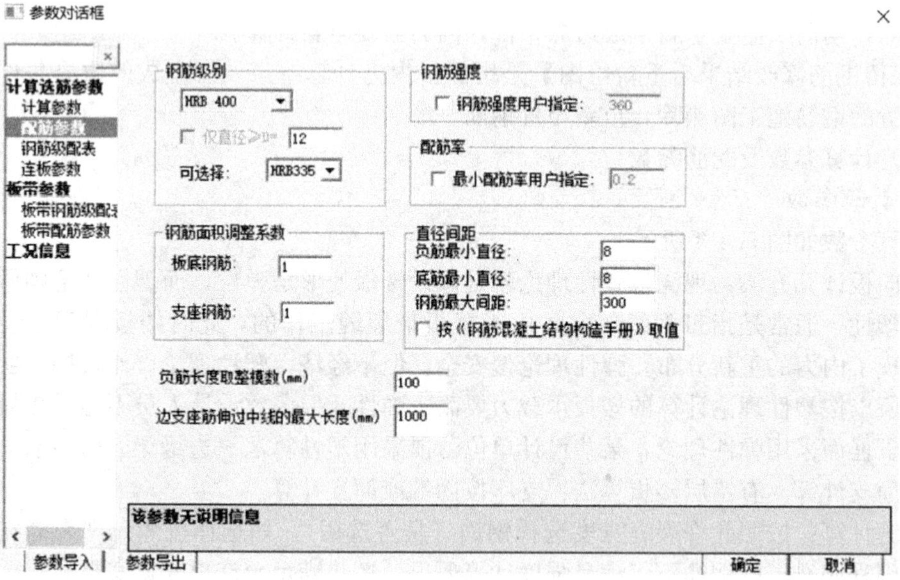

图 5.4-4　楼板配筋计算参数

钢筋级别：根据《混凝土结构设计规范》GB 50010—2010 第 4.2.1 条规定，纵向受力普通钢筋宜采用 HRB400、HRB500、HRBF400、HRBF500 钢筋，也可采用 HRB335、HRBF335、HPB300 钢筋。

鉴于此，程序以字母 A～G 代表不同型号钢筋，依次对应 HPB300、HRB335、HRB400、HRB500、CRB550、HPB235、CRB600H，在图形区显示为相应的钢筋符号。

程序把旧规范中的 I 级钢对应新规范后默认值设定为 HPB300 钢筋，但为了兼容旧版本程序，暂时保留 HPB235 选项。

钢筋强度，钢筋强度设计值（N/mm²）：对于钢筋强度设计值为非规范指定值时，用户可指定钢筋强度，程序计算时则取此值计算钢筋面积。

配筋率：对于受力钢筋最小配筋率为非规范指定值时，用户可指定最小配筋率，程序计算时则取此值做最小配筋计算。

钢筋面积调整系数：板底钢筋放大调整系数/支座钢筋放大调整系数，程序隐含为1；负筋长度取整模数：对于支座负筋长度按此处所设置的模数取整。

边支座筋伸过中线的最大长度：对于普通的边支座，一般的做法是板负筋伸至支座外侧减去保护层厚度，根据需要再做弯锚。但对于边支座过宽的情况下，如支座宽1000mm，可能造成钢筋的浪费，因此，程序规定支座负筋至少伸至中心线，在满足锚固长度的前提下，伸过中心线的最大长度不超过用户所设定的数值。

负筋最小直径/底筋最小直径/钢筋最大间距（mm）：程序在选实配钢筋时首先要满足规范及构造的要求，其次再与用户此处所设置的数值做比较，如自动选出的直径小于用户所设置的数值，则取用户所设的值，否则取自动选择的结果。

② 连板参数

设置连续板串计算时所需的参数。此参数设置后，对此设置后所选择的连续板串才有效。弹性计算才选择此项。如图 5.4-5 所示。

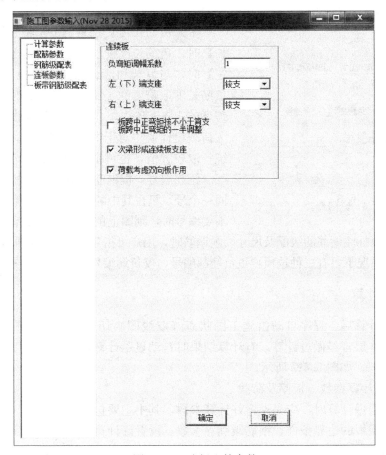

图 5.4-5　连板配筋参数

其中：

【负弯矩调幅系数】：对于现浇楼板，一般取1.0。左（下）端支座：指连续板串的最左（下）端边界。右（上）端支座：指连续板串的最右（上）端边界。

【板跨中正弯矩按不小于简支板跨中正弯矩的一半调整】：如选中则正筋可能会略大。

【次梁形成连续板支座】：在连续板串方向如果有次梁，次梁是否按支座考虑。

【荷载考虑双向板作用】：形成连续板串的板块，有可能是双向板，此块板上作用的荷载是否考虑双向板的作用。如果考虑，则程序自动分配板上两个方向的荷载；否则板上的均布荷载全部作用在该板串方向。

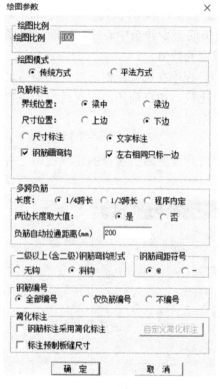

图5.4-6 绘图参数

（3）绘图参数

绘图参数如图5.4-6所示对话框。在绘制楼板施工图时，要标注正筋、负筋的配筋值、钢筋编号、尺寸等，不同设计院的绘图习惯并不相同，如钢筋是否带钩、钢筋间距符号的表示方式、负筋界限位置、负筋尺寸位置、负筋伸入板的距离是1/3跨还是1/4跨等。修改钢筋的设置不会对已绘制的图形进行改变，只对修改后绘图起作用。

注意：负筋界限位置是指负筋标注时的起点位置。

多跨负筋长度：选取【1/4跨长】或【1/3跨长】时，负筋长度仅与跨度有关，当选取【程序内定】时，与恒载和活载的比值有关，当$q \leq 3g$时，负筋长度取跨度的1/4；当$q > 3g$时，负筋长度取跨度的1/3。其中，q为可变荷载设计值，g为永久荷载设计值。对于中间支座负筋，两侧长度是否统一取较大值，也可由用户指定。

钢筋编号：板钢筋要编号时，相同的钢筋均编同一个号，只在其中的一根上标注钢筋信息及尺寸。不要编号时，则图上的每根钢筋没有编号号码，在每根钢筋上均要标注钢筋的级配及尺寸。画钢筋时，用户可指定哪类钢筋编号，哪类钢筋不编号。一般的情况下，有三种选项：正负筋都编号、仅负筋编号、都不编号三种。

5.4.2 楼板计算

进入楼板计算后，程序自动由施工图状态（双线图）切换为计算简图（单线图）状态。同时，当本层曾经做过计算，有计算结果时自动显示计算面积结果，以方便用户直观了解本层的状态。如图5.4-7所示。

1）修改板计算参数、板厚及荷载

首次对某层做计算时，应先设置好计算参数，其中主要包括计算方法（弹性或塑性）、边缘梁墙、错层板的边界条件，钢筋级别等参数。设置好计算参数后，程序会自动根据相关参数生成初始边界条件，用户可对初始的边界条件根据需要再做修改。

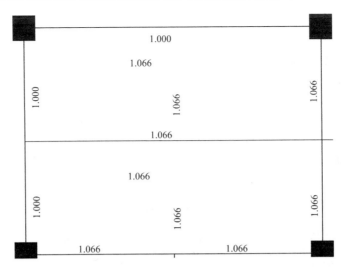

图 5.4-7　楼板计算配筋面积（局部）

自动计算时程序会对各块板逐块做内力计算，对非矩形的凸形不规则板块，则程序用边界元法计算该块板，对非矩形的凹形不规则板块，则程序用有限元法计算该块板，程序自动识别板的形状类型并选相应的计算方法。对于矩形规则板块，计算方法采用用户指定好的计算方法（如弹性或塑性）计算。当房间内有次梁时，程序对房间按被次梁分割的多个板块计算。

执行自动计算时，在对每块板做计算时不考虑相邻板块的影响，但会考虑该板块是否是独立的板块，以考虑是否能按【使用矩形连续板跨中弯矩算法（即结构静力计算手册活荷载不利算法】）。如是连续板块则可考虑活荷不利算法，否则仅按独立板块计算。对于中间支座两侧板块大小不一，板厚不同的情况，程序分别按两块板计算内力及计算面积，实配钢筋则是取两侧实配钢筋的较大值。

对于自动计算来说，各板块是分别计算其内力，不考虑相邻板块的影响，因此对于中间支座两侧，其弯矩值就有可能存在不平衡的问题。对于跨度相差较大的情况，这种不平衡弯矩会更为明显。为了在一定程度上考虑相邻板块的影响，特别是对于连续单向板的情况，当各块板的跨度不一致时，其内力计算就可在跨度方向上按连续梁的方式计算，以满足中间支座弯矩平衡的条件，同时也可以考虑相邻板块的影响。对应这种情况下的计算方法用户可采用【连板计算】。

在计算板的内力（弯矩）以后，程序根据相应的计算参数，如钢筋级别，用户指定的最小配筋率等计算出相应的钢筋计算面积。根据计算出来的钢筋计算面积，再依据用户调整好的钢筋级配库，选取实配钢筋。对于实配钢筋，如果用户选择【按裂缝宽度调整】的话，则做裂缝验算，如果验算后裂缝宽度满足要求，则实配钢筋不再重选，如果裂缝宽度不满足要求，则放大配筋面积（5%），重新选择实配钢筋再做裂缝验算，直至满足裂缝宽度要求为止。

做完计算以后由程序所选出的实配钢筋，只能作为楼板设计的基本钢筋数据，其与施工图中的最终钢筋数据有所不同。基本钢筋数据主要是指通过内力计算确定的结果，而最终钢筋数据应是基本钢筋数据为依据，但可能由用户做过修改，或者拉通（归并）等操作。如果最终的钢筋数据是经过基本钢筋数据修改调整而来，再次执行自动计算则钢筋数据又会恢复为基本钢筋数据。

有了楼板的计算内力及基本钢筋数据以后，可以通过相应菜单命令显示其计算结果及实配钢筋。如显示弯矩、计算面积、实配钢筋、裂缝宽度等。对于矩形房间，还可以显示支座剪力及跨中挠度。这些计算结果均显示在【板计算结果？.T】（？代表层号）中，如果需要保存计算结果于图形文件中，则需要执行【通用→保存】中的【另存】命令，否则仅能保存最后一次显示结果。

对于矩形板块，当按弹性计算方法计算时，可以输出详细的计算过程（即计算书），方便用户校核或存档。

修改板厚及楼板荷载可以在施工图阶段对于【结构建模】输入的楼板厚度及楼面恒活载作即时调整，此调整会直接同步修改【结构建模】中数据，修改后需回到【结构建模】重新过一遍，以正确完成荷载传导，接力计算程序。如图5.4-8所示。

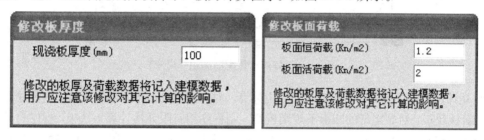

图5.4-8　即时修改板厚或板面荷载

2）修改板边界条件

板在计算之前，必须生成各块板的边界条件。首次生成板的边界条件按以下条件形成的：

公共边界没有错层的支座两侧均按固定边界。

公共边界有错层（错层值相差10mm以上）的支座两侧均按楼板配筋参数中的【错层楼板算法】设定。

非公共边界（边支座）且其外则没有悬挑板布置的支座按楼板配筋参数中的【边缘梁、墙算法】设定。

非公共边界（边支座）且其外则有悬挑板布置的支座按固定边界。

可对程序默认的边界条件（简支边界、固定边界）加以修改。表示不同的边界条件用不同的线型和颜色，红色代表固支，蓝色代表简支。板的边界条件在计算完成后可以保存，下次重新进入修改边界条件时，自动调用用户修改过的边界条件。如图5.4-9所示。

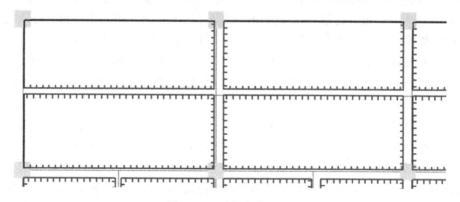

图5.4-9　边界条件显示

3）自动计算

在这里程序对每个房间完成板底和支座的配筋计算，房间就是由主梁和墙围成的闭合多边形。当房间内有次梁时，程序对房间按被次梁分割的多个板块计算。

点此菜单程序自动按各独立房间计算板的内力。

当施工图上已经布置有钢筋，再次单击【自动计算】时，会弹出如下对话框。如图 5.4-10 所示。

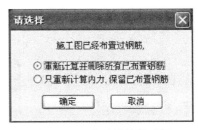

图 5.4-10　自动计算提示框

4）连板计算

对用户确定的连续板串进行计算。用鼠标左键选择两点，这两点所跨过的板为连续板串，并沿这两点的方向进行计算，将计算结果写在板上，然后用连续板串的计算结果取代单个板块的计算结果。如想取消连板计算，只能重新点取【自动计算】。

5）房间编号

选此菜单，可全层显示各房间编号。当自动计算时，提示某房间计算有错误时，方便用户检查。

6）弯矩

选此菜单，则显示板弯矩图，在平面简图上标出每根梁、次梁、墙的支座弯矩值（蓝色），标出每个房间板跨中 X 向和 Y 向弯矩值（黄色）。

7）计算面积

选此菜单，显示板的计算配筋图，梁、墙、次梁上的值用蓝色显示，各房间板跨中的值用黄色显示。当使用 HPB 300 钢筋和 HRB 335 钢筋混合配筋时，图上钢筋面积数值均是按 HPB 300 钢筋计算的结果。如实配钢筋取为 HRB 335 钢筋，则实配面积可能比图上的小。

8）实配钢筋

选此菜单，显示板的实配钢筋图，梁、墙、次梁上的值用蓝色显示，各房间板跨中的值用黄色显示。

9）裂缝

选此菜单，显示板的裂缝宽度计算结果图。

10）挠度

选此菜单，显示现浇板的挠度计算结果图。

如图 5.4-9 所示，当楼板某一条边的边界条件不统一时，不能完成该房间的挠度计算，需手工调整边界。

11）剪力

选此菜单，显示板的剪力计算结果图。

12）实配｜计算

选此菜单，可将实配钢筋面积与计算钢筋面积做比较，以校核实配钢筋是否满足计算要求。实配钢筋与计算钢筋的比值小于 1 时，以红色显示。

13）计算书

选此菜单，可详细列出指定板的详细计算过程。计算书仅对于弹性计算时的规则现浇板起作用。计算书包括内力、配筋、裂缝和挠度。

计算以房间为单元进行并给出每房间的计算结果。需要计算书时，首先由用户点取需给出计算书的房间，然后程序自动生成该房间的计算书。如图 5.4-11 所示。

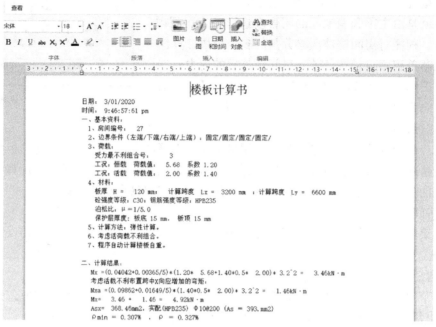

图 5.4-11　计算书示例

5.4.3　画板钢筋

用【施工图】命令组画板钢筋之前，必须要执行过【计算】命令，否则画出钢筋标注的直径和间距可能都是"0"或不能正常画出钢筋。楼板设计计算后，程序给出各房间的板底钢筋和每一根杆件的支座钢筋。如图 5.4-12 所示。

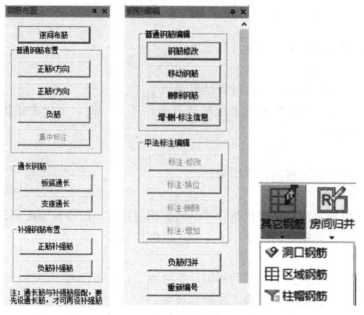

图 5.4-12　楼板钢筋菜单

1）逐间布筋

由用户挑选有代表性的房间画出板钢筋，其余相同构造的房间可不再绘出。用户只需用光标点取房间或按【Tab】键转换为窗选方式，成批选取房间，则程序自动绘出所选取房间的板底钢筋和四周支座的钢筋。

2）正筋 X 方向、正筋 Y 方向

此菜单用来布置板底正筋。板底筋是以房间为布置的基本单元，用户可以选择布置板底筋的方向（X 方向或 Y 方向），然后选择需布置的房间即可。

3）负筋

此菜单用来布置板的支座负筋。支座负筋是以梁、墙、次梁为布置的基本单元，用户选择需布置的杆件即可。

4）板底通长

执行【板底通长】菜单，钢筋不再按房间逐段布置，而是跨越房间布置，画 X 向板底筋时，用户先用光标点取左边钢筋起始点所在的梁或墙，再点取该板底钢筋在右边终止点处的梁或墙，这时程序挑选出起点与终点跨越的各房间，并取各房间 X 向板底筋最大值统一布置，此后屏幕提示点取该钢筋画在图面上的位置，即它的 Y 坐标值，随后程序把钢筋画出。

通长配筋通过的房间是矩形房间时，程序可自动找出板底钢筋的平面布置走向，如通过的房间为非矩形房间，则要求用户点取一根梁或墙来指示钢筋的方向，也可输入一个角度确定方向，此后，各房间钢筋的计算结果将向这方向投影，确定钢筋的直径与间距。

板底钢筋通长布置在若干房间后，房间内原有已布置的同方向的板底钢筋会自动消去，如它还在图面上显示，按【F5】重显图形后即消失了。

5）支座通长

支座通长执行【支座通长】菜单，是由用户点取起始和终止（起始一定在左或下方，终止在右或上方）的两个平行的墙梁支座，程序将这一范围内原有的支座筋删除，换成一根面积较大的连通的支座钢筋。

6）正筋补强筋

此菜单用来布置板底补强正筋。板底补强正筋是以房间为布置的基本单元，其布置过程与板底正筋相同。注意，在已布置板底拉通钢筋的范围内才可以布置。

7）负筋补强筋

此菜单用来布置板的支座补强负筋。支座补强负筋是以梁、墙、次梁为布置的基本单元，其布置过程与支座负筋相同。注意，在已布置支座拉通钢筋的范围内才可以布置。

8）钢筋编辑

可对已画在图面上的钢筋移动、删除，或修改其配筋参数。

钢筋修改程序弹出的对话框如图 5.4-13 所示。

9）负筋归并

程序可对长短不等的支座负筋长度进行归并。归并长度由用户在对话框中给出。对支座左右两端挑出的长度分别归并，但程序只对挑出长度大于 300mm 的负筋才做归并处理，因为小于 300mm 的挑出长度常常是支座宽度限制生成的长度。注意：支座负筋归并长度是指支座左右两边长度之和。

归并方法主要是区分是否按同直径归并，如选择【相同直径归并】，则按直径分组分别做归并，否则，不考虑钢筋直径的影响，按一组做归并。如图 5.4-14 所示。

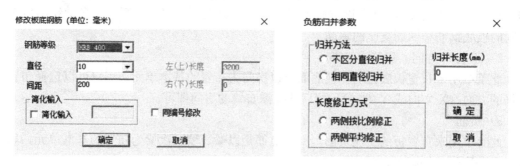

图 5.4-13　修改板底钢筋　　　　　　　　图 5.4-14　负筋归并

10）洞口配筋

对洞口作洞边附加筋配筋，只对边长或直径在 300～1000mm 的洞口才作配筋，用光标点取某有洞口的房间即可。注意，洞口周围是否有足够的空间以免画线重叠。

同编号修改——钢筋修改其配筋参数后，所有与其同编号的钢筋同时修改。

移动钢筋菜单可对支座钢筋和板底钢筋用光标在屏幕上拖动，并在新的位置画出，删除钢筋菜单可用光标删除已画出的钢筋。

可对弧墙、弧梁上的支座钢筋和有弧形边长的板底钢筋准确画出。

钢筋的移动、删除和替换都不影响钢筋编号和钢筋表的正确性。

画楼板钢筋时，程序在设计上尽量躲避板上的洞口，但有时难以躲开，请用户用钢筋移动菜单将这些钢筋从洞口处拉开，或用任意配筋菜单重新设定钢筋的长度。

11）区域布筋

执行【区域钢筋】菜单，首先选择围成区域的房间，可点选、窗选、围栏选，选择的区域最外边界会自动被加粗加亮显示，选择区域完成后，程序弹出如图 5.4-15 所示对话框，用户指定钢筋类型（正筋或负筋）以及钢筋布置角度，程序自动在属于该区域的各房间同钢筋布置方向取大值，最后由用户指定钢筋所画的位置以及区域范围所标注的位置。

12）房间归并

程序可对相同钢筋布置的房间进行归并。相同归并号的房间只在其中的样板间上画出详细配筋值，其余只标上归并号。它有 6 个子菜单。如图 5.4-16 所示。

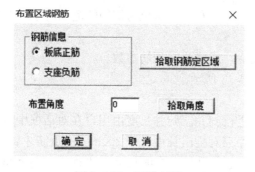

图 5.4-15　区域布筋　　　　　　图 5.4-16　房间归并菜单

【自动归并】：程序对相同钢筋布置的房间进行归并，而后要点取【重画钢筋】，用户可根据实际情况选择程序提示。

【人工归并】：对归并不同的房间，人为地指定某些房间与另一房间归并相同，而后要点取【重画钢筋】。

定样板间：程序按归并结果选择某一房间为样板间来画钢筋详图。为了避开钢筋布置密集的情况，可人为指定样板间的位置。注意此菜单操作后要点取【重画钢筋】。程序才能将详图布置到新指定的样板间内。

13）画钢筋表

执行本菜单，则程序自动生成钢筋表，上面会显示出所有已编号钢筋的直径、间距、级别、单根钢筋的最短长度和最长长度、根数、总长度和总重量等结果。用户应移动光标指定钢筋表在平面图上画出的位置。

第6章 剪力墙结构设计

剪力墙结构特点：剪力墙结构是由一系列纵向、横向剪力墙及楼盖所组成的空间结构，承受竖向荷载和水平荷载，是高层建筑中常用的结构形式。由于纵、横向剪力墙在其自身平面内的刚度都很大，在水平荷载作用下，侧移较小，因此这种结构抗震及抗风性能都较强，承载力要求也比较容易满足，适宜于建造层数较多的高层住宅建筑。

6.1 剪力墙结构使用范围

剪力墙结构适用范围根据工程的实际情况要满足以下条件：

（1）根据《高层建筑混凝土结构技术规范》JGJ 3—2010 第 3.3.1 条，剪力墙的最大适用高度应满足表 6.1-1 和表 6.1-2 要求。

A 级高度钢筋混凝土高层建筑的最大适用高度（m）　　表 6.1-1

结构体系	非抗震设计	抗震设防烈度				
		6 度	7 度	8 度		9 度
				0.20g	0.30g	
全部落地剪力墙	150	140	120	100	80	60
部分框支剪力墙	130	120	100	80	50	不应采用

注：1. 部分框支剪力墙结构指地面以上有部分框支剪力墙的剪力墙结构；
　　2. 甲类建筑，6、7、8 度时宜按本地区抗震设防烈度提高一度后符合本表的要求，9 度时应专门研究。

B 级高度钢筋混凝土高层建筑的最大适用高度（m）　　表 6.1-2

结构体系	非抗震设计	抗震设防烈度			
		6 度	7 度	8 度	
				0.20g	0.30g
全部落地剪力墙	180	170	150	130	110
部分框支剪力墙	150	140	120	100	80

注：1. 部分框支剪力墙结构指地面以上有部分框支剪力墙的剪力墙结构；
　　2. 甲类建筑，6、7 度时宜按本地区抗震设防烈度提高一度后符合本表的要求，8 度时应专门研究；
　　3. 当房屋高度超过表中数值时，结构设计应有可靠依据，并采取有效的加强措施。

（2）根据《建筑抗震设计规范》GB 50011—2010 第 6.6.1 条，剪力墙的最大适用高度应满足表 6.1-3 要求。

现浇钢筋混凝土房屋适用的最大高度（m） 表 6.1-3

结构体系	抗震设防烈度				
	6 度	7 度	8 度（0.20g）	8 度（0.30g）	9 度
抗震墙	140	120	100	80	60
部分框支抗震墙	120	100	80	50	不应采用

注：1. 抗震墙指结构抗侧力体系中的钢筋混凝土剪力墙，不包括只承担重力荷载的混凝土墙；
　　2. 平面和竖向均不规则的结构，适用的最大高度宜适当降低；
　　3. 房屋高度指室外地面到主要屋面板板顶的高度（不包括局部突出屋顶部分）；
　　4. 部分框支抗震墙结构指首层或底部两层为框支层的结构，不包括仅个别框支墙的情况；
　　5. 乙类建筑可按本地区抗震设防烈度确定其适用的最大高度；
　　6. 超过表内高度的房屋，应进行专门研究和论证，采取有效的加强措施。

（3）根据《高层建筑混凝土结构技术规范》JGJ 3—2010 第 3.3.2 条，钢筋混凝土高层建筑结构的高宽比不宜超过表 6.1-4 的规定。

钢筋混凝土高层建筑结构适用的最大高宽比 表 6.1-4

结构体系	非抗震设计	抗震设防烈度		
		6 度、7 度	8 度	9 度
剪力墙	7	6	5	4

6.2 剪力墙结构设计要点

6.2.1 剪力墙抗震等级

（1）根据《建筑抗震设计规范》GB 50011—2010 第 6.1.2 条

钢筋混凝土房屋应根据设防类别、烈度、结构类型和房屋高度采用不同的抗震等级，并应符合相应的计算和构造措施要求。丙类建筑的抗震等级应按表 6.2-1 确定。

现浇钢筋混凝土房屋的抗震等级（m） 表 6.2-1

抗震设防烈度	6 度		7 度			8 度			9 度	
高度（m）	≤80	>80	≤24	25~80	>80	≤24	25~80	>80	≤24	25~60
抗震等级	四	三	四	三	二	三	二	一	二	一

（2）根据《高层建筑混凝土结构技术规范》JGJ 3—2010 第 3.9.3 条

抗震设计时，高层建筑钢筋混凝土结构构件应根据抗震设防分类、烈度、房屋高度采用不同的抗震等级，并应符合相应的计算和构造措施要求。A 级高度丙类建筑钢筋混凝土结构的抗震等级应按表 6.2-2 确定。当本地区的设防烈度为 9 度时，A 级高度乙类建筑的抗震等级应按特一级采用，甲类建筑应采取更有效的抗震措施。

A 级高度的高层建筑结构抗震等级 表 6.2-2

抗震设防烈度	6 度		7 度		8 度		9 度
高度	≤80	>80	≤80	>80	≤80	>80	≤60
抗震等级	四	三	三	二	二	一	一

注：接近或等于高度分界时，应允许结合房屋不规则程度及场地、地基条件确定抗震等级。

（3）根据《高层建筑混凝土结构技术规范》JGJ 3—2010 第 3.9.4 条，B 级高度丙类建筑钢筋混凝土剪力墙结构的抗震等级应按表6.2-3确定。

B级高度的高层建筑结构抗震等级 表6.2-3

抗震设防烈度	6度	7度	8度
抗震等级	二	一	一

6.2.2 一般规定（《高层建筑混凝土结构技术规范》JGJ 3—2010 第7.1条）

（1）剪力墙结构应具有适宜的侧向刚度，其布置应符合下列规定：

① 剪力墙不宜过长，较长剪力墙宜设置跨高比较大的连梁将其分成长度较均匀的若干墙段，各墙段的高度与墙段长度之比不宜小于3，墙段长度不宜大于8m。

② 平面布置宜简单、规则，宜沿两个主轴方向或其他方向双向布置，两个方向的侧向刚度不宜相差过大。抗震设计时，不应采用仅单向有墙的结构布置。

③ 宜自下到上连续布置，避免刚度突变。

④ 门窗洞口宜上下对齐、成列布置，形成明确的墙肢和连梁；宜避免造成墙肢宽度相差悬殊的洞口设置；抗震设计时，一、二、三级剪力墙的底部加强部位不宜采用上下洞口不对齐的错洞墙，全高均不宜采用洞口局部重叠的叠合错洞墙。

（2）跨高比不小于5的连梁宜按框架梁设计。

（3）抗震设计时，剪力墙底部加强部位的范围，应符合下列规定：

① 底部加强部位的高度，应从地下室顶板算起；

②《建筑抗震设计规范》GB 50011—2010 第6.1.10条：房屋高度大于24m时，底部加强部位的高度可取底部两层和墙体总高度的1/10二者的较大值；房屋高度不大于24m时，底部加强部位可取底部一层。

③ 当结构计算嵌固端位于地下一层底板或以下时，底部加强部位宜延伸到计算嵌固端。

（4）楼面梁不宜支承在剪力墙或核心筒的连梁上。

（5）当墙肢的截面高度与厚度之比不大于4时，宜按框架柱进行截面设计。

《建筑抗震设计规范》GB 50011—2010 第6.4.6条：抗震墙的墙肢长度不大于墙厚的3倍时，应按柱的有关要求进行设计；矩形墙肢的厚度不大于300mm时，尚宜全高加密箍筋。

6.2.3 防震缝的设置

剪力墙结构防震缝的宽度应满足表6.2-4要求。

剪力墙结构防震缝宽度 表6.2-4

设防烈度	6		7		8		9	
房屋高度 H(m)	≤15	>15	≤15	>15	≤15	>15	≤15	>15
防震缝宽度 (mm)	≥100	$\geq(100+4\times h)\times0.5$	≥100	$\geq(100+5\times h)\times0.5$	≥100	$\geq(100+20/3\times h)\times0.5$	≥100	$\geq(100+10\times h)\times0.5$
说明	1. 防震缝两侧结构类型不同时，宜按需要宽防震缝的结构类型和较低房屋高度确定缝宽。 2. 抗震设计时，伸缩缝、沉降缝的宽度应满足防震缝的要求。 3. 表中 $h=H-15$。 4. 防震缝的宽度均不宜小于100mm							

6.2.4 截面设计及构造

（1）《高层建筑混凝土结构技术规范》JGJ 3—2010 第 7.2.1 条：

剪力墙的截面厚度应符合下列规定：

① 应符合墙体稳定验算要求（具体见《高层建筑混凝土结构技术规范》JGJ 3—2010 附录 D）。

② 一、二级剪力墙：底部加强部位不应小于 200mm，其他部位不应小于 160mm；一字形独立剪力墙底部加强部位不应小于 220mm，其他部位不应小于 180mm。

③ 三、四级剪力墙：不应小于 160mm，一字形独立剪力墙的底部加强部位尚不应小于 180mm。

④ 非抗震设计时不应小于 160mm。

⑤ 剪力墙井筒中，分隔电梯井或管道井的墙肢截面厚度可适当减小，但不宜小于 160mm。

（2）《建筑抗震设计规范》GB 50011—2010 第 6.4.1 条：

抗震墙的厚度：一、二级不应小于 160mm 且不宜小于层高或无支长度的 1/20，三、四级不应小于 140mm 且不宜小于层高或无支长度的 1/25；无端柱或翼墙时，一、二级不宜小于层高或无支长度的 1/16，三、四级不宜小于层高或无支长度的 1/20。

底部加强部位的墙厚：一、二级不应小于 200mm 且不宜小于层高或无支长度的 1/16，三、四级不应小于 160mm 且不宜小于层高或无支长度的 1/20；无端柱或翼墙时，一、二级不宜小于层高或无支长度的 1/12，三、四级不宜小于层高或无支长度的 1/16。

6.2.5 配筋构造措施（《高层建筑混凝土结构技术规范》JGJ 3—2010 第 7.2 条）

（1）高层剪力墙结构的竖向和水平分布钢筋不应单排配置。剪力墙截面厚度不大于 400mm 时，可采用双排配筋；大于 400mm、但不大于 700mm 时，宜采用三排配筋；大于 700mm 时，宜采用四排配筋。各排分布钢筋之间拉筋的间距不应大于 600mm，直径不应小于 6mm。

（2）《建筑抗震设计规范》GB 50011—2010 第 6.4.3 条：

① 剪力墙竖向和水平分布钢筋的配筋率，一、二、三级时均不应小于 0.25%，四级和非抗震设计时均不应小于 0.20%。

② 高度小于 24m 且剪压比很小的四级抗震墙，其竖向分布筋的最小配筋率应允许按 0.15% 采用。

③ 部分框支抗震墙结构的落地抗震墙底部加强部位，竖向和横向分布钢筋配筋率均不应小于 0.3%。

（3）剪力墙的竖向和水平分布钢筋的间距均不宜大于 300mm，直径不应小于 8mm。剪力墙的竖向和水平分布钢筋的直径不宜大于墙厚的 1/10。

（4）房屋顶层剪力墙、长矩形平面房屋的楼梯间和电梯间剪力墙、端开间纵向剪力墙以及端山墙的水平和竖向分布钢筋的配筋率均不应小于 0.25%，间距均不应大于 200mm。

（5）剪力墙两端和洞口两侧应设置边缘构件，并应符合下列规定：

① 一、二、三级剪力墙底层墙肢底截面的轴压比大于表 6.2-5 的规定值时，以及部分框支剪力墙结构的剪力墙，应在底部加强部位及相邻的上一层设置约束边缘构件，约束边

缘构件应符合本节下面的规定；

剪力墙可不设约束边缘构件的最大轴压比

表 6.2-5

等级或烈度	一级（9度）	一级（6、7、8度）	二、三级
轴压比	0.1	0.2	0.3

② 除本条第1款所列部位外，剪力墙应按本节下面要求的设置构造边缘构件；

③ B级高度高层建筑的剪力墙，宜在约束边缘构件层与构造边缘构件层之间设置1～2层过渡层，过渡层边缘构件的箍筋配置要求可低于约束边缘构件的要求，但应高于构造边缘构件的要求。

（6）剪力墙的约束边缘构件可为暗柱、端柱和翼墙（图 6.2-1），并应符合下列规定：

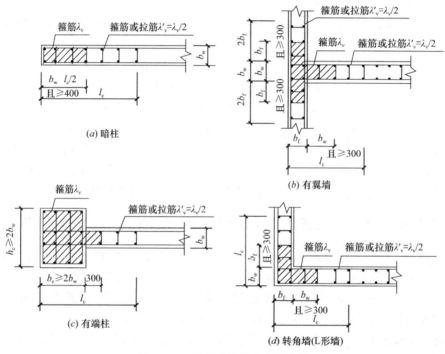

图 6.2-1　剪力墙的约束边缘构件

① 约束边缘构件沿墙肢的长度 l_c 和箍筋配箍特征值 λ_v 应符合表 6.2-6 的要求，其体积配箍率 ρ_v 应按下式计算：

$$\rho_v = \lambda_v \frac{f_c}{f_{yv}}$$

式中：ρ_v——箍筋体积配筋率。可计入箍筋、拉筋以及符合构造要求的水平分布钢筋，计入的水平分布钢筋的体积配箍率不应大于总体积配箍率的30%；

λ_v——约束边缘构件配箍特征值；

f_c——混凝土轴心抗压强度设计值；混凝土强度等级低于C35时，应取C35的混凝土轴心抗压强度设计值；

f_{yv}——箍筋、拉筋或水平分布钢筋的抗拉强度设计值。

② 剪力墙约束边缘构件阴影部分（图 6.2-1）的竖向钢筋除应满足正截面受压（受

拉）承载力计算要求外，其配筋率一、二、三级时分别不应小于 1.2%、1.0% 和 1.0%，并分别不应少于 8Φ6、6Φ6 和 6Φ4 的钢筋（Φ 表示钢筋直径）；

③ 约束边缘构件内箍筋或拉筋沿竖向的间距，一级不宜大于 100mm，二、三级不宜大于 150mm；箍筋、拉筋沿水平方向的肢距不宜大于 300mm，不应大于竖向钢筋间距的 2 倍。

（7）剪力墙构造边缘构件的范围宜按图 6.2-2 中阴影部分采用，其最小配筋应满足表 6.2-7 的规定，并应符合下列规定：

① 竖向配筋应满足正截面受压（受拉）承载力的要求；

② 当端柱承受集中荷载时，其竖向钢筋、箍筋直径和间距应满足框架柱的相应要求；

③ 箍筋、拉筋沿水平方向的肢距不宜大于 300mm，不应大于竖向钢筋间距的 2 倍；

④ 抗震设计时，对于连体结构、错层结构以及 B 级高度高层建筑结构中的剪力墙（筒体），其构造边缘构件的最小配筋应符合下列要求：

a. 竖向钢筋最小量应比表 6.2-7 中的数值提高 $0.001A_c$ 采用；

b. 箍筋的配筋范围宜取图 6.2-2 中阴影部分，其配箍特征值 λ_v 不宜小于 0.1。

⑤ 非抗震设计的剪力墙，墙肢端部应配置不少于 4Φ12 的纵向钢筋，箍筋直径不应小于 6mm、间距不宜大于 250mm。

约束边缘构件沿墙肢的长度 l_c 及其配箍特征值 λ_v 表 6.2-6

项目	一级（9度）		一级（6、7、8度）		二、三级	
	$\mu_N \leqslant 0.2$	$\mu_N > 0.2$	$\mu_N \leqslant 0.3$	$\mu_N > 0.3$	$\mu_N \leqslant 0.4$	$\mu_N > 0.4$
l_c（暗柱）	$0.20h_w$	$0.25h_w$	$0.15h_w$	$0.20h_w$	$0.15h_w$	$0.20h_w$
l_c（翼墙或端柱）	$0.15h_w$	$0.20h_w$	$0.10h_w$	$0.15h_w$	$0.10h_w$	$0.15h_w$
λ_v	0.12	0.20	0.12	0.20	0.12	0.20

注：1. μ_N 为墙肢在重力荷载代表值作用下的轴压比，h_w 为肢的长度；

2. 剪力墙的翼墙长度小于翼墙厚度的 3 倍或端柱截面边长小于 2 倍墙厚时，按无翼墙、无端柱查表；

3. l_c 为约束边缘构件沿墙肢的长度（图 6.2-1）。对暗柱不应小于墙厚和 400mm 的较大值；有翼墙或端柱时，不应小于翼墙厚度或端柱沿墙肢方向截面高度加 300mm。

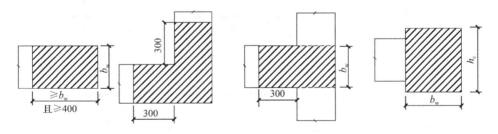

图 6.2-2 剪力墙的构造边缘构件范围

剪力墙构造边缘构件的最小配筋要求 表 6.2-7

抗震等级	底部加强部位		
	竖向钢筋最小量（取较大值）	箍筋	
		最小直径（mm）	沿竖向最大间距（mm）
一	$0.010A_c$，6φ16	8	100
二	$0.008A_c$，6φ14	8	150
三	$0.006A_c$，6φ12	6	150
四	$0.005A_c$，4φ12	6	200

续表

抗震等级	其他部位		
	竖向钢筋最小量（取较大值）	拉筋	
		最小直径（mm）	沿竖向最大间距（mm）
一	$0.008A_c$，$6\phi14$	8	150
二	$0.006A_c$，$6\phi12$	8	200
三	$0.005A_c$，$4\phi12$	6	200
四	$0.004A_c$，$4\phi12$	6	250

注：1. A_c 为构造边缘构件的截面面积，即图 6.2-2 剪力墙截面的阴影部分；

2. 符号 ϕ 表示钢筋直径；

3. 其他部位的转角处宜采用箍筋。

6.3 设计实例的基本条件

某一高层住宅，地下1层，地上18层，建筑图如图 6.3-1～图 6.3-4 所示。

建设地点：烟台市某地区。建筑高度：52.40m。建筑在有利地段。本工程填充墙采用加气混凝土砌块砌体。

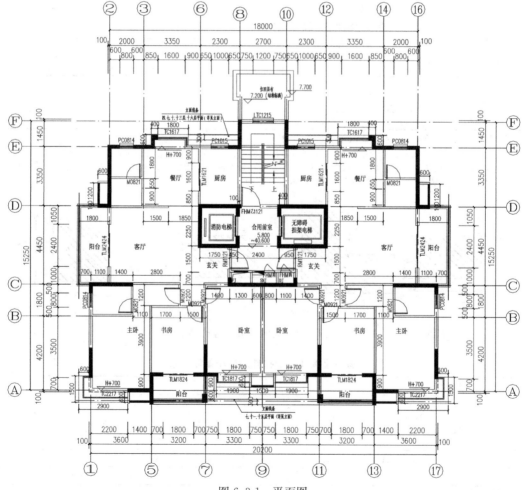

图 6.3-1 平面图

图 6.3-2　效果图

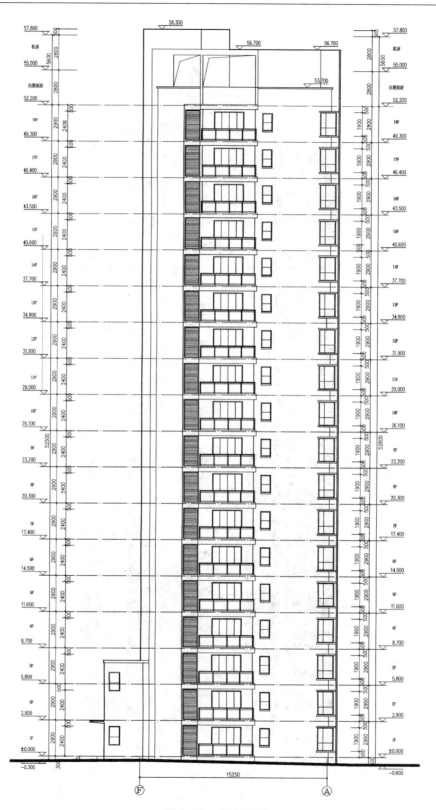

图 6.3-3　侧立面图

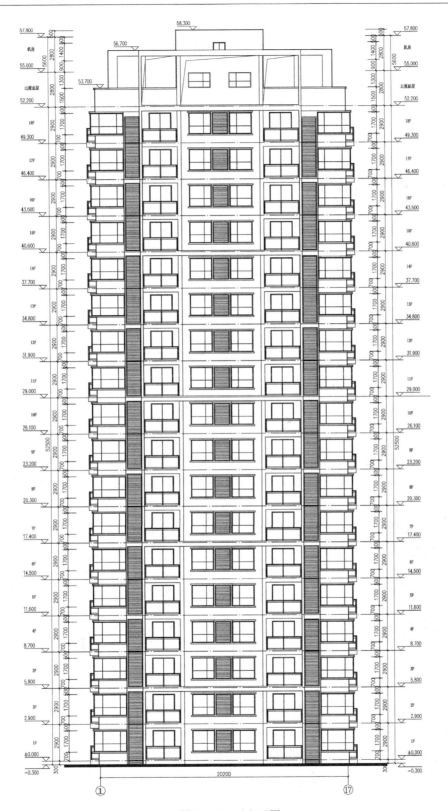

图 6.3-4　正立面图

6.4 结构模型的建立

根据工程所在位置，建筑结构的特点和房屋的高度，确定结构形式采用剪力墙结构，结构设计使用年限：50年，建筑结构安全等级：二级，结构重要性系数：1.0。

（1）依据《建筑结构荷载规范》GB 50009—2012附录E，基本雪压：0.40kN/m²，基本风压：0.55kN/m²；

（2）依据《建筑结构荷载规范》GB 50009—2012第8.2、8.3条，地面粗糙度：C类，风荷载体型系数：1.4；

（3）依据《建筑工程抗震设防分类标准》GB 50223—2008，建筑抗震设防分类：标准设防类；

（4）依据《建筑抗震设计规范》GB 50011—2010附录A，抗震设防烈度：7度，基本地震加速度：0.10g，设计地震分组：第三组；

（5）依据《高层建筑混凝土结构技术规范》JGJ 3—2010第3.9.3条，剪力墙抗震等级：三级；

（6）依据地质报告，场地类别：I_1类；

通过【结构建模】，输入结构计算模型如图6.4-1。

剪力墙位置、尺寸、梁的位置、尺寸在满足建筑功能的要求。同时，剪力墙厚度满足本章6.2.4的要求。梁的高度取用跨度的1/10～1/18之一，宽度取值和剪力墙厚度一致。具体见第6.8节混凝土结构施工图。

现浇板厚度：跨度＜3.6m，取100mm；3.6m≤跨度＜4.2m，取110mm；跨度≥4.2m，取120mm；异形板适当加厚。具体见第6.8节混凝土结构施工图。

楼面活载依据《建筑结构荷载规范》GB 50009—2012选取。楼面恒载及梁上恒载根据建筑做法要求计算，具体如图6.4-2所示。【结构建模】的设计参数、具体操作方法见第2章。

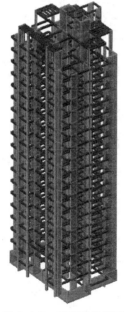

图6.4-1 工程结构模型

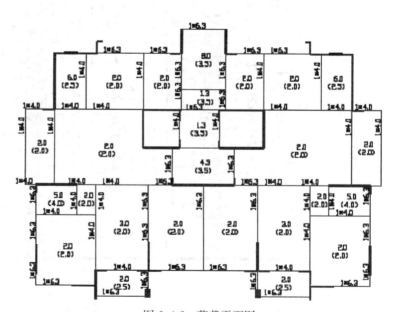

图6.4-2 荷载平面图

6.5　设计参数选取

根据本工程的特点参数取值如下：

（1）【楼层定义】—【本层信息】中参数的取值，见图 6.5-1。

（2）【设计参数】中参数的取值，见图 6.5-2～图 6.5-6。

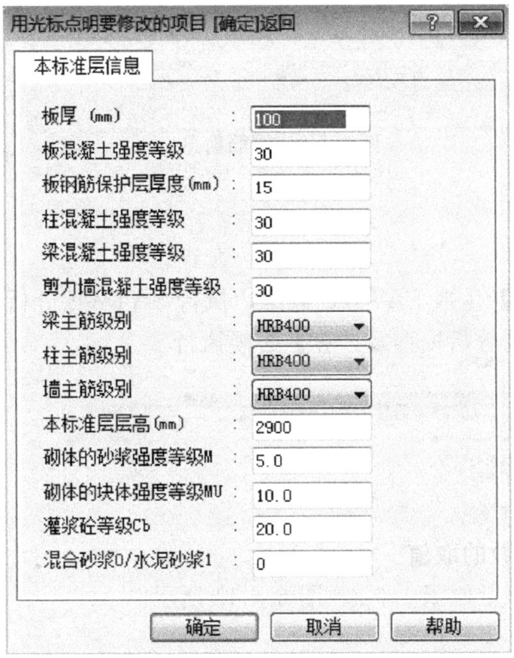

图 6.5-1　本层信息

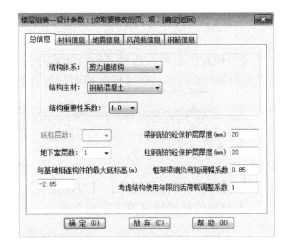

图 6.5-2　总信息

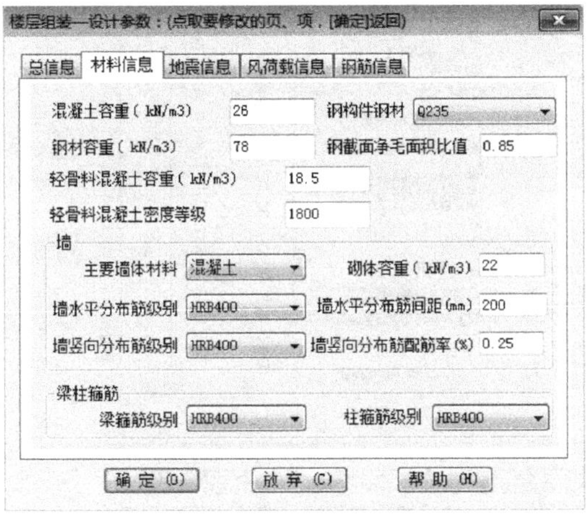

图 6.5-3　材料信息

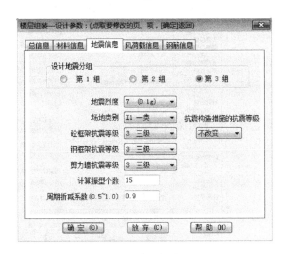

图 6.5-4　地震信息

图 6.5-5　风荷载信息　　　　　　图 6.5-6　钢筋信息

6.6　SATWE 分析设计

【结构建模】后，选择【SATWE 分析设计】生成 SATWE 数据，执行 SATWE 分析设计（图 6.6-1），其中【设计模型前处理】和【分析模型及计算】必须执行。

图 6.6-1

1.【SATWE 分析设计】—【参数定义】中参数的取值

参数取值依据详见第 3 章相关内容，页面信息如图 6.6-2～图 6.6-11 所示。

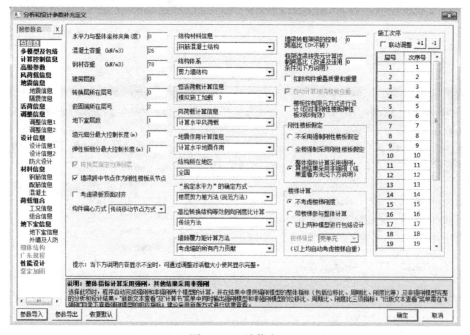

图 6.6-2　总信息

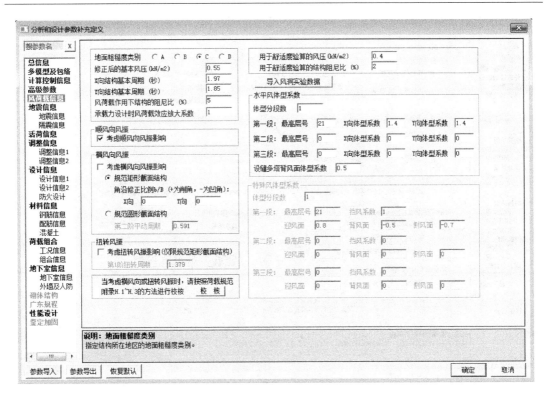

图 6.6-3　风荷载信息

图 6.6-4　地震信息

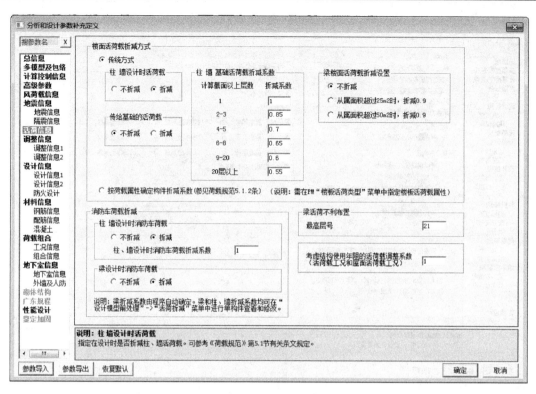

图 6.6-5　活荷载信息

图 6.6-6　调整信息 1

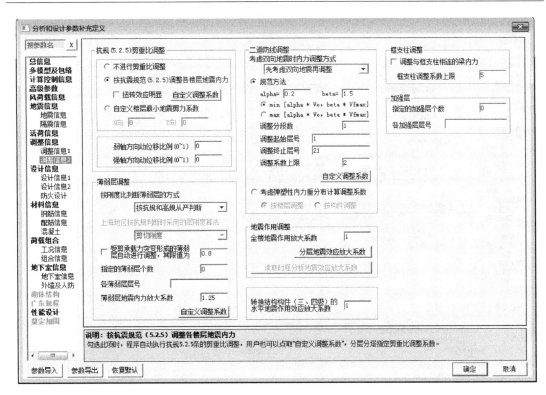

图 6.6-7　调整信息 2

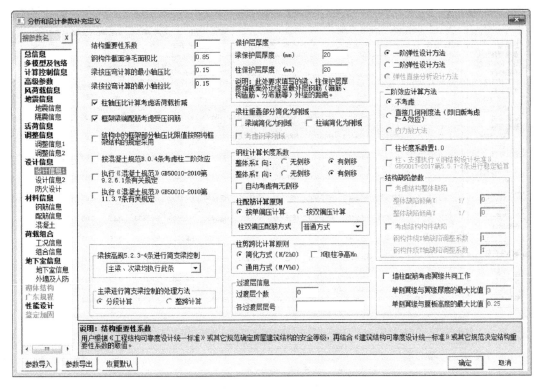

图 6.6-8　设计信息 1

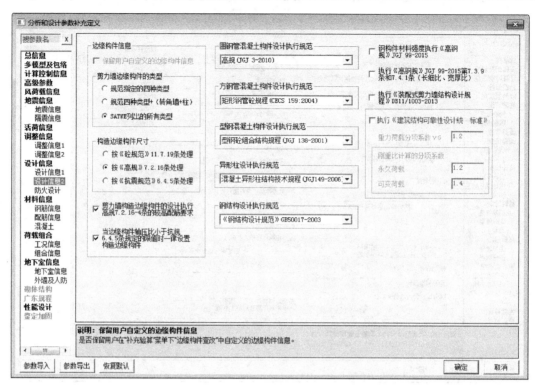

图 6.6-9　设计信息 2

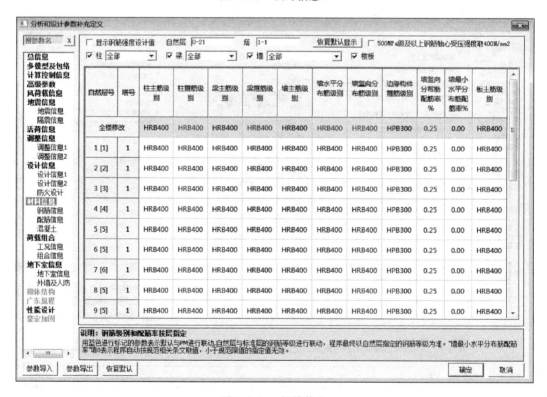

图 6.6-10　钢筋信息

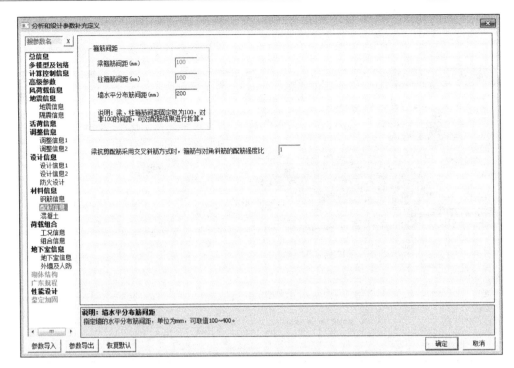

图 6.6-11 配筋信息

2.【SATWE 分析设计】—【分析模型及计算】

完成【参数定义】菜单后，若无特殊构件和荷载定义等，可直接执行【分析模型及计算】中的【生成数据】及【分析计算】（具体见第 3 章有关 SATWE 介绍），然后生成后续计算必要的数据文件。

6.7 SATWE 结果查看

执行【SATWE 结果查看】，计算结果包括图形输出和文本输出两部分。具体见第 3 章有关 SATWE 介绍。

6.7.1 文本文件输出内容

执行【SATWE 结果查看】中【计算结果】→【文本结果】→【文本查看】。

1. 结构设计信息

重点关注层刚度比、刚重比、楼层受剪承载力计算结果。

1）层刚度比

层刚度比要满足《高层建筑混凝土结构技术规范》JGJ 3—2010 第 3.5.2 条和第 3.5.8 条的要求，尽量避免平面不规则。具体见第 3 章 SATWE 介绍。本工程具体值如图 6.7-1、图 6.7-2 所示，满足规范要求。

2）刚重比

刚重比要满足《高层建筑混凝土结构技术规范》JGJ 3—2010 第 5.4.1 条、5.4.2

条和 5.4.4 条的要求。具体要求见第 3 章。本工程具体值如图 6.7-2 所示，满足规范要求。

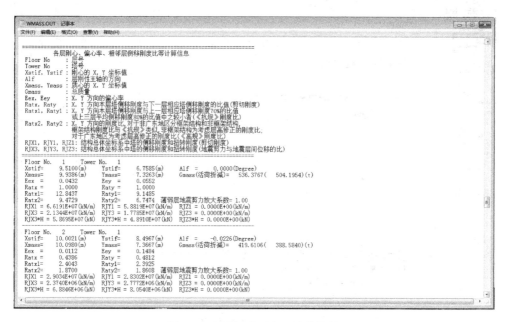

图 6.7-1　层侧移刚度比计算结果

3）楼层受剪承载力

楼层受剪承载力要满足《高层建筑混凝土结构技术规范》JGJ 3—2010 第 3.5.3 条的要求。具体要求见第 3 章。本工程具体值如图 6.7-2 所示，满足规范要求。

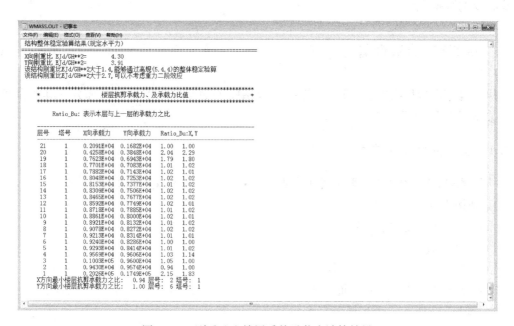

图 6.7-2　刚重比和楼层受剪承载力计算结果

2. 周期、振型、地震力

1）周期计算结果

周期比计算应满足《高层建筑混凝土结构技术规范》JGJ 3—2010 第 3.4.5 条的要求。具体要求见第 3 章。

本工程周期计算结果如图 6.7-3 所示。从结果可以得出，第一振型为 Y 向平动（平动系数为 1.00），第二振型为 X 向平动（平动系数为 0.98），第三振型为扭转（扭转系数为 0.97），周期比为 1.3861/1.9744＝0.70＜0.9，满足规范要求。

注意：1. 将第一振型、第二振型周期重新输入图 6.6-3 中的周期中数值。

　　　2. 地震作用最大的方向。

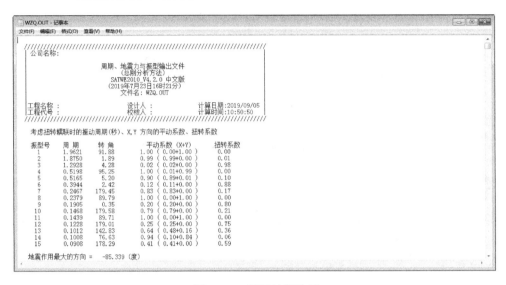

图 6.7-3　周期计算结果

2）剪重比、有效质量系数计算结果

《高层建筑混凝土结构技术规范》JGJ 3—2010 第 4.3.12 条和《建筑抗震设计规范》GB 50011—2010 第 5.2.5 条的规定，多遇地震水平地震作用计算时，结构各楼层对应于地震作用标准值的剪力应符合下式要求：

$$V_{Eki} \geqslant \lambda \sum_{j=i}^{n} G_i$$

《高层建筑混凝土结构技术规范》JGJ 3—2010 第 4.3.10 条和《建筑抗震设计规范》GB 50011—2010 第 5.2.2 条文说明：振型个数一般可取振型参与质量达到总质量的 90% 所需的振型数。

本工程剪重比、有效质量系数计算结果如图 6.7-4、如图 6.7-5 所示，满足规范要求。

3. 结构位移

1）《高层建筑混凝土结构技术规范》JGJ 3—2010 第 3.4.5 条：

在考虑偶然偏小影响的规定水平地震力作用下，楼层竖向构件最大的水平位移和层间位移，A 级高度高层建筑不宜大于该楼层平均值的 1.2 倍，不应大于该楼层平均值的 1.5

倍；B级高度层建筑、超过A级高度的混合结构及本规程第10章所指的复杂高层建筑不宜大于该楼层平均值的1.2倍，不应大于该楼层平均值的1.4倍。

图 6.7-4　X方向剪重比、有效质量系数计算结果

图 6.7-5　Y方向剪重比、有效质量系数计算结果

当楼层的最大层间位移角不大于本规范第3.7.3条规定的限值的40%时，该楼层竖向构件的最大水平位移和层间位移与该楼层平均值的比值可适当放松，但不应大于1.6。

2）《高层建筑混凝土结构技术规范》JGJ 3—2010 第3.7.3条：

按弹性方法计算的风荷载或多遇地震标准值作用下的楼层层间最大水平位移与层高之比：$[\theta_e]=\Delta u/h\leqslant1/1000$。

楼层层间最大位移Δu以楼层竖向构件最大的水平位移差计算，不扣除整体弯曲变形。抗震设计时，楼层位移计算可不考虑偶然偏心的影响。

本工程位移比、位移角计算结果如图 6.7-6、图 6.7-7 所示，满足规范要求。

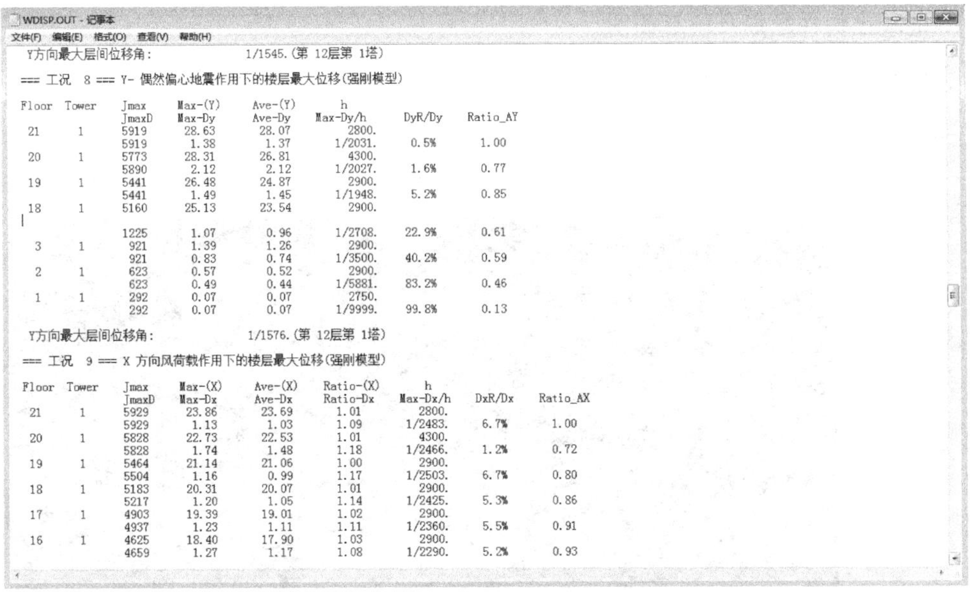

```
WDISP.OUT - 记事本
文件(F) 编辑(E) 格式(O) 查看(V) 帮助(H)
 Y方向最大层间位移角:            1/1545.(第 12层第 1塔)

=== 工况  8 === Y- 偶然偏心地震作用下的楼层最大位移(强刚模型)

Floor  Tower    Jmax     Max-(Y)    Ave-(Y)       h
                JmaxD    Max-Dy     Ave-Dy     Max-Dy/h     DyR/Dy     Ratio_AY
 21       1     5919      28.63      28.07        2800.
                5919       1.38       1.37      1/2031.      0.5%        1.00
 20       1     5773      28.31      26.81        4300.
                5890       2.12       2.12      1/2027.      1.6%        0.77
 19       1     5441      26.48      24.87        2900.
                5441       1.49       1.45      1/1948.      5.2%        0.85
 18       1     5160      25.13      23.54        2900.
|
                1225       1.07       0.96      1/2708.     22.9%        0.61
  3       1      921       1.39       1.26        2900.
                 921       0.83       0.74      1/3500.     40.2%        0.59
  2       1      623       0.57       0.52        2900.
                 623       0.49       0.44      1/5881.     83.2%        0.46
  1       1      292       0.07       0.07        2750.
                 292       0.07       0.07      1/9999.     99.8%        0.13

 Y方向最大层间位移角:            1/1576.(第 12层第 1塔)

=== 工况  9 === X 方向风荷载作用下的楼层最大位移(强刚模型)

Floor  Tower    Jmax     Max-(X)    Ave-(X)    Ratio-(X)       h
                JmaxD    Max-Dx     Ave-Dx     Ratio-Dx     Max-Dx/h     DxR/Dx     Ratio_AX
 21       1     5929      23.86      23.69       1.01         2800.
                5929       1.13       1.03       1.09       1/2483.      6.7%        1.00
 20       1     5828      22.73      22.53       1.01         4300.
                5828       1.74       1.48       1.18       1/2466.      1.2%        0.72
 19       1     5464      21.14      21.06       1.00         2900.
                5504       1.16       0.99       1.17       1/2503.      6.7%        0.80
 18       1     5183      20.31      20.07       1.01         2900.
                5217       1.20       1.05       1.14       1/2425.      5.3%        0.86
 17       1     4903      19.39      19.01       1.02         2900.
                4937       1.23       1.11       1.11       1/2360.      5.5%        0.91
 16       1     4625      18.40      17.90       1.03         2900.
                4659       1.27       1.17       1.08       1/2290.      5.2%        0.93
```

图 6.7-6　位移角计算结果

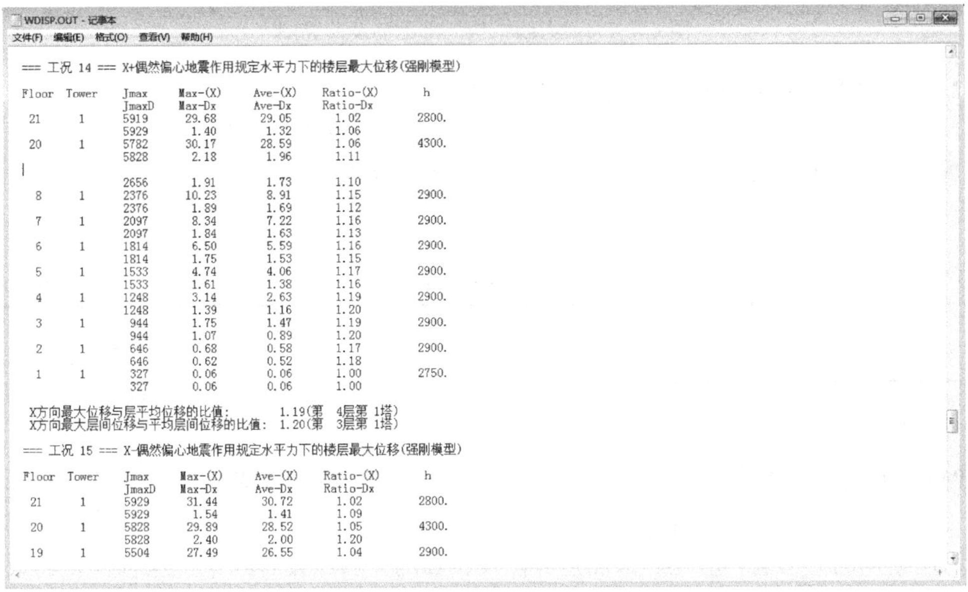

```
WDISP.OUT - 记事本
文件(F) 编辑(E) 格式(O) 查看(V) 帮助(H)

=== 工况 14 === X+偶然偏心地震作用规定水平力下的楼层最大位移(强刚模型)

Floor  Tower    Jmax     Max-(X)    Ave-(X)    Ratio-(X)       h
                JmaxD    Max-Dx     Ave-Dx     Ratio-Dx
 21       1     5919      29.68      29.05       1.02         2800.
                5929       1.40       1.32       1.06
 20       1     5782      30.17      28.59       1.06         4300.
                5828       2.18       1.96       1.11
|
                2656       1.91       1.73       1.10
  8       1     2376      10.23       8.91       1.15         2900.
                2376       1.89       1.69       1.12
  7       1     2097       8.34       7.22       1.16         2900.
                2097       1.84       1.63       1.13
  6       1     1814       6.50       5.59       1.16         2900.
                1814       1.75       1.53       1.15
  5       1     1533       4.74       4.06       1.17         2900.
                1533       1.61       1.38       1.16
  4       1     1248       3.14       2.63       1.19         2900.
                1248       1.39       1.16       1.20
  3       1      944       1.75       1.47       1.19         2900.
                 944       1.07       0.89       1.20
  2       1      646       0.68       0.58       1.17         2900.
                 646       0.62       0.52       1.18
  1       1      327       0.06       0.06       1.00         2750.
                 327       0.06       0.06       1.00

  X方向最大位移与层平均位移的比值:          1.19(第  4层第 1塔)
  X方向最大层间位移与平均层间位移的比值:    1.20(第  3层第 1塔)

=== 工况 15 === X-偶然偏心地震作用规定水平力下的楼层最大位移(强刚模型)

Floor  Tower    Jmax     Max-(X)    Ave-(X)    Ratio-(X)       h
                JmaxD    Max-Dx     Ave-Dx     Ratio-Dx
 21       1     5929      31.44      30.72       1.02         2800.
                5929       1.54       1.41       1.09
 20       1     5828      29.89      28.52       1.05         4300.
                5828       2.40       2.00       1.20
 19       1     5504      27.49      26.55       1.04         2900.
```

图 6.7-7　位移比计算结果

4. 超配筋信息

软件对不满足规范要求的均属于超筋超限，在图形文件的配筋简图上以【红色】字符表示，在超配筋信息文件 WGCPJ. out 中输出，也在每层配筋文件 WPJ＊. out 中输出。通过 WGCPJ. out 文件，设计人员可以很详细的了解超配筋情况，便于修改（具体见第 3 章 SATWE 介绍）。

6.7.2 图形文件输出内容

1. 混凝土构件配筋及验算简图

本工程的混凝土构件的配筋结果见图 6.7-8，图中具体表示含义见第 3 章 SATWE 介绍。

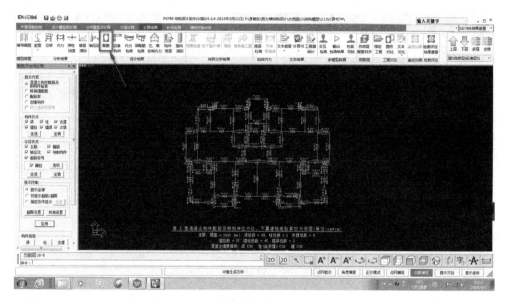

图 6.7-8 剪力墙结构局部配筋及验算图

2. 墙边缘构件简图（剪力墙轴压比）

1)《高层建筑混凝土结构技术规范》JGJ 3—2010 第 7.2.13 条：

重力荷载代表值作用下，一、二、三级剪力墙墙肢的轴压比不宜超过表 6.7-1 的限值。

剪力墙墙肢轴压比限值   表 6.7-1

抗震等级	一级（9度）	一级（6、7、8度）	二、三级
轴压比限值	0.4	0.5	0.6

注：墙肢轴压比是指重力荷载代表值作用下墙肢承受的轴压力设计值与墙肢的全截面面积和混凝土轴心抗压强度设计值乘积之比值。

2)《高层建筑混凝土结构技术规范》JGJ 3—2010 第 7.2.14 条：

一、二、三级剪力墙底层墙肢底截面的轴压比大于表 6.7-1 的规定值时，以及部分框支剪力墙结构的剪力墙，应在底部加强部位及相邻的上一层设置约束边缘构件，约束边缘构件应符合本章 6.2.5 节的规定。

3）组合轴压比

对于剪力墙轴压比的计算如果仅判别单个墙肢的轴压比，没有考虑与其相连的墙肢、边框柱等构件的协同作用，在某些情况下该轴压比值是不合理的，如 L 形带端柱剪力墙的短墙肢。可以采用【组合轴压】验算功能，交互指定 L 形、T 形和十字形等剪力墙的组合轴压比验算，软件参照组合墙的概念，由用户选择若干相互连接的墙肢及边框柱，然后给出所选墙肢的合并轴压比验算值。

本工程轴压比计算结果如图 6.7-9，满足规范要求。

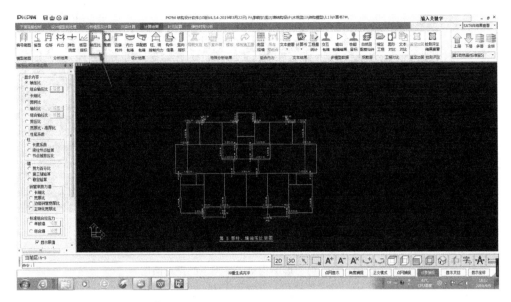

图 6.7-9　剪力墙结构局部某层轴压比简图

3. 结构整体空间振动简图

结构整体空间振动简图可以显示详细的结构三维振型图及其动画，也可以显示结构某一榀或任一平面部分的振型动画。见图 6.7-10～图 6.7-12。

建议查看三维振型动画，由此可以一目了然地看出每个振型的形态，可以判断结构的薄弱方向，可以看出结构计算模型是否存在明显的错误，尤其在验算周期比时，侧振第一周期和扭转第一周期的确定，一定要参考三维振型图，这样可以避免错误的判断。

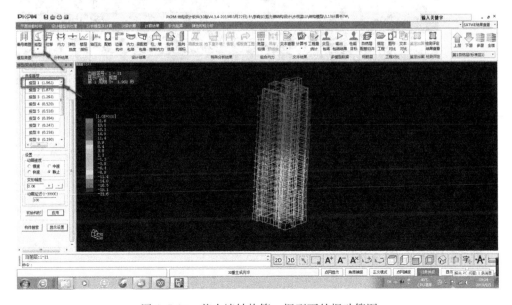

图 6.7-10　剪力墙结构第一振型下的振动简图

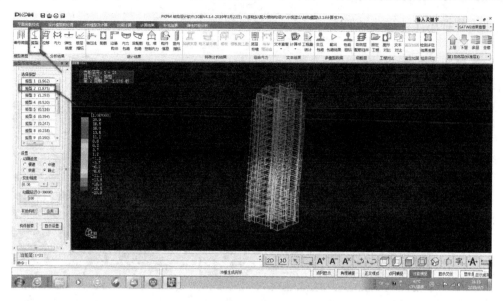

图 6.7-11　剪力墙结构第二振型下的振动简图

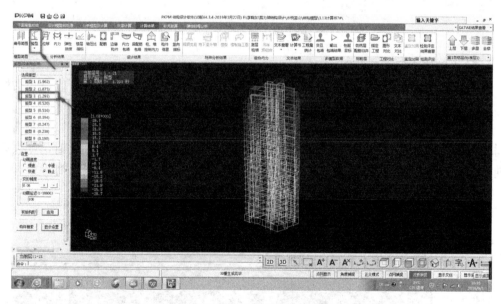

图 6.7-12　剪力墙结构第三振型下的振动简图

本工程剪力墙结构第一振型为 Y 向平动（平动系数为 1.00），第二振型为 X 向平动（平动系数为 0.98），第三振型为扭转（扭转系数为 0.97），周期比为 1.3861/1.9744 ＝ 0.70＜0.9，满足规范要求。

其他内容具体见第 3 章 SATWE 介绍。

6.8　混凝土结构施工图

结构图见图 6.8-1～图 6.8-4。

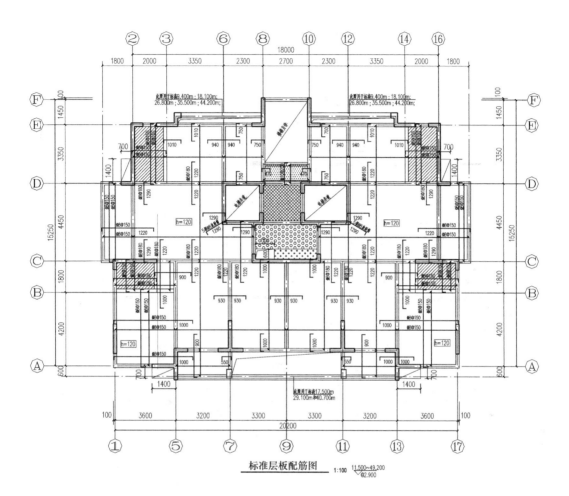

标准层板配筋图 1:100 $\frac{11.500\sim49.200}{@2.900}$

附注：1. 本层未注明楼板厚均为100mm。
板顶钢筋：未注明的为Φ8@200。
板底钢筋：未注明的为Φ8@200双向。
2. 厨房排油烟道DK1、卫生间通气道DK2处预留洞口按建筑图要求预留，未示意的洞口附加筋做法，详见结构设计总说明。
3. 管道井板钢筋预留，待管道安装完毕，用比原混凝土提高一个等级的微膨胀混凝土后浇注。
4. 未注明填充墙下无梁时，填充墙的板底处均设附加筋，做法见总说明，其定位尺寸详建筑。

部位	结构标高	图例	板厚	配筋
合用前室	H+0.050		120	Φ8@200双层双向
水暖电井	H−0.050		120	Φ8@200双层双向
住宅卫生间	H−0.250		另见	详平面
户内厅室、阳台	H	基准标高	另见	详平面
走廊	H−0.050		120	Φ8@200双层双向
楼梯平台	H+0.050		120	详平面
空调机板	H		100	见详图
注：H为结构标高；				
空调机板未在层高处的见详图				

图 6.8-1 标准层板配筋图

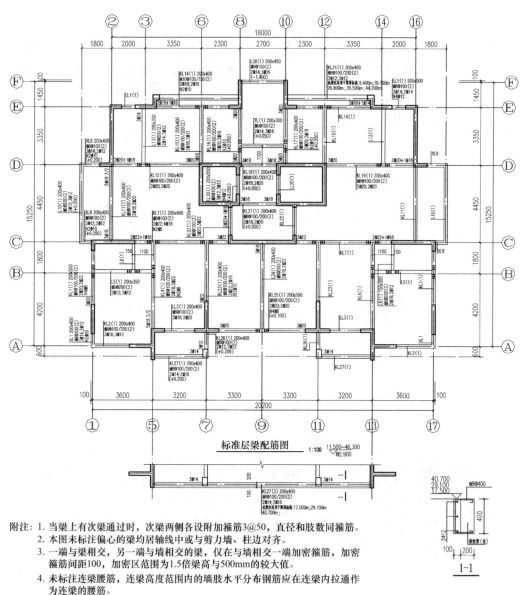

标准层梁配筋图   1:100

附注： 1. 当梁上有次梁通过时，次梁两侧各设附加箍筋3@50，直径和肢数同箍筋。
2. 本图未标注偏心的梁均居轴线中或与剪力墙、柱边对齐。
3. 一端与梁相交，另一端与墙相交的梁，仅在与墙相交一端加密箍筋，加密箍筋间距100，加密区范围为1.5倍梁高与500mm的较大值。
4. 未标注连梁腰筋，连梁高度范围内的墙肢水平分布钢筋应在连梁内拉通作为连梁的腰筋。
5. 楼梯间部分的梁顶标高及定位核楼梯详图。
6. <u>钢筋</u>表示梁顶钢筋通长设置。

图 6.8-2　标准层梁配筋图

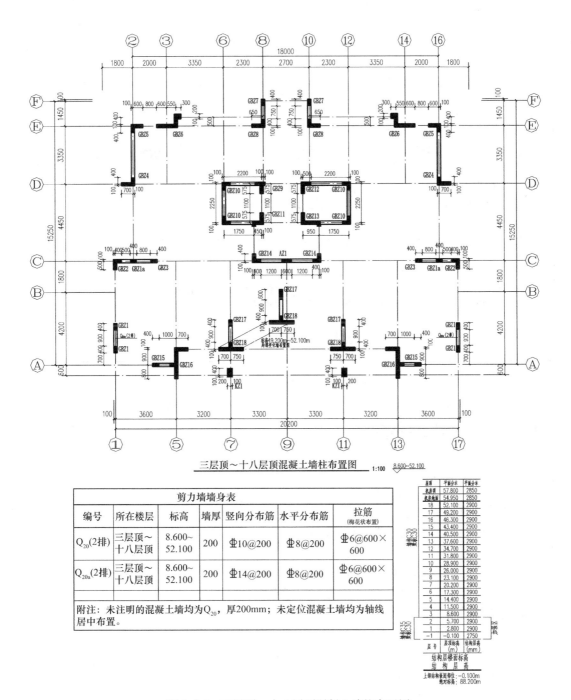

三层顶~十八层顶混凝土墙柱布置图　1:100　8.600~52.100

剪力墙墙身表						
编号	所在楼层	标高	墙厚	竖向分布筋	水平分布筋	拉筋 (梅花状布置)
Q_{20}(2排)	三层顶~ 十八层顶	8.600~ 52.100	200	⊈10@200	⊈8@200	⊈6@600× 600
Q_{20a}(2排)	三层顶~ 十八层顶	8.600~ 52.100	200	⊈14@200	⊈8@200	⊈6@600× 600
附注：未注明的混凝土墙均为Q_{20}，厚200mm；未定位混凝土墙均为轴线居中布置。						

图 6.8-3　三层顶~十八层顶混凝土墙柱布置图

251

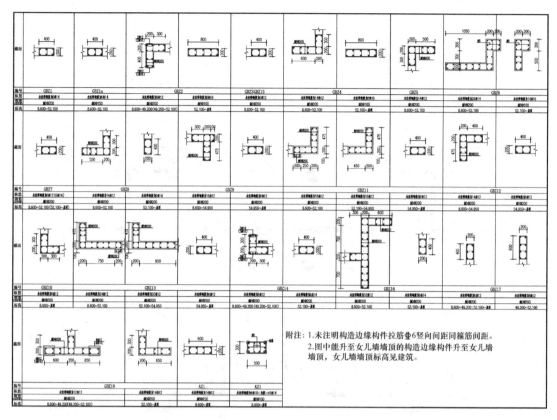

附注：1. 未注明构造边缘构件拉筋￠6竖向间距同箍筋间距。
2. 图中能升至女儿墙顶的构造边缘构件升至女儿墙顶，女儿墙顶标高见建筑。

图 6.8-4　混凝土墙柱配筋详图

6.9　结构设计注意问题

6.9.1　剪力墙连梁

1. 剪力墙连梁的概念

《高层建筑混凝土结构技术规范》JGJ 3—2010 第 7.1.3 条文说明：两端与剪力墙在平面内相连的梁为连梁。

《高层建筑混凝土结构技术规范》JGJ 3—2010 第 7.1.3 条：跨高比小于 5 的连梁应按本章的有关规定设计，跨高比不小于 5 的连梁宜按框架梁设计。

2. 剪力墙连梁的设计

PKPM 软件对剪力墙连梁的设置方法：

（1）在剪力墙上开洞形成的梁，软件默认其为连梁。

（2）在两道剪力墙间布置的梁，软件默认其为框架梁。如需要将其改为连梁，可以在 SATWE 特殊构件定义时设定。

《高层建筑混凝土结构技术规范》JGJ 3—2010 第 5.2.1 条：高层建筑结构地震作用效应计算时，可对剪力墙连梁刚度予以折减，折减系数不宜小于 0.5。

3. 连梁超筋的解决方法

连梁一般具有跨度小，截面大，与连梁相连的墙体刚体很大等特点，因此高层建筑在水平力作用下，连梁的内力往往很大，特别是抗震设防烈度较高时，连梁在抗震计算中容易出现超筋的情况。解决连梁超筋方法是：

（1）减小连梁的截面高度。

（2）对连梁弯矩和剪力进行塑性调幅。

（3）当连梁破坏对承受竖向荷载无明显影响时，可考虑在大震作用下该连梁不参与工作。但连梁本身设计仍必须满足非抗震设计的承载力和正常使用极限状态的设计要求。

（4）连梁刚度折减系数取较小的值，但不应小于 0.5。

4. 连梁设计注意问题

《高层建筑混凝土结构技术规范》JGJ 3—2010 第 7.1.5 条：楼面梁不宜支承在剪力墙或核心筒的连梁上。

《高层建筑混凝土结构技术规范》JGJ 3—2010 第 7.1.5 条文说明：楼板次梁等截面较小的梁支承在连梁上时，次梁端部可按铰接处理。

6.9.2　短肢剪力墙结构的分析设计（《高层建筑混凝土结构技术规范》JGJ 3—2010 第 7.1、7.2 条）

1. 短肢剪力墙的概念

短肢剪力墙是指截面厚度不大于 300mm、各肢截面高度与厚度之比的最大值大于 4 但不大于 8 的剪力墙；具有较多短肢剪力墙的剪力墙结构是指，在规定的水平地震作用下，短肢剪力墙承担的底部倾覆力矩不小于结构底部总地震倾覆力矩的 30% 的剪力墙结构。

2. 短肢剪力墙的使用范围

抗震设计时，高层建筑结构不应全部采用短肢剪力墙；B 级高度高层建筑以及抗震设防烈度为 9 度的 A 级高度高层建筑，不宜布置短肢剪力墙，不应采用具有较多短肢剪力墙的剪力墙结构。当采用具有较多短肢剪力墙的剪力墙结构时，应符合下列规定：

（1）在规定的水平地震作用下，短肢剪力墙承担的底部倾覆力矩不宜大于结构底部总地震倾覆力矩的 50%；

（2）房屋适用高度应比表 3.1 规定的剪力墙结构的最大适用高度适当降低，7 度、8 度（0.2g）和 8 度（0.3g）时分别不应大于 100m、80m 和 60m。

3. 短肢剪力墙的设计要求

抗震设计时，短肢剪力墙的设计应符合下列规定：

（1）短肢剪力墙截面厚度除应符合本节剪力墙厚度的基本要求外，底部加强部位尚不应小于 200mm，其他部位尚不应小于 180mm。

（2）一、二、三级短肢剪力墙的轴压比，分别不宜大于 0.45、0.50、0.55，一字形截面短肢剪力墙的轴压比限值应相应减少 0.1。

（3）短肢剪力墙的全部竖向钢筋的配筋率，底部加强部位一、二级不宜小于 1.2%，三、四级不宜小于 1.0%；其他部位一、二级不宜小于 1.0%，三、四级不宜小于 0.8%。

（4）不宜采用一字形短肢剪力墙，不宜在一字形短肢剪力墙上布置平面外与之相交的单侧楼面梁。

第7章　框架结构设计

框架结构是指由梁和柱以钢筋相连接而成，构成承重体系的结构，即由梁和柱组成框架共同抵抗使用过程中出现的水平荷载和竖向荷载。框架结构的房屋墙体不承重，仅起到围护和分隔作用，一般用预制的加气混凝土、膨胀珍珠岩、空心砖或多孔砖、浮石、蛭石、陶粒等轻质板材砌筑或装配而成。

框架建筑的主要优点：空间分隔灵活，自重轻，节省材料；具有可以较灵活地配合建筑平面布置的优点，利于安排需要较大空间的建筑结构；框架结构的梁、柱构件易于标准化、定型化，便于采用装配整体式结构，以缩短施工工期；采用现浇混凝土框架时，结构的整体性、刚度较好，设计处理好也能达到较好的抗震效果，而且可以把梁或柱浇注成各种需要的截面形状。

框架结构的优点很符合现在的建筑结构的要求，所以目前应用最广泛的结构形式之一，广泛用于办公楼、商场、住宅、学校和酒店。

框架结构的缺点：框架节点应力集中显著；框架结构的侧向刚度小，属柔性结构，在强烈地震作用下，结构所产生水平位移较大，易造成严重的非结构性破坏；不适宜建造超高层建筑，框架是由梁柱构成的杆系结构，其承载力和刚度都较低，特别是水平方向的，它的受力特点类似于竖向悬臂剪切梁，其总体水平位移上大下小，但相对于各楼层而言，层间变形上小下大，设计时如何提高框架的抗侧刚度及控制好结构侧移为重要因素，对于钢筋混凝土框架，当高度大、层数相当多时，结构底部各层不但柱的轴力很大，而且梁和柱由水平荷载所产生的弯矩和整体的侧移亦显著增加，从而导致截面尺寸和配筋增大，对建筑平面布置和空间处理，就可能带来困难，影响建筑空间的合理使用，在材料消耗和造价方面稍高。

7.1　框架结构使用范围

框架结构适用范围根据工程的实际情况要满足以下条件：

（1）根据《建筑抗震设计规范》GB 50011—2010 第 6.1.1 条，现浇钢筋混凝土房屋适用的最大高度见表 7.1-1。

现浇钢筋混凝土房屋适用的最大高度（m）　　　　　　表 7.1-1

抗震设防烈度	6 度	7 度	8 度（0.20g）	8 度（0.30g）	9 度
高度	60	50	40	35	24

注：1. 房屋高度指室外地面到主要屋面板板顶的高度（不包括局部突出屋顶部分）；
　　2. 表中框架，不包括异形柱框架；
　　3. 乙类建筑可按本地区抗震设防烈度确定其适用的最大高度；
　　4. 超过表内高度的房屋，应进行专门研究和论证，采取有效的加强措施。

（2）根据《高层建筑混凝土结构技术规范》JGJ 3—2010 第 3.3.1 条，A 级高度钢筋混凝土高层建筑的最大适用高度见表 7.1-2。

A 级高度钢筋混凝土高层建筑的最大适用高度（m）　　　　表 7.1-2

抗震设防烈度	6 度	7 度	8 度（0.20g）	8 度（0.30g）	9 度
高度	60	50	40	35	—

注：表中框架不含异性柱框架

（3）根据《高层建筑混凝土结构技术规范》JGJ 3—2010 第 3.3.2 条，钢筋混凝土高层建筑结构的高宽比不宜超过表 7.1-3 的规定。

钢筋混凝土高层建筑结构适用的最大高宽比　　　　表 7.1-3

抗震设防烈度	非抗震设计	6 度、7 度	8 度	9 度
最大高宽比	5	4	3	—

7.2　框架结构设计要点

7.2.1　框架抗震等级

（1）各抗震设防类别的高层建筑结构，其抗震措施应符合下列要求：

① 甲类、乙类建筑：应按本地区抗震设防烈度提高一度的要求加强其抗震措施，但抗震设防烈度为 9 度时应按比 9 度更高的要求采取抗震措施；当建筑场地为 I 类时，应允许仍按本地区抗震设防烈度的要求采取抗震构造措施。

② 丙类建筑：应按本地区抗震设防烈度确定其抗震措施；当建筑场地为 I 类时，除 6 度外，应允许按本地区抗震设防烈度降低一度的要求采取抗震构造措施。

（2）根据《建筑抗震设计规范》GB 50011—2010 第 6.1.2 条有：

钢筋混凝土房屋应根据设防类别、烈度、结构类型和房屋高度采用不同的抗震等级，并应符合相应的计算和构造措施要求。丙类建筑的抗震等级应按表 7.2-1 确定。

现浇钢筋混凝土房屋的抗震等级（m）　　　　表 7.2-1

抗震设防烈度	6 度		7 度		8 度		9 度
高度（m）	≤24	>24	≤24	>24	≤24	>24	≤24
框架	四	三	三	二	二	一	一
大跨度框架	三		二		一		一

注：1. 建筑场地为 I 类时，除 6 度外应允许按表内降低一度所对应的抗震等级采取抗震构造措施，但相应的计算要求不应降低；
　　2. 接近或等于高度分界时，应允许结合房屋不规则程度及场地、地基条件确定抗震等级；
　　3. 大跨度框架指跨度不小于 18m 的框架；
　　4. 当甲乙类建筑按规定提高一度确定其抗震等级而房屋的高度超过 GB 50011—2010 表 2.2-1 相应规定的上界时，应采取比一级更有效的抗震构造措施。

（3）根据《高层建筑混凝土结构技术规范》JGJ 3—2010 第 3.9.3 条有：

抗震设计时，高层建筑钢筋混凝土结构构件应根据抗震设防分类、烈度、房屋高度采用不同的抗震等级，并应符合相应的计算和构造措施要求。A 级高度丙类建筑钢筋混凝土结构的抗震等级应按表7.2-2确定。当本地区的设防烈度为9度时，A级高度乙类建筑的抗震等级应按特一级采用，甲类建筑应采取更有效的抗震措施。

A级高度的高层建筑结构抗震等级 表7.2-2

抗震设防烈度	6度	7度	8度	9度
抗震等级	三	二		一

注：接近或等于高度分界时，应允许结合房屋不规则程度及场地、地基条件确定抗震等级。

（4）抗震设计的高层建筑，当地下室顶层作为上部结构的嵌固端时，地下一层相关范围的抗震等级应按上部结构采用，地下一层以下抗震构造措施的抗震等级可逐层降低一级，但不应低于四级；地下室中超出上部主楼相关范围且无上部结构的部分，其抗震等级可根据具体情况采用三级或四级。

（5）抗震设计时，与主楼连为整体的裙房的抗震等级，除应按裙房本身确定外，相关范围不应低于主楼的抗震等级；主楼结构在裙房顶板上、下各一层应适当加强抗震构造措施。裙房与主楼分离时，应按裙房本身确定抗震等级。

7.2.2 一般规定（《高层建筑混凝土结构技术规范》JGJ 3—2010 第6.1条）

（1）框架结构应设计成双向梁柱抗侧力体系。主体结构除个别部位外，不应采用铰接。

（2）《建筑抗震设计规范》GB 50011—2010 第6.1.5条：甲、乙类建筑以及高度大于24m的丙类建筑，不应采用单跨框架结构；高度不大于24m的丙类建筑不宜采用单跨框架结构。

（3）框架结构的填充墙及隔墙宜选用轻质墙体。抗震设计时，框架结构如采用砌体填充墙，其布置应符合下列规定：1）避免形成上、下层刚度变化过大。2）避免形成短柱。3）减少因抗侧刚度偏心而造成的结构扭转。

（4）抗震设计时，框架结构的楼梯间应符合下列规定：1）楼梯间的布置应尽量减小其造成的结构平面不规则。2）宜采用现浇钢筋混凝土楼梯，楼梯结构应有足够的抗倒塌能力。3）宜采取措施减小楼梯对主体结构的影响。4）当钢筋混凝土楼梯与主体结构整体连接时，应考虑楼梯对地震作用及其效应的影响，并应对楼梯构件进行抗震承载力验算。

（5）框架结构按抗震设计时，不应采用部分由砌体墙承重之混合形式。框架结构中的楼、电梯间及局部出屋顶的电梯机房、楼梯间、水箱间等，应采用框架承重，不应采用砌体墙承重。

（6）框架梁、柱中心线宜重合。当梁柱中心线不能重合时，在计算中应考虑偏心对梁柱节点核心区受力和构造的不利影响，以及梁荷载对柱子的偏心影响。

梁、柱中心线之间的偏心距，9度抗震设计时不应大于柱截面在该方向宽度的1/4；非抗震设计和6～8度抗震设计时不宜大于柱截面在该方向宽度的1/4，如偏心距大于该方向柱宽的1/4时，可采取增设梁的水平加腋等措施。设置水平加腋后，仍须考虑梁柱偏心的不利影响。

（7）不与框架柱相连的次梁，可按非抗震要求进行设计。

7.2.3 防震缝的设置

框架结构防震缝宽度应满足表7.2-3要求。

框架结构防震缝宽度　　　　　　　　　　　　　　表 7.2-3

设防烈度	6		7		8		9	
房屋高度 H(m)	≤15	>15	≤15	>15	≤15	>15	≤15	>15
防震缝宽度（mm）	≥100	≥100+4×h	≥100	≥100+5×h	≥100	≥100+20/3×h	≥100	≥100+10×h
说明	1. 防震缝两侧结构类型不同时，宜按需要较宽防震缝的结构类型和较低房屋高度确定缝宽。 2. 抗震设计时，伸缩缝、沉降缝的宽度应满足防震缝的要求。 3. 表中 $h=H-15$。 4. 防震缝的宽度均不宜小于 100mm							

7.2.4　截面设计及构造

1. 框架梁构造要求（《高层建筑混凝土结构技术规范》JGJ 3—2010 第 6.3 条）

（1）框架结构的主梁截面高度可按计算跨度的 1/10～1/18 确定；梁净跨与截面高度之比不宜小于 4。梁的截面宽度不宜小于梁截面高度的 1/4，也不宜小于 200mm。

（2）抗震设计时，计入受压钢筋作用的梁端截面混凝土受压区高度与有效高度之比值，一级不应大于 0.25，二、三级不应大于 0.35。

（3）纵向受拉钢筋的最小配筋百分率 ρ_{min}（%），非抗震设计时，不应小于 0.2 和 $45f_t/f_y$ 二者的较大值；抗震设计时，不应小于表 7.2-4 规定的数值。

梁纵向受拉钢筋最小配筋百分率 ρ_{min}（%）　　　　　　表 7.2-4

抗震等级	位置	
	支座（取较大值）	跨中（取较大值）
一级	0.40 和 $80f_t/f_y$	0.30 和 $65f_t/f_y$
二级	0.30 和 $65f_t/f_y$	0.25 和 $55f_t/f_y$
三、四级	0.25 和 $55f_t/f_y$	0.20 和 $45f_t/f_y$

（4）抗震设计时，梁端截面的底面和顶面纵向钢筋截面面积的比值，除按计算确定外，一级不应小于 0.5，二、三级不应小于 0.3。

（5）抗震设计时，梁端箍筋的加密区长度、箍筋最大间距和最小直径应符合表 7.2-5 的要求；当梁端纵向钢筋配筋率大于 2% 时，表中箍筋最小直径应增大 2mm。

梁纵端箍筋加密区的长度、箍筋最大间距和最小直径　　　　表 7.2-5

抗震等级	加密区长度（取较大值）(mm)	箍筋最大间距（取最小值）(mm)	箍筋最小直径（mm）
一级	$2.0h_b$，500	$h_b/4$，$6d$，100	10
二级	$1.5h_b$，500	$h_b/4$，$8d$，100	8
三级	$1.5h_b$，500	$h_b/4$，$8d$，150	8
四级	$1.5h_b$，500	$h_b/4$，$8d$，150	6

注：d 为纵向钢筋直径，h_b 为梁截面高度；一、二级抗震等级框架梁，当箍筋直径大于 12mm、肢数不少于 4 肢且肢距不大于 150mm 时，箍筋加密区最大间距应允许适当放松，但不应大于 150mm。

（6）梁的纵向钢筋配置，尚应符合下列规定：

① 抗震设计时，梁端纵向受拉钢筋的配筋率不宜大于 2.5%，不应大于 2.75%；当梁端受拉钢筋的配筋率大于 2.5% 时，受压钢筋的配筋率不应小于受拉钢筋的一半。

② 沿梁全长顶面和底面应至少各配置两根纵向配筋，一、二级抗震设计时钢筋直径

257

不应小于 14mm，且分别不应小于梁两端顶面和底面纵向配筋中较大截面面积的 1/4；三、四级抗震设计和非抗震设计时钢筋直径不应小于 12mm。

③ 一、二、三级抗震等级的框架梁内贯通中柱的每根纵向钢筋的直径，对矩形截面柱，不宜大于柱在该方向截面尺寸的 1/20；对圆形截面柱，不宜大于纵向钢筋所在位置柱截面弦长的 1/20。

（7）非抗震设计时，框架梁箍筋配筋构造应符合下列规定：

① 应沿梁全长设置箍筋，第一个箍筋应设置在距支座边缘 50mm 处。

② 截面高度大于 800mm 的梁，其箍筋直径不宜小于 8mm；其余截面高度的梁不应小于 6mm。在受力钢筋搭接长度范围内，箍筋直径不应小于搭接钢筋最大直径的 1/4。

③ 箍筋间距不应大于表 7.2-6 的规定；在纵向受拉钢筋的搭接长度范围内，箍筋间距尚不应大于搭接钢筋较小直径的 5 倍，且不应大于 100mm；在纵向受压钢筋的搭接长度范围内，箍筋间距尚不应大于搭接钢筋较小直径的 10 倍，且不应大于 200mm。

非抗震设计梁箍筋最大间距（mm） 表 7.2-6

	$V>0.7f_tbh_0$	$V\leqslant 0.7f_tbh_0$
$h_b\leqslant 300$	150	200
$300<h_b\leqslant 500$	200	300
$500<h_b\leqslant 800$	250	350
$h_b>800$	300	400

（8）当梁中配有计算需要的纵向受压钢筋时，其箍筋配置尚应符合下列规定：

① 箍筋直径不应小于纵向受压钢筋最大直径的 1/4；

② 箍筋应做成封闭式；

③ 箍筋间距不应大于 15d 且不应大于 400mm；当一层内的受压钢筋多于 5 根且直径大于 18mm 时，箍筋间距不应大于 10d（d 为纵向受压钢筋的最小直径）；

④ 当梁截面宽度大于 400mm 且一层内的纵向受压钢筋多于 3 根时，或当梁截面宽度不大于 400mm 但一层内的纵向受压钢筋多于 4 根时，应设置复合箍筋。

（9）抗震设计时，框架梁的箍筋尚应符合下列构造要求：

① 沿梁全长箍筋的面积配筋率应符合下列规定：

一级：$\rho_{sv}>0.30f_t/f_{yv}$；二级：$\rho_{sv}>0.28f_t/f_{yv}$；三、四级：$\rho_{sv}>0.26f_t/f_{yv}$。

ρ_{sv}：框架梁沿梁全长箍筋的面积配筋率。

② 在箍筋加密区范围内的箍筋肢距：一级不宜大于 200mm 和 20 倍箍筋直径的较大值，二、三级不宜大于 250mm 和 20 倍箍筋直径的较大值，四级不宜大于 300mm。

③ 箍筋应有 135° 弯钩，弯钩端头直段长度不应小于 10 倍的箍筋直径和 75mm 的较大值。

④ 在纵向钢筋搭接长度范围内的箍筋间距，钢筋受拉时不应大于搭接钢筋较小直径的 5 倍，且不应大于 100mm；钢筋受压时不应大于搭接钢筋较小直径的 10 倍，且不应大于 200mm。

⑤ 框架梁非加密区箍筋最大间距不宜大于加密区箍筋间距的 2 倍。

2. 框架柱构造要求（《高层建筑混凝土结构技术规范》JGJ 3—2010 第 6.4 条）

1）柱截面尺寸宜符合下列规定

（1）矩形截面柱的边长，非抗震设计时不宜小于 250mm，抗震设计时，四级不宜小于 300mm，一、二、三级时不宜小于 400mm；圆柱直径，非抗震和四级抗震设计时不宜小于 350mm，一、二、三级时不宜小于 450mm。

（2）柱剪跨比宜大于 2。

（3）柱截面高宽比不宜大于 3。

2）抗震设计时，钢筋混凝土柱轴压比不宜超过表 7.2-7 的规定；对于 Ⅳ 类场地上较高的高层建筑，其轴压比限值应适当减小。

柱轴压比限值　　　　　　　　　　　　　表 7.2-7

抗震等级	一	二	三	四
轴压比	0.65	0.75	0.85	—

注：1. 轴压比指柱考虑地震作用组合的轴向力设计值与柱全截面面积和混凝土轴心抗压强度设计值乘积的比值；
2. 表内数值适用于混凝土强度等级不高于 C60 的柱。当混凝土强度等级为 C65～C70 时，轴压比限值应比表中数值降低 0.05；当混凝土强度等级为 C75～C80 时，轴压比限值应比表中数值降低 0.10；
3. 表内数值适用于剪跨比大于 2 的柱；剪跨比不大于 2 但不小于 1.5 的柱，其轴压限值应比表中数值减小 0.05；剪跨比小于 1.5 的柱，其轴压比限值应专门研究并采取特殊构造措施；
4. 当沿柱全高采用井字复合箍，箍筋间距不大于 100mm、肢距不大于 200mm、直径不小于 12mm，或当沿柱全高采用复合螺旋箍，箍筋螺距不大于 100mm、肢距不大于 200mm、直径不小于 12mm，或当沿柱全高采用连续复合螺旋箍，且螺距不大于 80mm、肢距不大于 200mm、直径不小于 10mm 时，轴压比限值可增加 0.10；
5. 当柱截面中部设置由附加纵向钢筋形成的芯柱，且附加纵向钢筋的截面面积不小于柱截面面积的 0.8% 时，柱轴压比限值可增加 0.050 当本项措施与注 4. 的措施共同采用时，柱轴压比限值可比表中数值增加 0.15，但箍筋的配箍特征值仍可按轴压比增加 0.10 的要求确定；
6. 调整后的柱轴压比限值不应大于 1.05。

3）柱纵向钢筋和箍筋配置应符合下列要求：

（1）柱全部纵向钢筋的配筋率，不应小于表 7.2-8 的规定值，且柱截面每一侧纵向钢筋配筋率不应小于 0.2%；抗震设计时，对Ⅳ类场地上较高的高层建筑，表中数值应增加 0.1。

柱纵向受力钢筋最小配筋百分率（%）　　　　表 7.2-8

柱类型	抗震等级				非抗震
	一级	二级	三级	四级	
中柱、边柱	0.9 (1.0)	0.7 (0.8)	0.6 (0.7)	0.5 (0.6)	0.5
角柱	1.1	0.9	0.8	0.7	0.5

注：1. 表中括号内数值适用于框架结构；
2. 采用 335MPa 级、400MPa 级纵向受力钢筋时，应分别按表中数值增加 0.1 和 0.05 采用；
3. 当混凝土强度等级高于 C60 时，上述数值应增加 0.1 采用。

（2）抗震设计时，柱箍筋在规定的范围内应加密，加密区的箍筋间距和直径，应符合下列要求：

① 箍筋的最大间距和最小直径，应按表 7.2-9 采用；

柱端箍筋加密区的构造要求　　　　　　　　表 7.2-9

抗震等级	箍筋最大间距（mm）	箍筋最小直径（mm）
一级	6d 和 100 的较小值	10
二级	8d 和 100 的较小值	8
三级	8d 和 150（柱根 100）的较小值	8
四级	8d 和 150（柱根 100）的较小值	6（柱根 8）

注：d 为柱纵向钢筋直径（mm）；柱根指框架柱底部嵌固部位。

② 一级框架柱的箍筋直径大于 12mm 且箍筋肢距不大于 150mm 及二级框架柱箍筋直径不小于 10mm 且肢距不大于 200mm 时，除柱根外最大间距应允许采用 150mm；三级框架柱的截面尺寸不大于 400mm 时，箍筋最小直径应允许采用 6mm；四级框架柱的剪跨比不大于 2 或柱中全部纵向钢筋的配筋率大于 3% 时，箍筋直径不应小于 8mm；

③ 剪跨比不大于 2 的柱，箍筋间距不应大于 100mm。

4）柱的纵向钢筋配置，尚应满足下列规定：

（1）抗震设计时，宜采用对称配筋。

（2）截面尺寸大于 400mm 的柱，一、二、三级抗震设计时其纵向钢筋间距不宜大于 200mm 抗震等级为四级和非抗震设计时，柱纵向钢筋间距不宜大于 300mm；柱纵向钢筋净距均不应小于 50mm。

（3）全部纵向钢筋的配筋率，非抗震设计时不宜大于 5%、不应大于 6%，抗震设计时不应大于 5%。

（4）一级且剪跨比不大于 2 的柱，其单侧纵向受拉钢筋的配筋率不宜大于 1.2%。

（5）边柱、角柱及剪力墙端柱考虑地震作用组合产生小偏心受拉时，柱内纵筋总截面面积应比计算值增加 25%。

5）抗震设计时，柱箍筋加密区的范围应符合下列规定：

（1）底层柱的上端和其他各层柱的两端，应取矩形截面柱之长边尺寸（或圆形截面柱之直径）、柱净高之 1/6 和 500mm 三者之最大值范围；

（2）底层柱刚性地面上、下各 500mm 的范围；

（3）底层柱柱根以上 1/3 柱净高的范围；

（4）剪跨比不大于 2 的柱和因填充墙等形成的柱净高与截面高度之比不大于 4 的柱全高范围；

（5）一、二级框架角柱的全高范围；

（6）需要提高变形能力的柱的全高范围。

6）柱加密区范围内箍筋的体积配箍率，应符合下列规定：

（1）柱箍筋加密区箍筋的体积配箍率，应符合下式要求：

$$\rho_v = \lambda_v \frac{f_c}{f_{yv}}$$

式中：ρ_v——柱箍筋的体积配箍率；

λ_v——柱最小配箍特征值，宜按表 7.2-10 采用；

f_c——混凝土轴心抗压强度设计值，当柱混凝土强度等级低于 C35 时，应按 C35 计算；

f_{yv}——柱箍筋或拉筋的抗拉强度设计值。

柱端箍筋加密区最小配箍特征值 λ_v 　　　　　　　表 7.2-10

抗震等级	箍筋形式	柱轴压比								
		≤0.30	0.40	0.50	0.60	0.70	0.80	0.90	1.00	1.05
一	普通箍、复合箍	0.10	0.11	0.13	0.15	0.17	0.20	0.23	—	—
	螺旋箍、复合或连续复合螺旋箍	0.08	0.09	0.11	0.13	0.15	0.18	0.21	—	—

抗震等级	箍筋形式	柱轴压比								
		≤0.30	0.40	0.50	0.60	0.70	0.80	0.90	1.00	1.05
二	普通箍、复合箍	0.08	0.09	0.11	0.13	0.15	0.17	0.19	0.22	0.24
	螺旋箍、复合或连续复合螺旋箍	0.06	0.07	0.09	0.11	0.13	0.15	0.17	0.20	0.22
三	普通箍、复合箍	0.06	0.07	0.09	0.11	0.13	0.15	0.17	0.20	0.22
	螺旋箍、复合或连续复合螺旋箍	0.05	0.06	0.07	0.09	0.11	0.13	0.15	0.18	0.20

注：普通箍指单个矩形箍或单个圆形箍；螺旋箍指单个连续螺旋箍筋，复合箍指由矩形、多边形、圆形箍或拉筋组成的箍筋；复合螺旋箍指由螺旋箍与矩形、多边形、圆形箍或拉筋组成的箍筋；连续复合螺旋箍指全部螺旋箍由同一根钢筋加工而成的箍筋。

（2）对一、二、三、四级框架柱，其箍筋加密区范围内箍筋的体积配箍率尚且分别不应小于0.8%、0.6%、0.4%和0.4%。

（3）剪跨比不大于2的柱宜采用复合螺旋箍或井字复合箍，其体积配箍率不应小于1.2%；设防烈度为9度时，不应小于1.5%。

（4）计算复合箍筋的体积配箍率时，可不扣除重叠部分的箍筋体积；计算复合螺旋箍筋的体积配箍率时，其非螺旋箍筋的体积应乘以换算系数0.8。

7）抗震设计时，柱箍筋设置尚应符合下列规定：

（1）箍筋应为封闭式，其末端应做成135°弯钩且弯钩末端平直段长度不应小于10倍的箍筋直径，且不应小于75mm。

（2）箍筋加密区的箍筋肢距，一级不宜大于200mm，二、三级不宜大于250mm和20倍箍筋直径的较大值，四级不宜大于300mm。每隔一根纵向钢筋宜在两个方向有箍筋约束；采用拉筋组合箍时，拉筋宜紧靠纵向钢筋并勾住封闭箍筋。

（3）柱非加密区的箍筋，其体积配箍率不宜小于加密区的一半；其箍筋间距，不应大于加密区箍筋间距的2倍，且一、二级不应大于10倍纵向钢筋直径，三、四级不应大于15倍纵向钢筋直径。

8）非抗震设计时，柱中箍筋应符合下列规定：

（1）周边箍筋应为封闭式；

（2）箍筋间距不应大于400mm，且不应大于构件截面的短边尺寸和最小纵向受力钢筋直径的15倍；

（3）箍筋直径不应小于最大纵向钢筋直径的1/4，且不应小于6mm；

（4）当柱中全部纵向受力钢筋的配筋率超过3%时，箍筋直径不应小于8mm，箍筋间距不应大于最小纵向钢筋直径的10倍，且不应大于200mm，箍筋末端应做成135°弯钩且弯钩末端平直段长度不应小于10倍箍筋直径；

（5）当柱每边纵筋多于3根时，应设置复合箍筋；

（6）柱内纵向钢筋采用搭接做法时，搭接长度范围内箍筋直径不应小于搭接钢筋较大直径的1/4；在纵向受拉钢筋的搭接长度范围内的箍筋间距不应大于搭接钢筋较小直径的5倍，且不应大于100mm；在纵向受压钢筋的搭接长度范围内的箍筋间距不应大于搭接钢筋较小直径的 10 倍，且不应大于 200mm。当受压钢筋直径大于 25mm 时，尚应在搭接接头端面外 100mm 的范围内各设置两道箍筋。

9）框架节点核心区应设置水平箍筋，且应符合下列规定：

（1）非抗震设计时，箍筋配置应符合柱箍筋设置的有关规定，但箍筋间距不宜大于 250mm；对四边有梁与之相连的节点，可仅沿节点周边设置矩形箍筋。

（2）抗震设计时，箍筋的最大间距和最小直径宜符合 JGJ 3—2010 第 6.4.3 条有关柱箍筋的规定。一、二、三级框架节点核心区配箍特征值分别不宜小于 0.12、0.10 和 0.08，且箍筋体积配箍率分别不宜小于 0.6%、0.5% 和 0.4%。柱剪跨比不大于 2 的框架节点核心区的体积配箍率不宜小于核心区上、下柱端体积配箍率中的较大值。

7.3　设计实例

某幼儿园，地上 3 层，建设地点：青岛市某地区。建筑在有利地段。本工程填充墙采用加气混凝土砌块砌体。建筑图见图 7.3-1～图 7.3-8。

图 7.3-1　立面图 1

图 7.3-2　立面图 2

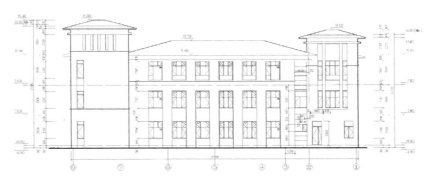

图 7.3-3　立面图 3

图 7.3-4　立面图 4

图 7.3-5　一层平面图

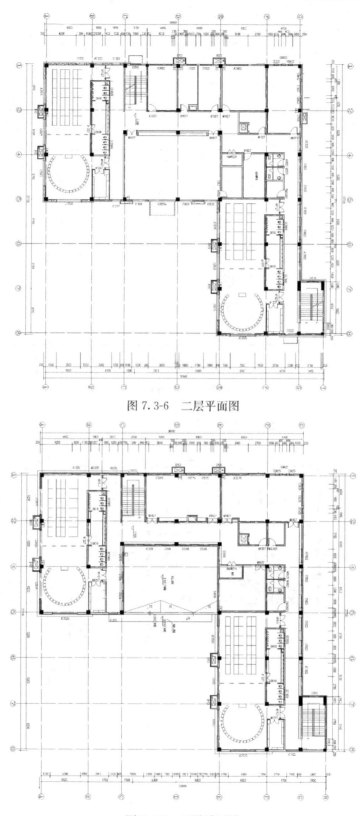

图 7.3-6　二层平面图

图 7.3-7　三层平面图

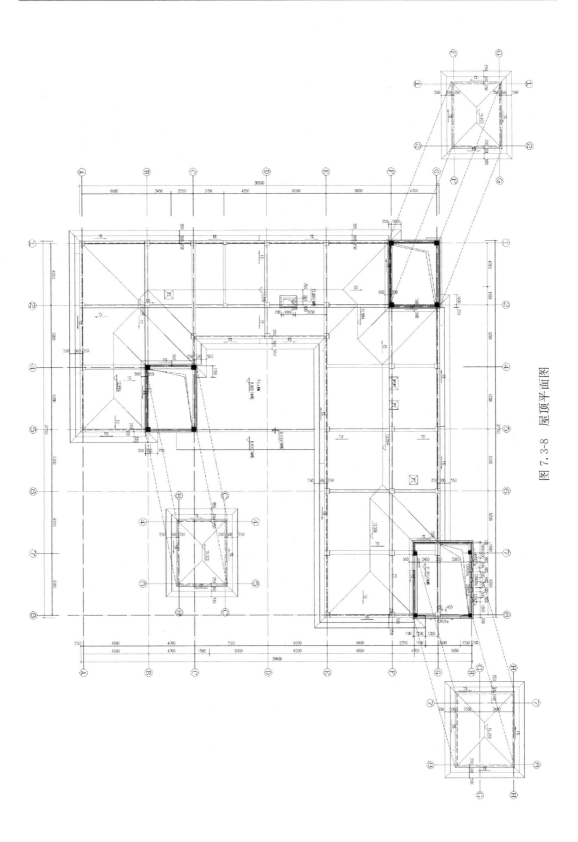

图 7.3-8　屋顶平面图

结构设计过程见第2章～第5章。结构图见图7.3-9～图7.3-21。

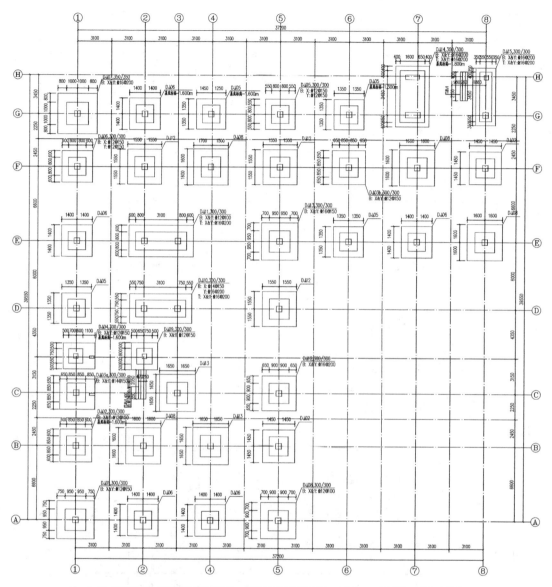

注：1. 本工程采用独立基础和条形基础，未注明基底标高均为-1.200m，采用第二层粉质黏土
作为持力层，局部未达到持力层的超深处理，地基承载力特征值为160kPa。
2. ±0.000绝对标高59.000m，独立基础混凝土强度等级为C30，垫层混凝土强度等级为
C15，垫层厚度为100mm。
3. 柱中的插筋在基础中的锚固构造和弯钩长度见16G101-3第66页。
4. 填充墙基础见本图，填充墙位置见建筑图。
5. 场地内第一层填土尚未完成固结，水平竖向均匀性较差，具有湿陷性。故本工程室
内地坪以下、基础底面标高以上的填土需压实，压实系数为0.94。
6. 基坑开挖到底后，应进行基坑检验，达到设计标高及容许承载力后可进行基础施工。
当发生地质条件与勘察报告不一致时，应结合地质条件提出处理意见。

图 7.3-9 基础平面图

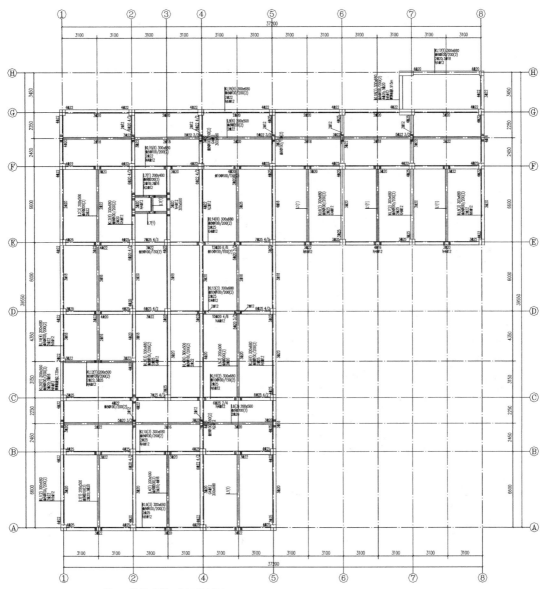

注：1.除注明外，梁顶标高为3.780m。
2.主梁两侧设置附加箍筋分别为3d@50，肢数同主梁箍筋，d为主梁箍筋直径。
3.梁一端与框架柱相交时，该梁端部按框架梁要求构造施工。

图7.3-10　一层顶梁配筋图

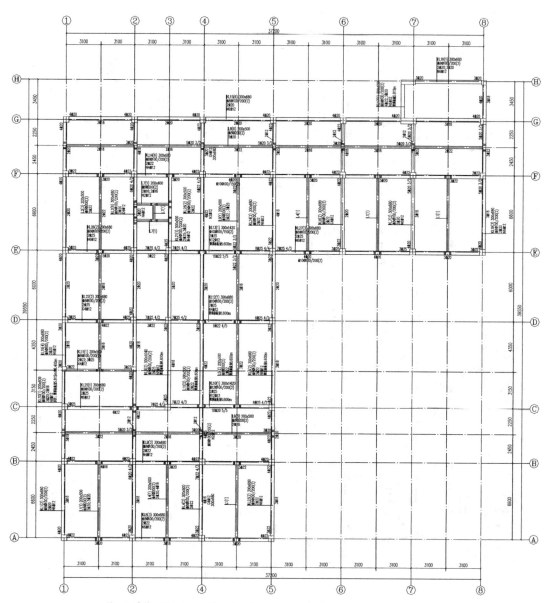

注：1. 除注明外，梁顶标高为 7.680m。
   2. 主梁两侧设置附加箍筋分别为 3d@50，肢数同主梁箍筋，d 为主梁箍筋直径。
   3. 梁一端与框架柱相交时，该梁端部按框架梁要求构造施工。

图 7.3-11　二层顶梁配筋图

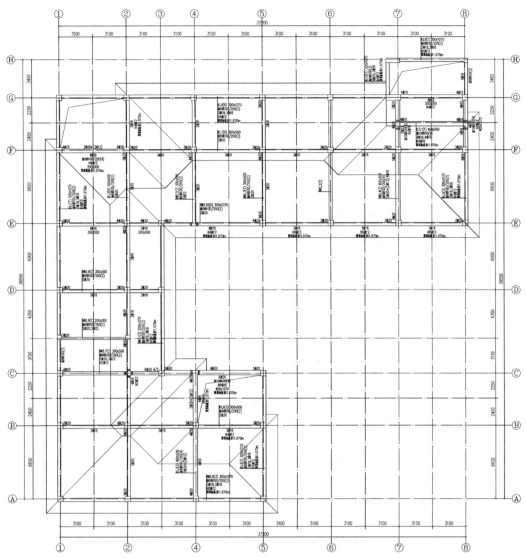

注：1.除注明外，坡屋顶梁为折梁，梁顶标高同板顶标高。
　　2.主梁两侧设置附加箍筋分别为3d@50，肢数同主梁箍筋，d为主梁箍筋直径。
　　3.梁一端与框架柱相交时，该梁端部按框架梁要求构造施工。

图 7.3-12　屋顶梁配筋图

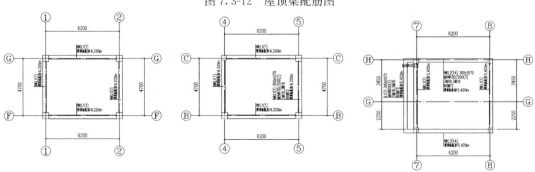

注：屋顶塔楼梁顶标高同板顶标高。

图 7.3-13　屋顶塔楼梁配筋图

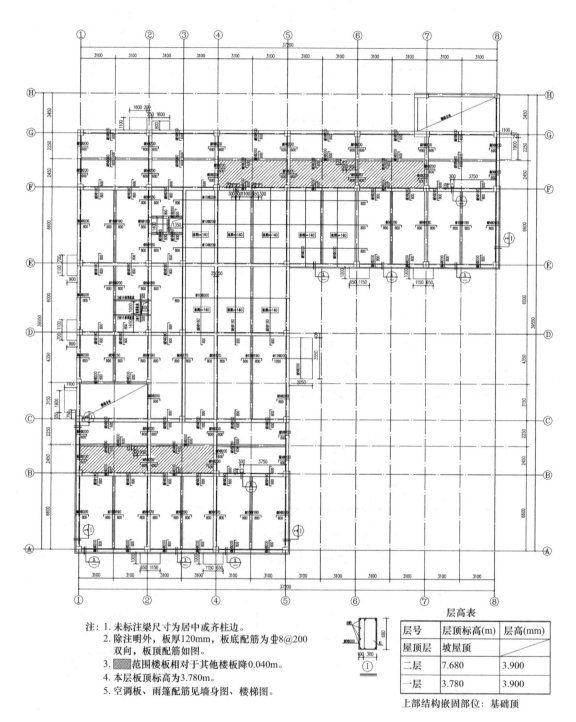

注：1. 未标注梁尺寸为居中或齐柱边。
　　2. 除注明外，板厚120mm，板底配筋为Φ8@200
　　　双向，板顶配筋如图。
　　3. ▨▨▨范围楼板相对于其他楼板降0.040m。
　　4. 本层板顶标高为3.780m。
　　5. 空调板、雨篷配筋见墙身图、楼梯图。

层高表

层号	层顶标高(m)	层高(mm)
屋顶层	坡屋顶	
二层	7.680	3.900
一层	3.780	3.900

上部结构嵌固部位：基础顶

图 7.3-14　一层顶板配筋图

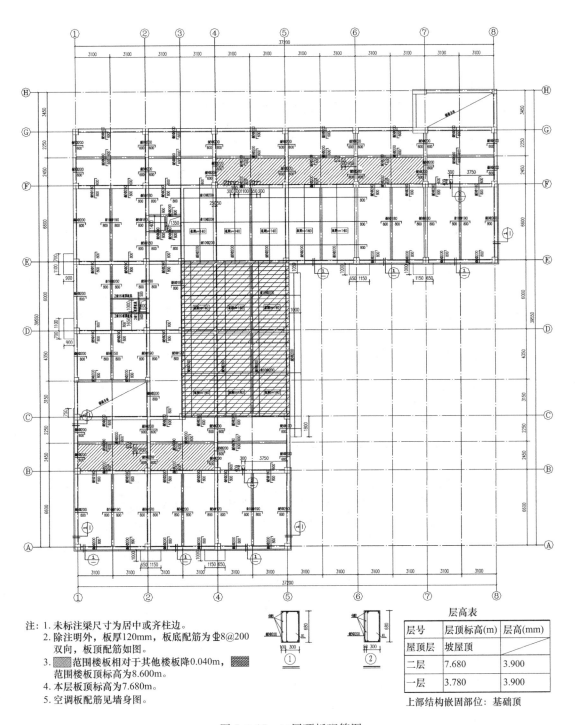

注：1. 未标注梁尺寸为居中或齐柱边。
　　2. 除注明外，板厚120mm，板底配筋为Φ8@200双向，板顶配筋如图。
　　3. ▨范围楼板相对于其他楼板降0.040m，▩范围楼板顶标高为8.600m。
　　4. 本层板顶标高为7.680m。
　　5. 空调板配筋见墙身图。

层高表

层号	层顶标高(m)	层高(mm)
屋顶层	坡屋顶	
二层	7.680	3.900
一层	3.780	3.900

上部结构嵌固部位：基础顶

图 7.3-15　二层顶板配筋图

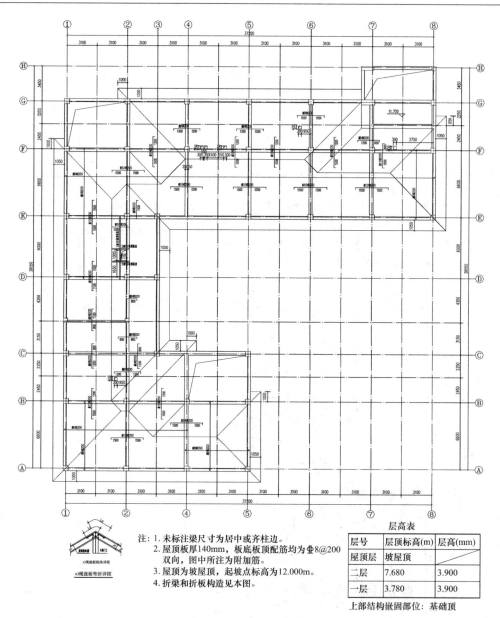

注：1.未标注梁尺寸为居中或齐柱边。
2.屋顶板厚140mm，板底板顶配筋均为 Φ 8@200 双向，图中所注为附加筋。
3.屋顶为坡屋顶，起坡点标高为12.000m。
4.折梁和折板构造见本图。

层高表

层号	层顶标高(m)	层高(mm)
屋顶层	坡屋顶	
二层	7.680	3.900
一层	3.780	3.900

上部结构嵌固部位：基础顶

图 7.3-16 屋顶板配筋图

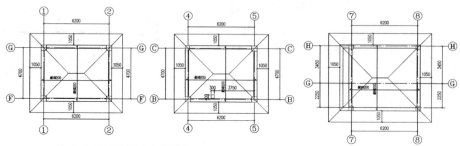

注：1.未标注梁尺寸为居中或齐柱边。
2.屋顶塔楼板厚120mm，板底板顶配筋均为 Φ 8@200双向，图中所注为附加筋。
3.屋顶塔楼为坡屋顶，起坡点标高为14.250m、14.350m和15.450m。

图 7.3-17 屋顶塔楼板配筋图

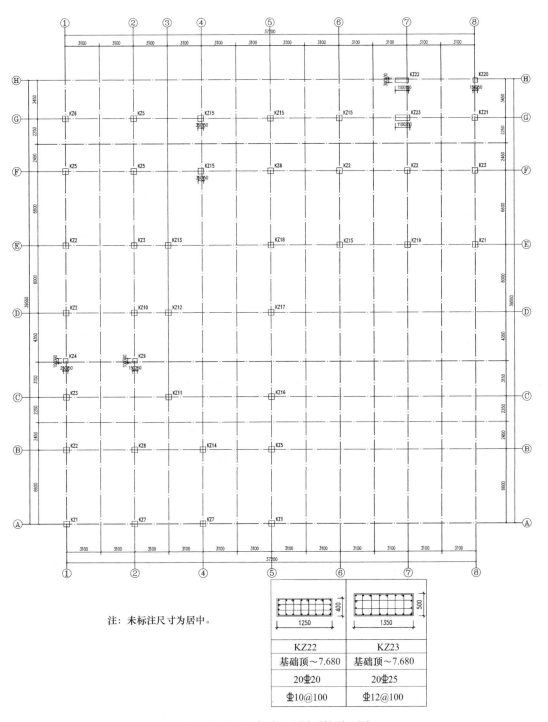

注：未标注尺寸为居中。

KZ22	KZ23
基础顶～7.680	基础顶～7.680
20⏀20	20⏀25
⏀10@100	⏀12@100

图 7.3-18　基础顶～二层顶柱平面图

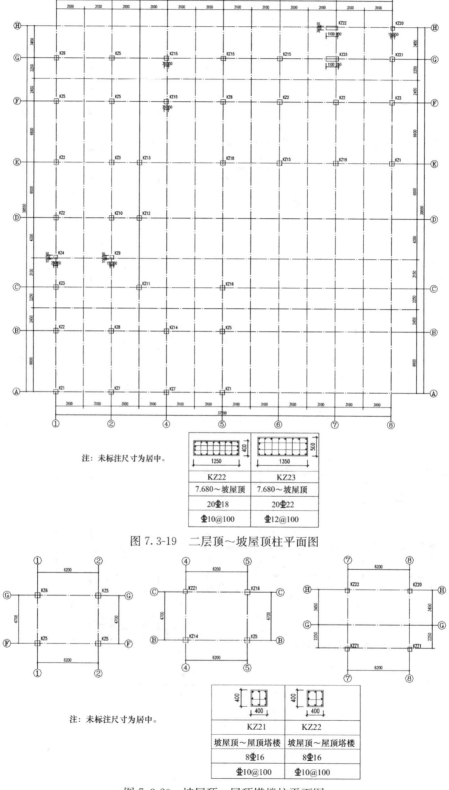

注：未标注尺寸为居中。

KZ22	KZ23
7.680~坡屋顶	7.680~坡屋顶
20Φ18	20Φ22
Φ10@100	Φ12@100

图 7.3-19　二层顶~坡屋顶柱平面图

注：未标注尺寸为居中。

KZ21	KZ22
坡屋顶~屋顶塔楼	坡屋顶~屋顶塔楼
8Φ16	8Φ16
Φ10@100	Φ10@100

图 7.3-20　坡屋顶~屋顶塔楼柱平面图

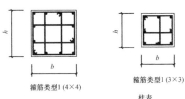

箍筋类型1(4×4)　　　箍筋类型1(3×3)

柱表

柱号	标高	b×h (圆柱直径D)	全部纵筋	角筋	b边一侧中部筋	h边一侧中部筋	箍筋类型号	箍筋
KZ1	基础顶～3.780	500×500	16Φ25				1(4×4)	Φ8@100
	3.780～7.680	500×500	12Φ25				1(4×4)	Φ8@100
	7.680～坡屋顶	500×500	12Φ16				1(4×4)	Φ8@100
KZ2	基础顶～3.780	500×500	16Φ25				1(4×4)	Φ8@100/200
	3.780～7.680	500×500		4Φ20	4Φ20	3Φ20	1(4×4)	Φ8@100/200
	7.680～坡屋顶	500×500		4Φ16	3Φ16	2Φ16	1(4×4)	Φ8@100/150
KZ3	基础顶～3.780	500×500	16Φ25				1(4×4)	Φ10@100
	3.780～7.680	500×500		4Φ25	2Φ25	3Φ25	1(4×4)	Φ10@100
	7.680～坡屋顶	500×500		4Φ16	3Φ16	2Φ16	1(4×4)	Φ10@100
KZ4	基础顶～7.680	400×400	8Φ25				1(3×3)	Φ10@100
	7.680～坡屋顶	400×400		4Φ16	2Φ16	1Φ16	1(3×3)	Φ10@100
KZ5	基础顶～3.780	500×500	16Φ25				1(4×4)	Φ8@100/200
	3.780～7.680	500×500		4Φ20	4Φ20	3Φ20	1(4×4)	Φ8@100/200
	7.680～坡屋顶	500×500		4Φ16	3Φ16	2Φ16	1(4×4)	Φ8@100/150
	坡屋顶～屋顶塔楼	500×500	12Φ16				1(4×4)	Φ8@100
KZ6	基础顶～3.780	500×500	12Φ25				1(4×4)	Φ8@100
	3.780～7.680	500×500	12Φ20				1(4×4)	Φ8@100
	7.680～屋顶塔楼	500×500	12Φ16				1(4×4)	Φ10@100
KZ7	基础顶～3.780	500×500		4Φ25	2Φ25	3Φ25	1(4×4)	Φ8@100/200 (Φ10@100)
	3.780～7.680	500×500	12Φ25				1(4×4)	Φ8@100/200
	7.680～坡屋顶	500×500		4Φ16	2Φ16	4Φ16	1(4×4)	Φ8@100/150
KZ8	基础顶～3.780	500×500		4Φ25	2Φ25	3Φ25	1(4×4)	Φ8@100/200
	3.780～7.680	500×500		4Φ20	3Φ20	4Φ20	1(4×4)	Φ8@100/200
	7.680～坡屋顶	500×500	12Φ16				1(4×4)	Φ8@100/150
KZ9	基础顶～3.780	400×400	12Φ20				1(3×3)	Φ8@100/200
	3.780～7.680	400×400		4Φ20	3Φ20	2Φ20	1(3×3)	Φ8@100/200
	7.680～坡屋顶	400×400		4Φ16	2Φ16	1Φ16	1(3×3)	Φ8@100/150
KZ10	基础顶～3.780	500×500		4Φ25	3Φ25	4Φ25	1(4×4)	Φ8@100/150 (Φ10@100)
	3.780～7.680	500×500	16Φ20				1(4×4)	Φ8@100/150
	7.680～坡屋顶	500×500		4Φ16	2Φ16	3Φ16	1(4×4)	Φ8@100/150
KZ11	基础顶～7.680	500×500		4Φ25	2Φ25	3Φ25	1(4×4)	Φ8@100/200
	7.680～坡屋顶	500×500	12Φ20				1(4×4)	Φ8@100
KZ12	基础顶～3.780	500×500		4Φ25	2Φ25	4Φ25	1(4×4)	Φ8@100/150 (Φ10@100)
	3.780～7.680	500×500		4Φ28	2Φ28	4Φ28	1(4×4)	Φ8@100/150
	7.680～坡屋顶	500×500		4Φ16	3Φ16	2Φ16	1(4×4)	Φ8@100
KZ13	基础顶～3.780	500×500		4Φ25	2Φ25	3Φ25	1(4×4)	Φ8@100/150 (Φ10@100)
	3.780～7.680	500×500		4Φ25	2Φ25	4Φ25	1(4×4)	Φ8@100/150 (Φ10@100)
	7.680～坡屋顶	500×500	12Φ20				1(4×4)	Φ8@100
KZ14	基础顶～3.780	500×500	12Φ25				1(4×4)	Φ8@100/200
	3.780～7.680	500×500		4Φ20	2Φ20	4Φ20	1(4×4)	Φ8@100/200
	7.680～坡屋顶	500×500		4Φ16	2Φ16	3Φ16	1(4×4)	Φ8@100/150
	坡屋顶～屋顶塔楼	500×500	12Φ16				1(4×4)	Φ10@100
KZ15	基础顶～3.780	500×500		4Φ25	2Φ25	3Φ25	1(4×4)	Φ8@100/200
	3.780～7.680	500×500	16Φ20				1(4×4)	Φ8@100/200
	7.680～坡屋顶	500×500		4Φ16	2Φ16	3Φ16	1(4×4)	Φ8@100/150
KZ16	基础顶～3.780	500×500	16Φ25				1(4×4)	Φ8@100/150
	3.780～7.680	500×500		4Φ25	2Φ25		1(4×4)	Φ8@100/200
	7.680～屋顶塔楼	500×500	12Φ16				1(4×4)	Φ10@100
KZ17	基础顶～3.780	500×500	16Φ25				1(4×4)	Φ8@100/150 (Φ10@100)
	3.780～8.600	500×500		4Φ25	2Φ25	3Φ25	1(4×4)	Φ8@100/150 (Φ10@100)
KZ18	基础顶～3.780	500×500	16Φ25				1(4×4)	Φ8@100/150 (Φ10@100)
	3.780～8.600	500×500	16Φ25				1(4×4)	Φ8@100
	7.680～坡屋顶	500×500		4Φ16	2Φ16	3Φ16	1(4×4)	Φ8@100/150
KZ19	基础顶～3.780	500×500	12Φ25				1(4×4)	Φ8@100/200
	3.780～7.680	500×500		4Φ20	2Φ20	3Φ20	1(4×4)	Φ8@100/200
	7.680～坡屋顶	500×500	12Φ16				1(4×4)	Φ8@100/150
KZ20	基础顶～7.680	400×400	8Φ25				1(3×3)	Φ8@100
	7.680～屋顶塔楼	400×400	8Φ16				1(3×3)	Φ10@100
KZ21	基础顶～3.780	500×500		4Φ25	4Φ25	2Φ25	1(4×4)	Φ8@100/150 (Φ10@100)
	3.780～7.680	500×500		4Φ25	3Φ25	2Φ25	1(4×4)	Φ8@100/200
	7.680～坡屋顶	500×500		4Φ16	4Φ16	2Φ16	1(4×4)	Φ8@100/150

图 7.3-21 柱配筋表

参 考 文 献

[1] 中华人民共和国住房和城乡建设部. 建筑地基基础设计规范 GB 50007—2011 [S]. 北京：中国建筑工业出版社，2012.

[2] 中华人民共和国住房和城乡建设部. 建筑桩基技术规范 JGJ 94—2008 [S]. 北京：中国建筑工业出版社，2008.

[3] 中华人民共和国住房和城乡建设部. 建筑抗震设计规范 GB 50011—2010（2016 年版）[S]. 北京：中国建筑工业出版社，2016.

[4] 中华人民共和国住房和城乡建设部. 混凝土结构设计规范 GB 50010—2010（2015 年版）[S]. 北京：中国建筑工业出版社，2016.

[5] 中华人民共和国住房和城乡建设部. 建筑结构荷载规范 GB 50009—2012 [S]. 北京：中国建筑工业出版社，2012.

[6] 中华人民共和国住房和城乡建设部. 高层建筑混凝土结构技术规程 JGJ 3—2010 [S]. 北京：中国建筑工业出版社，2012.

[7] 中华人民共和国住房和城乡建设部. 建筑结构可靠度设计统一标准 GB 50068—2001 [S]. 北京：中国建筑工业出版社，2009.

[8] 中华人民共和国住房和城乡建设部. 建筑工程抗震设防分类标准 GB 50223—2008 [S]. 北京：中国建筑工业出版社，2008.

[9] 秦春芳. 建筑结构设计软件 PKPM2010 应用与实例 [M]. 北京：中国建筑工业出版社，2013.

[10] 赵菲，肖天鉴. 建筑结构 CAD—PKPM 应用与设计实例 [M]. 北京：化学工业出版社，2018.

[11] 中国建筑科学研究院有限公司，北京构力科技有限公司. JCCADS-5 独基、条基、钢筋混凝土地基梁、柱基础和筏板基础设计软件（V4）手册 [M]. 北京：化学工业出版社，2018.

[12] 建筑科学研究院有限公司，北京构力科技有限公司. PMCAD S-1 结构平面 CAD 软件（V4）用户手册 [M]. 北京：化学工业出版社，2018.

[13] 陈岱林，李云贵，魏文郎，多层及高层结构 CAD 软件高级应用 [M] 北京：中国建筑工业出版社，2004.

[14] 张宇鑫，张燕，张星源等. 建筑结构 CAD 应用教程 [M]. 上海：同济大学出版社，2006.

[15] 王增忠，张宇鑫，牛宇，等. AutoCAD2004＋天正＋PKPM 建筑制图教程 [M]. 北京：清华大学出版社，2004.

[16] 王小红，罗建阳. 建筑结构 CAD PKPM 软件应用 [M]. 北京：中国建筑工业出版社，2004.

[17] 李波，江玲. PKPM2010 结构分析 [M]. 北京：人民邮电出版社，2015.

[18] PKPM2010. 混凝土结构施工图设计（梁、板、柱及墙）用户手册 [M]. 北京：中国建筑科学研究院北京构力科技有限公司，2018.8.

[19] 混凝土结构施工图平面整体表示方法制图规则和构造详图（现浇混凝土框架、剪力墙、梁、板）16G101-1. [M]. 中国建筑标准设计研究院，2016.9.